U0205717

典型化学品突发环境事件应急处理技术手册

下册

邵超峰 尚建程 张艳娇 刘 峰 主编

化学工业出版社

·北京·

为了使广大从事危险化学品环境管理、环境监理、环境监测、环境影响评价的工作人员对常见的、对人体环境影响较大的危险化学品有所了解，更科学地对危险化学品进行环境管理和对突发环境事件进行应急处理，本手册有针对性地收集了 40 种常见危险化学品及其化合物的相关信息，其内容包括：化学品标识、理化性质、毒理学参数、环境行为及危险特性、环境监测、应急处理处置、储存运输等。

本手册数据采用国际权威组织全新资料，可作为相关领域工作人员进行环境监测、部门决策、制定应急预案的工具书，也可供高等院校化学、化工、环境等专业的师生参考。

图书在版编目（CIP）数据

典型化学品突发环境事件应急处理技术手册. 下册/邵超峰等主编. —北京：化学工业出版社，2019.9
ISBN 978-7-122-34478-6

Ⅰ.①典… Ⅱ.①邵… Ⅲ.①化学污染-环境污染事故-应急对策-手册 Ⅳ.①X502-62

中国版本图书馆 CIP 数据核字（2019）第 087919 号

责任编辑：满悦芝　　　　　　　　　　文字编辑：王　琪
责任校对：王素芹　　　　　　　　　　装帧设计：关　飞

出版发行：化学工业出版社（北京市东城区青年湖南街 13 号　邮政编码 100011）
印　　装：三河市航远印刷有限公司
787mm×1092mm　1/16　印张 17¾　字数 438 千字　　2019 年 9 月北京第 1 版第 1 次印刷

购书咨询：010-64518888　　售后服务：010-64518899
网　　址：http://www.cip.com.cn
凡购买本书，如有缺损质量问题，本社销售中心负责调换。

定　　价：188.00 元

《典型化学品突发环境事件应急处理技术手册》编委会

主　任　邵超峰

副主任　（按姓氏拼音排序）

　　　　尚建程　魏子章

编　委　（按姓氏拼音排序）

曹宏磊　崔　鹏　葛永慧　何　蓉　李　佳　刘　灿

刘长明　刘　峰　刘　刚　刘兴静　乔　婧　桑换新

单星星　师荣光　石良盛　史艳旻　孙晓蓉　陶　磊

田　野　王冶民　薛晨阳　杨金霞　么　旭　叶晓颖

于文静　张　吉　张　舒　张艳娇　张亦楠　张哲予

朱明奕

资助项目

国家自然科学基金：化学工业园区环境风险诊断及综合评估方法研究，项目编号 41301579。

本书编写人员

主　编　邵超峰　尚建程　张艳娇　刘　峰

编　委（按姓氏拼音排序）

葛永慧　何　蓉　桑换新　单星星　师荣光　史艳旻

孙晓蓉　田　野　王治民　魏子章　薛晨阳　杨金霞

么　旭　叶晓颖　张　吉　张哲予

前 言 ▶▶▶

随着我国社会经济的快速发展，区域工业化、城镇化进程的加快，突发性环境污染事故已进入了高发期。科学合理地管控各类风险源是我国环境污染防治和管理的重点内容，也是制约各行业尤其是石油化工等风险较为集中行业可持续发展的难点。落实科学发展观、建设生态文明型社会，做好新形势下的生态环境安全工作，必须解决环境风险问题，尤其是突发性污染事件的环境风险，切实保障人民群众生命健康和生态安全。

针对当前和今后一段时期内环境污染事件高发的形势，《国务院关于加强环境保护重点工作的意见》（国发［2011］35号）明确提出了"建设更加高效的环境风险管理和应急救援体系"。2014年12月29日，国务院办公厅发布《国家突发环境事件应急预案》（国办函［2014］119号），成为新时期我国突发环境事件应对的纲领性文件。2015年4月16日，环境保护部发布《突发环境事件应急管理办法》（环境保护部令［2015］第34号），从风险控制、应急准备、应急处置、事后恢复等方面进一步明确了控制、减轻和消除突发环境事件的相关要求。2017年1月24日，环保部召开全国环境应急管理工作电视电话会议，指出当前我国环境安全形势和环境应急管理形势严峻，呈现布局性环境风险依然突出，事件总量居高不下、类型多、发生区域广，事件诱因复杂、防控难度大，环境事件造成的社会影响大、群众关注度高，环境突发事件应急处置不清楚、不充分，环境应急管理能力有待加强等现象，迫切需要全面提高应对突发环境事件的能力和水平，坚决防范遏制重特大突发环境事件。

加强环境应急管理，积极防范环境风险，妥善应对环境污染事件已成为保障国家环境安全最紧迫、最直接、最现实的任务。针对诱发突发环境事件发生的关键环节和企事业单位，环境保护部先后发布《企业突发环境事件风险评估指南（试行）》（环办［2014］34号）和《企业事业单位突发环境事件应急预案备案管理办法（试行）》（环发［2015］4号），明确了涉及危险化学品企业环境风险管控要求及编制突发环境事件应急预案的细则，规范企业突发环境事件风险评估和应急管理行为。编者依据环境保护主管部门发布的我国优先控制污染物黑名单、《危险化学品重大危险源辨识》（GB 18218—2014）、《Emergency Response Guidebook 2016》、《危险化学品目录（2015版）》、《企业突发环境事件风险评估指南（试行）》、《重点监管危险化工工艺目录》（2013年完整版）等确定的突发环境事件风险物质及临界量清单中的化学物质名单，结合天津滨海新区环境风险源调查与评估、涉及危险化学品企业环保核查的主要成果，进一步筛选确定纳入本手册的典型化学品名录 40 种。

编者按照危险化学品环境管理和突发性环境污染事件应急响应的需求，尤其是当前突发性环境污染事件应急预案与风险评估工作的开展，对手册的编写内容进行了设计，在化学品安全技术说明书（Material Safety Data Sheet）、《危险化学品生产、储存装置个人可接受风险标准和社会可接受风险标准（试行）》以及相关文献统计分析基础上，系统梳理了 40 项典型危险化学品的相关信息，包括：化学品标识、理化性质、毒理学参数、环境行为及危险特性、环境监测、应急处理处置、储存运输等，把在突发环境事件中典型化学品的理化性质与环境健康影响及应急控制更好地结合起来，更具系统性、完整性和实用性。

本手册参考了相关研究领域众多学者的著作，在此向有关作者致以诚挚的谢意。由于编者水平和时间所限，书中可能存在疏漏之处，敬请广大读者给予批评和指教。

编　者

2019 年 6 月

目 录 ▶▶▶

苯　胺

1　名称、编号、分子式

苯胺又称阿尼林、阿尼林油、氨基苯。工业上主要采用两种方法生产苯胺：由硝基苯经活性铜催化氢化制备，此法可进行连续生产，无污染；以及氯苯和氨在高温和氧化铜催化剂存在下反应得到。苯胺基本信息见表 1-1。

表 1-1　苯胺基本信息

中文名称	苯胺
中文别名	氨基苯;阿尼林;阿尼林油
英文名称	aniline
英文别名	aminobenzene;phenylamine;aminophen;aniline oil;kyanol
UN 号	1547
CAS 号	62-53-3
ICSC 号	0011
RTECS 号	BW6650000
EC 编号	612-008-00-7
分子式	C_6H_7N
分子量	93.12

2　理化性质

苯胺有碱性，能起卤化、乙酰化、重氮化等作用。遇明火、高热可燃，燃烧的火焰会生烟。与酸类、卤素、醇类、胺类发生强烈反应，会引起燃烧。苯胺理化性质一览表见表 1-2。

表 1-2　苯胺理化性质一览表

外观与性状	无色或微黄色油状液体,有强烈气味,有毒,接触空气和光线后变黑
熔点/℃	−6.2
沸点/℃	184.4
相对密度(水=1)❶	1.02

❶ 此处代表水的相对密度为1，全书同。

相对蒸气密度(空气＝1)❶	0.94
饱和蒸气压(77℃)/kPa	2.00
临界温度/℃	425.6
临界压力/MPa	5.30
辛醇/水分配系数的对数值	0.94
闪点/℃	21
爆炸上限(体积分数)/%	1.3
爆炸下限(体积分数)/%	11.0
溶解性	微溶于水，易溶于乙醇、苯、乙醚、氯仿等。水中溶解度(20℃)3.4%

3　毒理学参数

(1) 急性毒性　LD_{50}：442mg/kg（大鼠经口）；820mg/kg（兔经皮）；1060mg/kg（豚鼠经皮）；802mg/kg（兔经皮）；500mg/kg（狗经口）。

LC_{50}：665mg/m³，7 小时（小鼠吸入）；74.2mg/m³，4 小时（大鼠经口）。

(2) 亚急性和慢性毒性　大鼠吸入 19mg/m³，6 小时/天，23 周时高铁血红蛋白升高至 600mg/mL。

(3) 代谢　作用于全身各系统器官，主要累及血液系统、消化系统、排泄系统等。苯胺的转化快，所产生中间代谢产物的毒性常比母体大，如苯基羟胺的高铁血红蛋白形成能力比苯胺大 10 余倍。

(4) 中毒机理　机体正常血红蛋白（Hb）变性，结合二价铁的 Hb 氧化为三价铁，与羟基（—OH）牢固地结合形成 Fe＋3Hb，即失去携氧能力，造成机体各组织缺氧，引起中枢神经系统、心血管系统以及其他脏器的损害。苯胺能引起红细胞内珠蛋白变性，形成赫恩兹小体，使细胞膜脆性大，易于破坏，导致溶血性贫血。本品主要引起高铁血红蛋白血症、溶血性贫血和肝、肾损害。易经皮肤吸收。洗热水浴及饮酒均能促进或加重中毒。

(5) 致癌性　IARC 致癌性评论：G3，对人及动物致癌性证据不足。

(6) 致突变性　微粒体诱变试验：鼠伤寒沙门菌 100pg/皿。姊妹染色单体交换：小鼠腹腔内 210mg/kg。

(7) 危险特性　遇热、明火可燃。腐蚀铜和铜合金。与氧化物发生剧烈反应。不能与硝酸、硝基苯、甘油、发烟硫酸、臭氧、过氯酸＋甲醛、过氧化钾、过氧化钠等许多物质共存。

4　对环境的影响

4.1　主要用途

苯胺是用途十分广泛的有机化工原料和化工产品，其化工产品和中间体有 300 多种，在

---

❶ 此处代表相同条件下,空气的相对蒸气密度为1,全书同。

印染、染料制造、硫化橡胶、照相显影剂、溶剂、生产树脂、制药等行业中得到广泛应用。

有机化工厂、焦化厂及石油冶炼厂等生产苯胺的企业是使用苯胺的染料合成、制药业、印染工业、橡胶促凝剂和防老化剂、打印油墨、2,4,6-三硝基苯甲硝胺、光学白涂剂、照相显影剂、树脂、假漆、香料、轮胎抛光剂及其他有机化学品的制造。在这些生产和使用苯胺的行业中以及在储运过程中的意外事故均会造成对环境的污染，对人体危害。

2004年国内苯胺的产量在 4.3×10^5 t 左右，2004年净出口量为 3.59×10^4 t，表观消费量约为 39.41×10^4 t/a，消费比例为 4,4-二苯基甲烷二异氰酸酯（MDI）约占 26.3%；橡胶助剂消费量约占 20.6%；染颜料消费量约占 23.3%；医药和农药消费量约占 11.3%；环己胺消费量约占 7.6%；二苯胺消费量约占 5.7%；其他消耗约为 5.2%。而在国外苯胺 80% 用于合成 MDI。调查显示，全世界每年排入环境中的苯胺约为 3×10^4 t。

4.2 环境行为

(1) 代谢和降解 混入土壤中的苯胺在短时间内很难分解，将对土壤造成长期污染。

苯胺在好氧水体中可降解，半衰期为 5～25d；在土壤中难以降解，半衰期在 350d 左右；在水体沉积层的上部好氧环境中，其环境行为及半衰期与土壤中的相似；在厌氧环境中其降解更加缓慢，半衰期约为 10 年。

在硫酸盐还原条件下，土著微生物经驯化后，可使绝大部分的苯胺在河岸渗滤过程中发生降解，甚至矿化；硫酸盐还原条件下的苯胺降解，必须经过脱氨作用。同时，还可能会产生对微生物生命活动不利的中间产物。

(2) 残留与蓄积 混入土壤中的苯胺在短时间内很难分解，将对土壤造成长期污染。

(3) 迁移转化 苯胺容易挥发到空气中形成蒸气。苯胺的分子结构非常稳定，尤其在水环境中更稳定。以蒸气或液态形式存在于自然环境中时，持续时间长，污染环境时间持久，毒性强烈。

进入土壤系统的苯胺积累到超出土壤系统原来的自净能力时，就会引起土壤系统结构变化和自然功能失调。由于苯胺在常温下是油状液体，故土壤对其有良好的吸收作用，混入土壤中的苯胺在短时间内很难分解，将对土壤造成长期污染，还会挥发到空气中，使空气受到污染。被苯胺污染的土壤不能再使用，尤其是受到大面积高浓度污染的土壤，目前还没有有效的治理办法。

苯胺进入水体后，引起水体恶化，降低水体使用价值。进入水体的苯胺，使水和水体底泥的物理、化学、放射性和生物群落发生变化，造成水质恶化，从而影响水的有效利用，危害人体健康和破坏生态环境。当水中排入大量苯胺时，水面会出现漂浮液体，并有刺激性气味，还会出现鱼类及其他水生生物死亡，水系的生态平衡会被破坏并在短时间难以恢复。

4.3 人体健康危害

(1) 暴露/侵入途径 吸入、食入、经皮吸收。在生产条件下，苯胺主要以粉尘或蒸气的形态存在于空气中，既可经呼吸道吸入体内，也可经完整的皮肤吸收。对液态化合物，后一途径更为重要。常因在生产中热料喷洒到身上，或在苯胺的分装、搬运及装卸过程中，外溢的液体可经浸湿的衣服、鞋袜沾染皮肤而吸收中毒。其吸收率随气温、相对湿度的增加而增加。气温过高、饥饿、热水淋浴和饮酒等均可加重或诱发中毒。

(2) 健康危害 有研究显示，人体多次每日摄入 0.4mg/kg 苯胺可引起血红蛋白毒性。

苯胺主要分布在血液系统、消化系统、排泄系统等。苯胺进入人体后经氧化，成为氨基酚。

苯胺经芳香环的羟基化作用转化为对氨基酚、邻氨基酚、间氨基酚、苯氨基磺酸及乙酰苯胺，最后由尿排出。人吸入 0.3~0.6mg，1h 无影响；人经口最大耐受剂量（MLD）：350mg/kg。

① 急性中毒。患者口唇、指端、耳郭紫绀，有头痛、头晕、恶心、呕吐、手指发麻、精神恍惚等，重度中毒时，皮肤、黏膜严重青紫，呼吸困难，抽搐，甚至昏迷、休克。出现溶血性黄疸、中毒性肝炎及肾损害。可有化学性膀胱炎。眼接触引起结膜角膜炎。

② 慢性中毒。患者有神经衰弱综合征表现，伴有轻度紫绀、贫血和肝、脾肿大。皮肤接触可引起湿疹。

4.4 接触控制标准

中国 MAC（mg/m³）：5 [皮]。
前苏联 MAC（mg/m³）：0.1。
OSHA TWA：5ppm❶ [皮]。
苯胺生产及应用相关环境标准见表 1-3。

表 1-3 苯胺生产及应用相关环境标准

标准编号	限制要求	标准值
GB 16297—2006	大气污染物综合排放标准	最高允许排放浓度：20mg/m³①；25mg/m³② 最高允许排放速率： 二级 0.52~11kg/h①；0.61~13kg/h② 三级 0.78~17kg/h①；0.92~20kg/h② 无组织排放监控浓度限值：0.40mg/m³①；0.50mg/m³②
GB 8978—1996	污水综合排放标准	一级：1.0mg/L 二级：2.0mg/L 三级：5.0mg/L
GB 3838—2002	地表水环境质量标准	集中式生活饮用水地表水源地特定项目标准限值：0.1mg/L
GBZ 2.1—2007	工作场所有害因素 职业接触限值 化学有害因素	时间加权平均允许浓度（TWA）：3mg/m³

① 为 1997 年 1 月 1 日起设立的污染源的限值。
② 为 1997 年 1 月 1 日前设立的污染源的限值。

5 环境监测方法

5.1 现场应急监测方法

便携式气相色谱法：使用便携式气相色谱仪现场检测。

---

❶ 1ppm＝10^{-6}＝一百万分之一。

5.2 实验室监测方法

苯胺的实验室监测方法见表1-4。

表 1-4　苯胺的实验室监测方法

监测方法	来源	类别
盐酸乙二胺分光光度法	《空气质量苯胺类的测定　盐酸萘乙二胺分光光度法》(GB/T 15502—1995)	空气
溶剂解吸气相色谱法	《作业场所空气中苯胺的溶剂解吸气相色谱法测定》(WS/T 142—1999)	作业场所空气
	《工作场所有害物质监测方法》，徐伯洪、闫慧芳主编	空气
盐酸萘乙二胺分光光度法	《车间空气中苯胺的盐酸萘乙二胺分光光度测定方法》(GB/T 16100—1995)	作业场所空气
N-(1-萘基)-乙二胺偶氮分光光度法	《水质　苯胺类化合物的测定 N-(1-萘基)乙二胺偶氮分光光度法》(GB 11889—89)	水质
气相色谱法	《环境空气　臭氧的测定　靛蓝二磺酸钠分光光度法》(GB/T 16130—1995)	空气
	《水质分析大全》，张宏陶等主编	水质

6　应急处理处置方法

6.1　泄漏应急处理

（1）应急行为　迅速撤离泄漏污染区人员至安全区，并进行隔离，严格限制出入。切断火源。不要直接接触泄漏物。尽可能切断泄漏源，防止进入下水道、排洪沟等限制性空间。小量泄漏：用砂土或其他不燃材料吸附或吸收。大量泄漏：构筑围堤或挖坑收容，喷雾状水冷却和稀释蒸气、保护现场人员、把泄漏物稀释成不燃物。

（2）应急人员防护　应急处理人员戴自给正压式呼吸器，穿防毒服。不要直接接触泄漏物。

（3）环保措施　尽可能切断泄漏源，防止进入下水道、排洪沟等限制性空间。

（4）消除方法　用泵转移至槽车或专用收集器内，回收或运至废物处理场所处置。

① 土壤污染。在大多数情况下，发生事故时最先受到污染的就是土壤。由于苯胺是油状液体，故土壤对其有很好的吸收作用。用土将污染区做覆盖处理，或者筑坝将其拦住，以防污染进一步扩大，特别是应采取措施不能让其污染附近的水体。当污染区域被控制住，并用土壤将其完全吸收后，应对受污染土壤进行以下处理。

a.进行永久性密封处理。在大面积污染情况下，使用密封材料将受污染区域进行密封，这实际上使化学品泄漏地区变成了一个永久处理场，可以使用不同的密封材料，如黏土、沥青和有机密封剂。

b.暂时保存法。将受污染的土壤清除剥离后，装在可密封的容器中保存，待有条件时再做处理。

c. 焚烧法。将受到苯胺污染的土壤挖掘起来在现场进行焚烧处理，这种处理方法要求焚烧炉带有气体回收装置。

d. 自然降解法。由于苯胺溶于水，故可采用开沟淋洗土壤的方法，收集洗涤水或让苯胺随水蒸气一同挥发，也可采用不断地翻耕土壤，让苯胺随土壤中的水分一同逸散。

② 水体污染。如果发生在地面上的苯胺污染事故由于处理不当，已使污染物进入水体，或者水体沿岸的污染源超标准排放的苯胺废水进入水体，则可对受污染水体进行以下处理。

a. 小溪、小河、水渠或其他流速缓慢的地表水体受到苯胺污染时，可设法在污染区域下方筑一水坝，将受污染水体与其他水体隔离。如果是非点源污染事故，则在污染区域上方也应拦住未受污染的水继续进入污染区。

b. 将受污染的水体泵到可接纳的水体中，如排污渠中，以使进入市政或其他污水处理厂进行处理，也可就地进行曝气等处理，让苯胺随水蒸气一同挥发。

c. 在大江大河或水量大的河流受到苯胺污染后，没有有效的处理方法。在这种情况下，唯一可做的就是迅速通知下游有关单位，特别是下游沿岸的自来水厂，加强监测，希望通过天然净化和稀释过程来减轻受污染的程度。

6.2 个体防护措施

(1) 工程控制　严加密闭，提供充分的局部排风。尽可能机械化、自动化。提供安全淋浴和洗眼设备。

(2) 呼吸系统防护　可能接触其蒸气时，佩戴过滤式防毒面具（半面罩）。紧急事态抢救或撤离时，佩戴空气呼吸器。

(3) 眼睛防护　戴安全防护眼镜。

(4) 身体防护　穿防毒物渗透工作服。

(5) 手防护　戴橡胶手套。

(6) 饮食　工作现场禁止吸烟、进食和饮水。工作前后不饮酒。

(7) 其他　及时换洗工作服。工作前后用温水洗澡。注意检测毒物。实行就业前和定期的体检。

对苯胺作业工人进行上岗前体检和定期体检，及时发现职业禁忌证，如血液病、肝病、心血管疾病、内分泌病、神经系统疾病、皮肤病等。早期发现苯胺中毒病人并及时处理。

6.3 急救措施

(1) 皮肤接触　立即脱去污染的衣物，用5％乙酸清洗污染的皮肤，再用肥皂水和清水冲洗。注意手、足和指甲等部位。

(2) 眼睛接触　立即提起眼睑，用大量流动清水或生理盐水彻底冲洗至少15分钟。就医。

(3) 吸入　迅速脱离现场至空气新鲜处。保持呼吸道通畅。如呼吸困难，给输氧。如呼吸停止，立即进行人工呼吸。就医。

(4) 食入　误服者给漱口，饮水，洗胃后经口活性炭，再给以导泻。就医。

(5) 灭火方法　消防人员须戴好防毒面具，在安全距离以外，在上风向灭火。灭火剂可选择水、泡沫、二氧化碳、砂土。

6.4　应急医疗

（1）诊断要点　可通过中毒表现判断中毒程度。

① 轻度中毒。口唇、耳郭、舌及指（趾）甲发绀，可伴有头晕、头痛、乏力、胸闷，高铁血红蛋白占 10%～30%，一般在 24h 内恢复正常。

② 中度中毒。皮肤、黏膜明显发绀，可出现心悸、气短、食欲不振、恶心、呕吐等症状，高铁血红蛋白占 30%～50%，或高铁血红蛋白低于 30% 且伴有以下任何一项者：轻度溶血性贫血，赫恩兹小体可轻度升高；化学性膀胱炎；轻度肝脏损害；轻度肾脏损害。

③ 重度中毒。皮肤黏膜重度发绀，高铁血红蛋白高于 50%，并可出现意识障碍，或高铁血红蛋白低于 50% 且伴有以下任何一项者：赫恩兹小体可明显升高，并继发溶血性贫血；严重中毒性肝病；严重中毒性肾病。

④ 最重度中毒。昏迷乃至死亡。死者各器官静脉淤血，血液呈深褐色、黏稠、凝固减慢。在浆膜及黏膜层有多发性出血，脏器有色素沉着，肾脏有高铁血红蛋白性管型，血中高铁血红蛋白占 60%，可见到赫恩兹小体。尿中有时出现血红蛋白。尿中游离酚通常明显增加，继而有结合的对氨基酚增加。

（2）处理原则

① 迅速脱离现场，清除皮肤污染，立即吸氧，严密观察。

② 高铁血红蛋白血症用高渗葡萄糖、维生素 C、小剂量美蓝（亚甲基蓝）治疗。

③ 溶血性贫血，主要为对症和支持治疗，重点在于保护肾脏功能，碱化尿液，应用适量肾上腺糖皮质激素。严重者应输血治疗，必要时采用换血疗法或血液净化疗法。

④ 化学性膀胱炎，主要为碱化尿液，应用适量肾上腺糖皮质激素，防治继发感染。并可给予解痉剂及支持治疗。

⑤ 肝、肾功能损害，处理原则见 GBZ 59 和 GBZ 79。

（3）预防措施　对苯胺作业工人进行上岗前体检和定期体检，及时发现职业禁忌证，如血液病、肝病、心血管疾病、内分泌病、神经系统疾病、皮肤病等。早期发现苯胺中毒病人并及时处理。

7　储运注意事项

7.1　储存注意事项

储存于阴凉、通风空间内。远离火种、热源，防止阳光直射。保持容器密封。避光保存。应与氧化剂、酸类、食用化学品分开存放。

7.2　运输信息

危险货物编号：61746。

UN 编号：1547。

包装类别：Ⅱ。

包装方法：小开口钢桶；螺纹口玻璃瓶、铁盖压口玻璃瓶、塑料瓶或金属桶（罐）外木板箱；塑料瓶、镀锡薄钢板桶外满底板花格箱。

运输注意事项：搬运时要轻装轻卸，防止包装及容器损坏。分装和搬运作业要注意个人防护。运输时运输车辆应配备泄漏应急处理设备。运输途中应防曝晒、雨淋，防高温。运输按规定路线行驶，勿在居民区和人口稠密区停留。铁路运输时应严格按照铁道部《危险货物运输规则》中的危险货物配备表进行装配。起运时包装要完整，装运要稳妥。运输过程中要确保容器不泄漏、不倒塌、不坠落、不损坏。

7.3 废弃

（1）废弃处置方法　处置前应参阅国家和地方有关法规。用焚烧法处置，焚烧炉排出的氮氧化物通过洗涤器除去。

（2）废弃注意事项　处置前应参阅国家和地方有关法规。或与厂家或制造商联系，确定处置方法。废物储存参见"储存注意事项"。

8 参考文献

[1]　天津市固体废物及有毒化学品管理中心.危险化学品环境数据手册 [M].天津：天津市固体废物及有毒化学品管理中心，2005：219-221.

[2]　万本太.突发性环境污染事故应急监测与处理处置技术 [M].北京：中国环境科学出版社，2006.

[3]　周国泰.危险化学品安全技术全书 [M].北京：化学工业出版社，1997.

[4]　环境保护部.国家污染物环境健康风险名录（化学第一分册）[M].北京：中国环境科学出版社，2009.

[5]　张宏陶.水质分析大全 [M].重庆：科学技术文献出版社重庆分社，1989.

[6]　郑金来，李君文，晁福寰.苯胺、硝基苯和三硝基甲苯生物降解研究进展 [J].微生物学通报，2001，28（5）：85-88.

[7]　北京化工研究院环境保护所/计算中心.国际化学品安全卡（中文版）查询系统 [DB].2016.

苯　酚

1　名称、编号、分子式

苯酚俗名石炭酸，第一次世界大战前，苯酚的唯一来源是从煤焦油中提取。绝大部分是通过合成方法得到。有磺化法、氯苯法、异丙苯法等方法。工业上主要由异丙苯制得。苯酚基本信息见表2-1。

表 2-1　苯酚基本信息

中文名称	苯酚
中文别名	石炭酸；羟基苯
英文名称	phenol
英文别名	hydroxybenzene；carbolic acid；phenic acid
UN 号	1671
CAS 号	108-95-2
ICSC 号	0070
RTECS 号	SJ3325000
EC 编号	604-001-00-2
分子式	C_6H_6O
分子量	94.1

2　理化性质

苯酚可吸收空气中水分并液化。有特殊臭味，极稀的溶液有甜味。腐蚀性极强。化学反应能力强。与醛、酮反应生成酚醛树脂、双酚 A，与醋酐、水杨酸反应生成乙酸苯酯、水杨酸酯。还可进行卤代、加氢、氧化、烷基化、羧基化、酯化、醚化等反应。苯酚在通常温度下是固体，与钠不能顺利发生反应，如果采用加热熔化苯酚，再加入金属钠的方法进行试验，苯酚易被还原，在加热时苯酚颜色发生变化而影响试验效果。有人在教学中采取下面的方法试验，操作简单，取得了满意的试验效果。在一支试管中加入 2～3mL 无水乙醚，取黄豆粒大小的一块金属钠，用滤纸吸干表面的煤油，放入乙醚中，可以看到钠不与乙醚发生反应。然后再向试管中加入少量苯酚，振荡，这时可观察到钠在试管中迅速反应，产生大量气体。这一试验的原理是苯酚溶解在乙醚中，使苯酚与钠的反应得以顺利进行。苯酚理化性质一览表见表2-2。

表 2-2 苯酚理化性质一览表

外观与性状	无色针状结晶或白色结晶熔块。有特殊的臭味和燃烧味,有毒,有强腐蚀性,极稀的溶液具有甜味,置于空气中或日光下逐渐变成粉红色至红色,在潮湿空气中吸湿后,由结晶变成液体
熔点/℃	43
沸点/℃	181.7
相对密度(水=1)	1.07
相对蒸气密度(空气=1)	3.24
饱和蒸气压(40.1℃)/kPa	0.13
临界温度/℃	419.2
临界压力/MPa	6.13
辛醇/水分配系数的对数值	1.46
闪点/℃	26
自燃温度/℃	715
爆炸上限(体积分数)/%	1.7
爆炸下限(体积分数)/%	8.6
溶解性	易溶于乙醇、乙醚、氯仿、甘油、二硫化碳、凡士林、挥发油、固定油、强碱水溶液。几乎不溶于石油醚。常温下,苯酚可溶于水,但溶解度不大;加热后,苯酚在水中溶解度增大,当温度高于 65℃时,苯酚可与水以任意比例混合

3 毒理学参数

(1) 急性毒性　致死剂量:1000mg/kg(人经口);LD_{50}:317mg/kg(大鼠经口);850mg/kg(兔经皮);LC_{50}:316mg/m^3(大鼠吸入)。

(2) 亚急性和慢性毒性　动物长期吸入酚蒸气(115.2～230.4mg/m^3)可引起呼吸困难、肺损害、体重减轻和瘫痪。

(3) 中毒机理　属高毒类物质,为细胞原浆毒物,低浓度能使蛋白质变性,高浓度能使蛋白质沉淀,故对细胞有直接损害,使黏膜、心血管和中枢神经系统受到腐蚀、损害和抑制。

(4) 刺激性　家兔经眼:20mg(24h),中度刺激。家兔经皮:500mg(24h),中度刺激。

(5) 致癌性　小鼠经皮最低中毒剂量(TDL_0):16g/kg,40 周(间歇),致癌,皮肤肿瘤。

(6) 致突变性　DNA 抑制:人 Hela 细胞 1mmol/L。姐妹染色单体交换:人淋巴细胞 5μmol/L。

(7) 生殖毒性　大鼠经口最低中毒剂量(TDL_0):1200mg/kg(孕 6～15d),引起胚胎毒性。

(8) 危险特性　第 6.1 类毒害品。本品可燃,遇明火、高热可燃。高毒,具强腐蚀性,可致人体灼伤,对环境有严重危害,对水体和大气可造成污染。

4 对环境的影响

4.1 主要用途

苯酚用作生产酚醛树脂、卡普隆和己二酸的原料，也用于塑料和医药工业。

苯酚是一种重要的有机合成原料，可用于生产或制造炸药、肥料、焦炭、灯黑、涂料、除草剂、橡胶、石棉品、木材防腐剂、合成树脂、纺织物、药品、药物制剂、香水、酚醛塑料和其他塑料，以及聚合物的中间体。也可在石油、制革、造纸、肥皂、玩具、墨水、农药、香料、染料等行业中使用。苯酚可凝固蛋白质，有杀菌效力，苯酚稀溶液是医药上最早使用的喷洒消毒剂，商品"来苏儿"（Lysol）消毒药水就是苯酚和甲苯酚的肥皂液，药皂中也掺入少量的苯酚。在医药上用作消毒剂、杀虫剂、止痒剂等。苯酚的稀水溶液可直接用作防腐剂和消毒剂。在实验室中用作溶剂、试剂。苯酚催化加氢即生成环己醇，是合成尼龙-66 的原料之一。还可用于制造酚醛树脂及己内酰胺，生产卤代酚类。

4.2 环境行为

（1）代谢和降解 酚类化合物在微生物和光解的作用下，在环境中分解较快。研究结果表明，在夏季 4h 之内酚溶液的浓度可以从 125ppb❶ 下降到 10ppb 以下，而苯酚的降解速度随着河水中微生物数量的增加而增加，在冬季最冷的天气里，苯酚的降解速度则很弱。

（2）残留与蓄积 苯酚主要在生产和生活过程中产生，它们生产得越来越多，并通过灌溉、雨水、洪水泛滥等途径，在土壤环境中被吸收、积累而造成土壤环境的污染。并且通过所种植的农作物对污染物的吸收所富集，将危害扩大到生物链与食物链中，最终对人类的健康、生存、繁衍造成危害。

（3）迁移转化 大气中的酚类可以通过湿沉降的途径进入水体。另外，人工合成的有机物质如农药、酚、醛等主要通过石油化工的合成生产过程及产品使用过程中排放出的污水，不经处理排入水体而造成污染。

4.3 人体健康危害

（1）暴露/侵入途径 吸入、摄入、经皮吸收。

（2）健康危害 苯酚对皮肤、黏膜有强烈的腐蚀作用，可抑制中枢神经或损害肝、肾功能。急性中毒：吸入高浓度蒸气可致头痛、头晕、乏力、视物模糊、肺水肿等。误服引起消化道灼伤，出现烧灼痛，呼出气带酚味，呕吐物或大便可带血液，有胃肠穿孔的可能，可出现休克、肺水肿、肝或肾损害，出现急性肾功能衰竭，可死于呼吸衰竭。眼接触可致灼伤。可经灼伤皮肤吸收经一定潜伏期后引起急性肾功能衰竭。慢性中毒：可引起头痛、头晕、咳嗽、食欲减退、恶心、呕吐，严重者引起蛋白尿。可致皮炎。属高毒类物质，为细胞原浆毒物，低浓度能使蛋白质变性，高浓度能使蛋白质沉淀，故对细胞有直接损害，使黏膜、心血管和中枢神经系统受到腐蚀、损害和抑制。胶黏剂中的污染物主要是对皮肤、呼吸道及眼部产生刺激作用，引起皮炎、结膜炎与哮喘性支气管炎。

---

❶ 1ppb ＝ 10^{-9} ＝十亿分之一。

苯酚从皮肤、黏膜和消化道都能吸收，苯酚经结合代谢产生苯酚葡萄糖苷和苯酚硫酸酯；少量被氧化成儿茶酚和氢醌后再结合，这些代谢产物氧化成醌后从尿中排出，并可以使尿染成绿色。苯酚从胃肠道吸收迅速，并且容易穿透皮肤、黏膜及其他组织。

苯酚是一种原型质毒物，对一切生活个体都有毒杀作用。能使蛋白质凝固，所以有强烈的杀菌作用。浓度约 0.2% 即有杀菌作用，浓度大于 1% 能杀死一般细菌，1.3% 溶液可杀死真菌。本品稀溶液可使人体感觉神经末梢麻痹，产生局部麻醉作用，可止痒。苯酚在水中少量离解为阴离子（$C_6H_5O^-$）与阳离子（H^+），但一般认为其消毒作用主要依靠非电离分子，与离解度无关。其水溶液很易通过皮肤引起全身中毒；其蒸气由呼吸道吸入，对神经系统损害更大。苯酚对水产和水生微生物、农作物都有一定的毒害。水中含酚 0.1～0.2mg/L 时，鱼肉即有臭味不能食用；6.5～9.3mg/L 时，能损伤鱼的鳃和咽，使其腹腔出血、脾肿大甚至死亡。含酚浓度高于 100mg/L 的废水直接灌田，会引起农作物枯死和减产。人对酚的口服致死量为 530mg/kg。

苯酚对人体任何组织都有显著腐蚀作用。如接触眼，能引起角膜严重损害，甚至失明。接触皮肤后，不引起疼痛，但在暴露部位最初呈现白色，如不迅速冲洗清除，能引起严重灼伤或全身性中毒。苯酚为细腻原浆毒物，能使蛋白质发生变质和沉淀，故对各种细胞有直接损害，抑制中枢神经或损害肝、肾功能，属高毒类。因此，任何暴露途径都可能产生全身性影响。通常酚中毒主要由皮肤吸收所引起，其腐蚀性随液体的 pH 值、溶解性及分解度和温度等条件而异。苯酚对组织的穿透力极强，仅在小面积皮肤上使用，高浓度（10% 以上水溶液有腐蚀性）外用可引起皮肤组织损伤，甚至坏死。用于体表皮肤的水溶液，浓度不宜超过 2%，外用后不加封包。苯酚对皮肤与黏膜具有腐蚀性，尿布皮炎患儿和 6 个月以下婴儿禁用。过量的苯酚在暴露的伤口甚至完整的皮肤上被吸收后，可引起严重甚至是致死性的中毒反应，故破损皮肤或伤口不能使用苯酚。酚软膏（2%）用于皮肤科防腐止痒。酚甘油（2%）用于中耳炎。苯酚对组织的穿透性极强，易从皮肤黏膜及创面吸收，故不宜大面积长期使用。一般用于体表消毒的水溶液浓度不应超过 2%。

短期接触，该物质和蒸气腐蚀眼睛、皮肤和呼吸道。吸入蒸气可能引起肺水肿，该物质可能对中枢神经系统、心脏和肾脏有影响，导致惊厥、昏迷、心脏病、呼吸衰竭和虚脱。接触可能导致死亡。影响可能推迟显现。需进行医疗观察。

反复或长期与皮肤接触，可能引起皮炎。该物质可能对肝和肾有影响。

成人吞服 0.3g 苯酚即可引起严重症状，吞服 3g（儿童 1g）可致死，主要引起肾脏损伤。如误服后，应立即饮用蛋白水、甘油、牛奶或植物油，严重者应送到医院静滴 5% 葡萄糖氯化钠注射液，皮下注射苯甲酸钠咖啡因 0.25～0.5g。

苯酚对婴儿有致命性。误服苯酚可引起广泛的局部组织腐蚀，引起疼痛、恶心、呕吐、出汗或腹泻。可出现短暂的兴奋，随后知觉丧失循环和呼吸抑制，肺水肿，肝坏死和肝功能衰竭。

美国 EPA 制定的关于酚的标准指出，在酚溶液的浓度为 2.56mg/L 的条件下，会对淡水水生生物产生慢性毒性，3.5mg/L 是该类化合物对人体产生危害的极限浓度。

职业接触限值为阈限值为 5mg/m³（时间加权平均值，经皮）。

① 急性中毒。吸入高浓度苯酚蒸气或大量苯酚液溅到皮肤上可引起急性中毒。吸入高浓度蒸气可致头痛、头晕、乏力、视物模糊、肺水肿等。误服引起消化道灼伤，出现烧灼痛，呼出气带酚味，呕吐物或大便可带血液，有胃肠穿孔的可能，可出现休克、肺水肿、肝

或肾损害，一般可在 48h 内出现急性肾功能衰竭，血及尿酚量增高，可死于呼吸衰竭。眼接触可致灼伤。如不及时抢救，可在 3～8h 内因神经中枢麻痹而残废。皮肤灼伤，创面初期为无痛性白色起皱，继而形成褐色痂皮。常见浅Ⅱ度灼伤。可经灼伤的皮肤吸收，经一定潜伏期后出现急性肾功能衰竭等急性中毒表现。

② 慢性中毒。长期吸入低浓度苯酚蒸气或酚污染了的水可引起慢性积累性中毒。可引起头痛、头晕、咳嗽、食欲减退、恶心、呕吐，严重者引起蛋白尿，少数人可有肝功能异常。接触苯酚的工人可发生刺激性接触性皮炎，但苯酚不是过敏原。

4.4 接触控制标准

美国 TLV-TWA：OSHA 5ppm，19mg/m³ ［皮］；ACGIH 5ppm，19mg/m³ ［皮］。苯酚生产及应用相关环境标准见表 2-3。

表 2-3 苯酚生产及应用相关环境标准

标准编号	限制要求	标准值
GB 16297—1996	大气污染物综合排放标准	最高允许排放浓度：100mg/m³；115mg/m³ 最高允许排放速率： 二级 0.12～2.6kg/h；0.10～2.2kg/h； 三级 0.18～3.9kg/h；0.15～3.3kg/h 无组织排放监控浓度限值：0.080mg/m³；0.1mg/m³
GB 8978—1996	污水综合排放标准	一级：0.3mg/L 二级：0.4mg/L 三级：1.0mg/L
GB 3838—2002	地表水环境质量标准	Ⅰ类：≤0.002mg/L Ⅱ类：≤0.002mg/L Ⅲ类：≤0.005mg/L Ⅳ类：≤0.01mg/L Ⅴ类：≤0.1mg/L

5 环境监测方法

5.1 现场应急监测方法

便携式气相色谱法：快速检测管法（万本太主编《突发性环境污染事故应急监测与处理处置技术》）。

5.2 实验室监测方法

苯酚的实验室监测方法见表 2-4。

表 2-4 苯酚的实验室监测方法

监测方法	来源	类别
气相色谱法	《空气中有害物质的测定方法》（第二版），杭士平主编	空气
	《固体废弃物试验分析评价手册》，中国环境监测总站等译	固体废物
	《尿中苯酚的气相色谱测定方法（二）FFAP 柱法》（WS/T 50—1996）	尿

监测方法	来源	类别
色谱/质谱法	《水和废水标准检验法》19 版译文,江苏省环境监测中心	水和废水
分光光度法	《水和废水标准检验法》20 版,美国	水和废水
高效液相色谱-荧光检测法	《蜂蜜中苯酚残留量的测定方法 高效液相色谱-荧光检测法》(GB/T 18932.13—2003)	蜂蜜
便携式气相色谱法	《突发性环境污染事故应急监测与处理处置技术》,万本太主编	快速检测管法

6 应急处理处置方法

6.1 泄漏应急处理

(1) 应急行为 隔离泄漏污染区,限制出入。切断火源。小量泄漏:用干石灰、苏打灰覆盖。大量泄漏:收集回收或运至废物处理场所处置。

(2) 应急人员防护 戴自给式呼吸器,穿防毒服。

(3) 环保措施 将泄漏物清扫进可密闭容器中。如果适当,首先润湿防止扬尘。小心收集残余物,然后转移到安全场所。不要让该化学品进入环境。

(4) 消除方法 收集回收或运至废物处理场所处置。

6.2 个体防护措施

(1) 工程控制 密闭操作,提供充分的局部排风。尽可能采取隔离操作。操作人员必须经过专门培训,严格遵守操作规程。远离火种、热源,工作场所严禁吸烟。使用防爆型的通风系统和设备。避免产生粉尘。避免与氧化剂、酸类、碱类接触。配备相应品种和数量的消防器材及泄漏应急处理设备,提供安全淋浴和洗眼设备。倒空的容器可能残留有害物。搬运时要轻装轻卸,防止包装及容器损坏。

(2) 呼吸系统防护 可能接触其粉尘时,佩戴自吸过滤式防尘口罩。紧急事态抢救或撤离时,应该佩戴自给式呼吸器。

(3) 眼睛防护 戴化学安全防护眼镜。

(4) 身体防护 穿透气型防毒服。

(5) 手防护 戴防化学品手套。

(6) 饮食 工作现场禁止吸烟、进食和饮水。

(7) 其他 工作完毕,彻底清洗。单独存放被毒物污染的衣服,洗后备用。实行就业前和定期的体检。

对经常接触苯酚的工人进行上岗前和定期健康检查,及时发现就业禁忌证和早期发现苯酚中毒病人及时处理。

6.3 急救措施

(1) 皮肤接触 立即脱去污染的衣着,用甘油、聚乙烯乙二醇或聚乙烯乙二醇和酒精混合液(7∶3)抹洗,然后用水彻底清洗。或用大量流动清水冲洗至少 15min。就医。

皮肤污染后立即脱去污染的衣着,用大量流动清水冲洗至少 20min;用聚乙烯乙二醇或聚乙烯乙二醇和甲基化酒精混合液（2∶1）抹洗皮肤后立即用大量流动清水冲洗。再用饱和硫酸钠溶液湿敷。

（2）眼睛接触　立即提起眼睑，用大量流动清水或生理盐水彻底冲洗至少 15min。就医。

（3）吸入　迅速脱离现场至空气新鲜处。保持呼吸道通畅。如呼吸困难，给输氧。如呼吸停止，立即进行人工呼吸。就医。

（4）食入　口服者给服植物油 15～30mL，催吐后温水洗胃至呕吐物无酚气味为止，再给硫酸钠 15～30mg。就医。消化道已有严重腐蚀时勿给上述处理。

（5）灭火方法　消防人员须佩戴防毒面具、穿全身消防服，在上风向灭火。灭火剂可为水、抗溶性泡沫、干粉、二氧化碳。

6.4　应急医疗

（1）诊断要点　吸入高浓度蒸气可致头痛、头晕、乏力、视物模糊、肺水肿等。误服引起消化道灼伤，出现烧灼痛，呼出气带酚味，呕吐物或大便可带血液，有胃肠穿孔的可能，可出现休克、肺水肿、肝或肾损害，一般可在 48h 内出现急性肾功能衰竭，血及尿酚量增高，可死于呼吸衰竭。

（2）处理原则　早期给氧。合理应用抗生素。防治肺水肿，肝、肾损害等对症、支持治疗。糖皮质激素的应用视灼伤程度及中毒病情而定。病情（包括皮肤灼伤）严重者需早期应用透析疗法排毒及防治肾衰。口服者需防治食管瘢痕收缩致狭窄。

（3）预防措施　定期对职业接触的人员进行体格检查，早期发现症状，并对患者进行脱离接触或必要的解毒处理。加强环境监测及一般防护措施，其原则与预防办法与防护其他职业病相同。对可疑的致癌因素，要进行周密的调查研究与人群调查，以便确定需要采取怎样的防护措施。

7　储运注意事项

7.1　储存注意事项

储存于阴凉、通风的库房。远离火种、热源。避免光照。库温不超过 30℃，相对湿度不超过 70%。包装密封。应与氧化剂、酸类、碱类、食用化学品分开存放，切忌混储。配备相应品种和数量的消防器材。储区应备有合适的材料收容泄漏物。应严格执行极毒物品"五双"管理制度。

7.2　运输信息

危险货物编号：61067。

UN 编号：1671。

包装类别：Ⅱ。

包装方法：小开口钢桶；螺纹口玻璃瓶、铁盖压口玻璃瓶、塑料瓶或金属桶（罐）外普通木箱；螺纹口玻璃瓶、塑料瓶或镀锡薄钢板桶（罐）外满底板花格箱、纤维板箱或胶合板箱。

运输注意事项：铁路运输时应严格按照铁道部《危险货物运输规则》中的危险货物配装表进行配装。运输前应先检查包装容器是否完整、密封，运输过程中要确保容器不泄漏、不倒塌、不坠落、不损坏。严禁与酸类、氧化剂、食品及食品添加剂混运。运输途中应防曝晒、雨淋，防高温。公路运输时要按照规定路线行驶，勿在居民区和人口稠密区停留。

7.3 废弃

（1）废弃处置方法 处置前应参阅国家和地方有关法规，一般用焚烧法处置。

（2）废弃注意事项 处置前应参阅国家和地方有关法规。或与厂家或制造商联系，确定处置方法。废物储存参见"储存注意事项"。

8 参考文献

［1］ 天津市固体废物及有毒化学品管理中心.危险化学品环境数据手册［M］.天津：天津市固体废物及有毒化学品管理中心，2005：219-221.

［2］ 万本太.突发性环境污染事故应急监测与处理处置技术［M］.北京：中国环境科学出版社，2006.

［3］ 环境保护部.国家污染物环境健康风险名录（化学第一分册）［M］.北京：中国环境科学出版社，2009.

［4］ 杭士平.空气中有害物质的测定方法［M］.北京：人民卫生出版社，1986.

［5］ 中国环境监测总站.固体废弃物试验分析评价手册［M］.北京：中国环境科学出版社，1992.

［6］ 美国公共卫生协会.水和废水标准检验法［M］.北京：中国建筑工业出版社，1985.

［7］ 周明华，吴祖成，汪大翚.不同电催化工艺下苯酚的降解特性［J］.高等学校化学学报，2003，24（9）：1637-1641.

［8］ 北京化工研究院环境保护所/计算中心.国际化学品安全卡（中文版）查询系统［DB］.2016.

苯并［b］荧蒽

1 名称、编号、分子式

苯并［b］荧蒽又称 3,4-苯并荧蒽，无色晶体。环境中的苯并［b］荧蒽主要来源于煤和石油的燃烧，也可来自垃圾焚烧或森林大火。蚊香的烟、熏制的食物和香烟烟雾中也存在苯并［b］荧蒽。苯并［b］荧蒽在工业上无生产和使用价值，一般只作为生产过程中形成的副产物随废气排放。

2017 年 10 月 27 日，世界卫生组织国际癌症研究机构公布的致癌物清单初步整理参考，苯并［b］荧蒽在 2B 类致癌物清单中。苯并［b］荧蒽基本信息见表 3-1。

表 3-1　苯并［b］荧蒽基本信息

中文名称	苯并［b］荧蒽
中文别名	3,4-苯并荧蒽；苯并［e］乙亚菲基；2,3-苯并荧蒽；苯并［e］荧蒽
英文名称	benzo［b］fluoranthene
英文别名	2,3-benzofluoranthene；B［b］F；3,4-benzofluoranthene；3,4-benz［e］acephenanthrylene
UN 号	2811
CAS 号	205-99-2
ICSC 号	0720
RTECS 号	CU1400000
分子式	$C_{20}H_{12}$
分子量	252.31

2 理化性质

苯并［b］荧蒽为无色晶体，有类似甲苯的气味，且易燃，禁止与强氧化剂或强酸混合。苯并［b］荧蒽理化性质一览表见表 3-2。

表 3-2　苯并［b］荧蒽理化性质一览表

外观与性状	无色透明液体
熔点/℃	163～165
沸点/℃	481

密度/(g/cm³)	1.286
折射率	1.887
饱和蒸气压(25℃)/kPa	0.24×10^{-8}
辛醇/水分配系数的对数值	6.12
闪点/℃	−18
溶解性	不溶于水,表面活性剂可增加其水中溶解度,在橄榄油中的溶解度为0.6mg/mL
化学性质	遇明火、高热可燃;受热分解;在碱液中能迅速分解
稳定性	稳定

3 毒理学参数

(1) 急性毒性 动物试验证明:苯并[b]荧蒽对小白鼠有全身反应。如同时受日光作用,可加快小白鼠死亡。当苯并[b]荧蒽质量浓度为0.01mg/L时,小白鼠条件反射活动有显著变化。

(2) 代谢 PAH化合物中有不少是致癌物质,但并非直接致癌物,必须经细胞微粒中的混合功能氧化酶激活后才具有致癌性。第一步为氧化和羟化作用,产生的环氧化物或酚类可能再以解毒反应生成葡萄糖苷、硫酸盐或谷胱甘肽结合物,但某些环氧化物可能代谢成二氢二醇,它依次通过结合而生成可溶性的解毒产物或氧化成二醇-环氧化物,这后一类化合物被认为是引起癌症的终致癌物。

(3) 中毒机理 PAH的化学结构与致癌活性有关,分子结构的改变,常引起致癌活性显著变化。在苯环骈合类的多环芳烃中有致癌活性的只是4～6环的环芳烃中的一部分。

(4) 致癌性 苯并[b]荧蒽的相对致癌性很强。它的潜在致癌性造成了主要的危害和危险性。2017年10月27日,世界卫生组织国际癌症研究机构公布的致癌物清单初步整理参考,苯并[b]荧蒽在2B类致癌物清单中。

(5) 危险特性 可燃;燃烧产生刺激烟雾。

4 对环境的影响

4.1 主要用途

苯并[b]荧蒽标准溶液在工业上无生产和使用价值,一般只作为生产过程中形成的副产物随废气排放。

4.2 环境行为

(1) 代谢和降解 PAH具有高度的脂溶性,易于经哺乳动物的内脏和肺吸收,能迅速地从血液和肝脏中被清除,并广泛分布于各种组织中,特别倾向于分布在体脂中。虽然PAH有高度的脂溶性,但是在动物或人的脂肪中几乎无生物蓄积作用的倾向,主要因为PAH能迅速和广泛地被代谢,代谢产物主要以水溶性化合物从尿和粪中排泄。在环境大气和水体中的 PAH 受到足够能量的阳光中紫外线的照射时会发生光解作用，土壤中的某些微生物可以使 PAH 降解，但分子量较大的苯并 [b] 荧蒽的光解、水解和生物降解是很微弱的。

(2) 残留与蓄积 苯并 [b] 荧蒽大多吸附在大气和水中的微小颗粒物上，大气中的苯并 [b] 荧蒽通过沉降和降水而污染土壤和地面水，由于苯并 [b] 荧蒽的水中溶解度低和亲脂性较强，因此该类化合物易于从水中分配到沉积物、有机质及生物体内，其结果是使水中苯并 [b] 荧蒽的浓度较低，而在沉积物中残留浓度较高。

(3) 迁移转化 环境中的 PAH 主要来源于煤和石油的燃烧，也可来自垃圾焚烧或森林大火。其生成量与燃烧设备和燃烧温度等因素有关，如大型锅炉生成量很低，家用煤炉生成量很高。柴油机和汽油机的排气中，以及炼油厂、煤焦油加工厂和沥青加工厂等排出的废气和废水中都含有 PAH。PAH 还存在于熏制的食物和香烟烟雾中。

苯并 [b] 荧蒽的存在与迁移，据有关资料介绍：汽车排气中含量为 $7.7mg/1000m^3$，排气焦油中含量为 $64mg/kg$。重质液化石油气的汽车走动时废气中含量为 $3.9mg/1000m^3$。城市空气中浓度为 $0.5 \sim 1.5\mu g/1000m^3$ 或 $0.25 \sim 0.3\mu g/1000m^3$，最高值在 12 月。研究表明，除了工业排污外，大气降水是径流排水中 PAH 的主要来源。

4.3 人体健康危害

(1) 暴露/侵入途径 吸入、经皮吸收。

(2) 健康危害 苯并 [b] 荧蒽对人体的主要危害部位是呼吸道和皮肤。人们长期处于苯并 [b] 荧蒽污染的环境中，可引起急性或慢性伤害。常见症状有日旋光性皮炎、痤疮型皮炎、毛囊炎及疣状赘生物等。长期或反复接触该物质，可能是人类致癌物，可能引起人类遗传损伤。

4.4 接触控制标准

苯并 [b] 荧蒽生产及应用相关环境标准见表 3-3。

表 3-3　苯并 [b] 荧蒽生产及应用相关环境标准

标准编号	限制要求	标准值
欧洲共同体(1975)	饮用水	0.0001mg/L(PAH)
中国	食品	多环芳烃含量<10μg/kg

5　环境监测方法

5.1　现场应急监测方法

无。

5.2　实验室监测方法

苯并 [b] 荧蒽的实验室监测方法见表 3-4。

表 3-4　苯并 [b] 荧蒽的实验室监测方法

监测方法	来源	类别
高效液相色谱法	GB 13198—91	水质
气相色谱法	《固体废弃物试验与分析评价手册》，中国环境监测总站等译	固体废物
气相色谱法	《空气中有害物质的测定方法》（第二版），杭士平主编	空气

6　应急处理处置方法

6.1　泄漏应急处理

(1) 应急行为　迅速撤离泄漏污染区人员至安全区，并进行隔离，严格限制出入。切断火源。

(2) 环保措施　尽可能切断泄漏源，防止进入下水道、排洪沟等限制性空间。

(3) 消除方法　将泄漏物清扫进有盖的容器中。如果适当，首先润湿防止扬尘。小心收集残余物，然后转移到安全场所，不要让该化学品进入环境。

6.2　个体防护措施

(1) 工程控制　密闭操作，局部排风。操作人员必须经过专门培训，严格遵守操作规程。提供安全淋浴和洗眼设备。

(2) 呼吸系统防护　局部排气通风或呼吸防护。

(3) 眼睛防护　佩戴安全护目镜，或眼睛防护结合呼吸防护。

(4) 身体防护　必须有适当的防护装配以避免与苯并 [b] 荧蒽直接接触。

(5) 手防护　必须戴手套，避免与苯并 [b] 荧蒽直接接触。

(6) 其他　工作现场禁止吸烟、进食和饮水。工作完毕，淋浴更衣。注意个人清洁卫生。

6.3　急救措施

(1) 皮肤接触　脱去被污染的衣着，冲洗，然后用肥皂水和清水清洗皮肤。

(2) 眼睛接触　先用大量水冲洗几分钟（若戴隐形眼镜，则应尽量摘除），然后就医。

(3) 吸入　呼吸新鲜空气，休息。

(4) 食入　误服者充分漱口、饮水，催吐，给予医疗护理。

(5) 灭火方法　周围环境着火时，允许使用各种灭火剂。

6.4　应急医疗

(1) 诊断要点

① 有无明确化学物质接触史。

② 检测现场有毒气体浓度。

③ 患者临床表现：该物质对眼睛、皮肤有刺激作用；该物质是致癌物、致畸原及诱

变剂。

（2）处理原则 给予供氧、对症及营养支持治疗。

① 立即用流动的水冲洗受污染的患部 15min 或 20min 以上。

② 脱掉受污染的衣物、鞋子。

③ 若患者无呼吸，需进行人工呼吸。当患者有吸入污染物时，避免用嘴对嘴人工呼吸，应使用适当呼吸医疗器材。

④ 若患者呼吸困难，应予以氧气。

⑤ 对患者给予保暖及安静。

（3）预防措施

① 每 2 年至少向工作人员提供一次常规体检，进行健康检测。

② 特殊工作者应参加规定的专项体检，体检次数不计入常规体检。

③ 所有工作者的体检记录应由安全管理员存盘，保存期不少于 10 年。

④ 专项体检记录保存期参照有关国家规定。

⑤ 工作人员从事对身体具有潜在危害的工作时，单位应该提供适当的、相应的防护。

⑥ 怀孕期、哺乳期妇女的工作，参考《劳动保护法》。

⑦ 工作人员如果患有职业病，应在 3 个月内为其调换工作岗位。

7 储运注意事项

7.1 储存注意事项

本品应该密封保存，储存于通风、低温、干燥的环境。

7.2 运输信息

包装类别：Ⅲ。

包装方法：玻璃安瓿瓶包装，常温和避光条件下保存。

运输注意事项：运输前应先检查包装容器是否完整、密封，运输过程中要确保容器不泄漏、不倒塌、不坠落、不损坏。严禁与酸类、氧化剂、食品及食品添加剂混运。运输时运输车辆应配备相应品种和数量的消防器材及泄漏应急处理设备。运输途中应防曝晒、雨淋，防高温。公路运输时要按规定路线行驶，勿在居民区和人口稠密区停留。

7.3 废弃

（1）废弃处置方法 由于苯并［b］荧蒽与悬浮固体紧密结合，所以可以通过采用水处理措施降低浊度来保证苯并［b］荧蒽含量降至最低水平。

（2）废弃注意事项 处置前应参阅国家和地方有关法规。

8 参考文献

[1] 环境保护部.国家污染物环境健康风险名录（化学第一分册）［M］.北京：中国环境科学出版社，2009.

[2] 姜晓黎，梁鸣，翁若荣，等.气相色谱-质谱法测定电子电气产品材料中多环芳烃［J］.福建分析

测试，2009，18（2）：50-54.

[3] 张寿林，等.急性中毒诊断与急救 [M].北京：化学工业出版社，1996.

[4] 高振宁，徐富春，等.环境保护部部门应急平台技术研发与示范 [Z].国家科技成果.

[5] 杭士平.空气中有害物质的测定方法 [M].北京：人民卫生出版社，1986.

[6] 周国泰.危险化学品安全技术全书 [M].北京：化学工业出版社，1997.

[7] 中国环境监测总站.固体废弃物试验分析评价手册 [M].北京：中国环境科学出版社，1992.

[8] 北京化工研究院环境保护所/计算中心.国际化学品安全卡（中文版）查询系统 [DB].2016.

丙　烯

1　名称、编号、分子式

丙烯是有机氯类杀虫剂。丙烯是基本有机化工的重要基本原料,工业上主要由烃类裂解所得到的裂解气和石油炼厂的炼厂气分离获得。丙烯基本信息见表 4-1。

表 4-1　丙烯基本信息

中文名称	丙烯
中文别名	1-丙烯;丙烯(合成级);甲基乙烯;丙烯(化学级)
英文名称	propylene;propene
英文别名	propene;propylene;1-propene;1-propylene;methylethene;methylethylene
UN 号	1077
CAS 号	115-07-1
ICSC 号	0559
RTECS 号	UC6740000
EC 编号	601-011-00-9
分子式	C_3H_6
分子量	42.08

2　理化性质

丙烯常温下为无色、稍带有甜味的气体。稍有麻醉性,在 815℃、101.325kPa 下全部分解。易燃,与空气混合能形成爆炸性混合物。不溶于水,溶于有机溶剂,是一种低毒类物质。丙烯理化性质一览表见表 4-2。

表 4-2　丙烯理化性质一览表

外观与性状	无色、有烃类气味的气体
熔点/℃	−191.2
沸点/℃	−47.7
相对密度(水＝1)	0.5
相对蒸气密度(空气＝1)	1.48

饱和蒸气压(0℃)/kPa	602.88
临界温度/℃	91.9
临界压力/MPa	4.62
闪点/℃	−78
自燃温度/℃	455
爆炸上限(体积分数)/%	15.0
爆炸下限(体积分数)/%	1.0
溶解性	溶于水、乙醇
化学性质	丙烯化学性质活泼,双键上可以发生加成、聚合、氧化反应。在与极性试剂加成时,主要得到符合马尔科夫尼科夫规则的产物,如与硫酸加成,主要生成硫酸氢异丙酯,再经水解生成异丙醇

3　毒理学参数

(1) 急性毒性　丙烯的麻醉作用及对心血管系统的毒性较乙烯强。吸入 40%～50% 时,小鼠、大鼠、猫、狗均被麻醉,其特点是麻醉作用产生和消失都很迅速。当浓度为 20%～50% 时,猫、狗均能引起室性早搏和心动过速。猫吸入 65% 丙烯和 35% 氧的混合气体时,能引起血压下降。吸入 70%～80% 浓度时,猫、狗都能因血压下降,心力衰竭,呼吸停止而迅速死亡。

(2) 亚急性和慢性毒性　慢性毒性:小鼠在 58d 内,用 35% 的丙烯反复麻醉 20 次后,仅引起肝脏的轻微脂肪浸润。

(3) 致癌性　2017 年 10 月 27 日,世界卫生组织国际癌症研究机构公布的致癌物清单初步整理参考,丙烯在 3 类致癌物清单中。

(4) 危险特性　易燃,与空气混合能形成爆炸性混合物。遇热源和明火有燃烧爆炸的危险。与二氧化氮、四氧化二氮、氧化二氮等激烈化合,与其他氧化剂接触剧烈反应。气体比空气密度大,能在较低处扩散到相当远的地方,遇火源会着火回燃。

4　对环境的影响

4.1　主要用途

丙烯用于制丙烯腈、环氧丙烷、丙酮等。用以生产多种重要有机化工原料、生成合成树脂、合成橡胶及多种精细化学品等。

丙烯是重要的化工原料。丙烯气相氧化得到的丙烯醛,用于生产丙烯酸、烯丙醇、甘油醛、羟基乙醛以及重要的食品和饲料添加剂蛋氨酸;丙烯氨氧化得到的丙烯腈是合成纤维、合成橡胶和塑料的重要原料;丙烯氯化得到的氯丙烯可进而合成烯丙醇、丙烯二氯丙醇、氯丙腈等,用于生甘油、环氧树脂、氯醇橡胶、表面活性剂等;丙烯烷基化得到异丙苯,是目前苯酚的主要中间体,在生产苯酚同时联产丙酮;丙烯经羰基合成得正丁醛和异丁醛,可衍生许多有机合成中间体,用于增塑剂、染料、溶剂、农药等;丙烯水合得到异丙醇，用于生产丙酮、异丙胺及异丙酯；丙烯经四次聚合得到十二碳烯，是表面活性剂的中间体。

丙烯颜料是用一种化学合成胶乳剂（含丙烯酸酯、甲基丙烯酸酯、丙烯酸、甲基丙烯酸，以及增稠剂、填充剂等）与颜色微粒混合而成的新型绘画颜料。丙烯颜料出现于 20 世纪 60 年代，试验证明，它有很多优于其他颜料的特征：干燥后为柔韧薄膜，坚固耐磨，耐水，抗腐蚀，抗自然老化，不褪色，不变质脱落，画面不反光，画好后易于冲洗，适合于作架上画、室内外壁画等。它可以一层层反复堆砌，画出厚重的感觉；也可加入粉料及适量的水，用类似水粉的画法覆盖重叠，画面层次丰富而明朗；如在颜料中加入大量的水分可以画出水彩、工笔画的效果，一层层烘染，推晕，透叠，效果纯净透明。由于丙烯颜料的主要调剂含水量很大，因此在容易吸水的粗糙底面上作画更为适宜，如纸板、棉布、木板、纤维板、水泥墙面、麻毛质地的金属面、石壁等。作丙烯画可以用一般的油画笔、画刀、中国画笔、水彩画笔、板刷、海绵、丝瓜络等。调色盘和笔洗多用不吸水的陶瓷、玻璃、珐琅质地的容器，以防清洗不净。丙烯颜料在水分挥发后即干透，因此作画时对程序要心中有数，以使笔触衔接自然，达到预想效果。

丙烯用量最大的是生产聚丙烯，另外丙烯可制丙烯腈、异丙醇、苯酚和丙酮、丁醇和辛醇、丙烯酸及其酯类以及制环氧丙烷和丙二醇、环氧氯丙烷和合成甘油等。

4.2 环境行为

该物质对环境有危害，对鱼类和水体要给予特别注意。还应特别注意对地表水、土壤、大气和饮用水的污染。

4.3 人体健康危害

（1）暴露/侵入途径 吸入。丙烯主要经呼吸道侵入人体。

（2）健康危害 吸入 6.4% 浓度，历时 2.25min，有感觉异常和注意力不集中；12.8%，1min，同样的症状较明显；15%，30min 或 24%～33%，3min 可引起意识丧失；40% 以上时，仅 6s 即意识丧失，并引起呕吐眩晕。数分钟接触后，尚可引起眼睑及面潮红、流泪、咳嗽；50%，2min，引起麻醉，然而停止接触可完全恢复。

丙烯嗅觉阈为 17.3mg/m³，近 1mg/m³ 时眼轻度敏感。高浓度丙烯对人有麻醉作用，浓度较低时，对眼睛和皮肤有刺激作用。

① 急性中毒。人吸入丙烯可引起意识丧失，当浓度为 15% 时，需 30min；24% 时，需 3min；35%～40% 时，需 20s；40% 以上时，仅需 6s，并引起呕吐。50% 丙烯和氧气混合可引起麻醉。

② 慢性中毒。长期接触可引起头昏、乏力、全身不适、思维不集中。个别人胃肠道功能发生紊乱。慢性影响与乙烯相似。

4.4 接触控制标准

前苏联 MAC（mg/m³）：100。

TLVTN：ACGIH 窒息性气体。

丙烯生产及应用相关环境标准见表 4-3。

表 4-3 丙烯生产及应用相关环境标准

标准编号	限制要求	标准值
GB 16297—1996	大气污染物综合排放标准	最高允许排放浓度:20mg/m³[①];25mg/m³[②] 最高允许排放速率: 二级 0.52~11kg/h[①];0.61~13kg/h[②]。 三级 0.78~17kg/h[①];0.92~20kg/h[②] 无组织排放监控浓度限值:0.40mg/m³[①];0.50mg/m³[②]

① 为 1997 年 1 月 1 日起设立的污染源的限值。

② 为 1997 年 1 月 1 日前设立的污染源的限值。

5 环境监测方法

5.1 现场应急监测方法

便携式气相色谱法。

5.2 实验室监测方法

丙烯的实验室监测方法见表 4-4。

表 4-4 丙烯的实验室监测方法

监测方法	来源	类别
溶剂解吸气相色谱法	《工作场所有害物质监测方法》,徐伯洪、闫慧芳主编	空气
气相色谱法	《分析化学手册》(第四分册,色谱分析), 化学工业出版社	气体

6 应急处理处置方法

6.1 泄漏应急处理

(1) 应急行为 迅速撤离泄漏污染区人员至上风处,并进行隔离,严格限制出入。切断火源。尽可能切断泄漏源。用工业覆盖层或吸附/吸收剂盖住泄漏点附近的下水道等地方,防止气体进入。合理通风,加速扩散。喷雾状水稀释、溶解。构筑围堤或挖坑收容产生的大量废水。如有可能,将漏出气用排风机送至空旷地方或装设适当喷头烧掉。漏气容器要妥善处理,修复、检验后再用。

切断气源。若不能切断气源,则不允许熄灭泄漏处的火焰。喷水冷却容器,可能的话将容器从火场移至空旷处。灭火剂:雾状水、泡沫、二氧化碳、干粉。

(2) 应急人员防护 建议应急处理人员戴自给正压式呼吸器,穿防静电工作服。

(3) 环保措施 喷雾状水稀释、溶解。构筑围堤或挖坑收容产生的大量废水。

(4) 消除方法 将漏出气用排风机送至空旷地方或装设适当喷头烧掉。

6.2 个体防护措施

(1) 工程控制 密闭操作,全面通风。操作人员必须经过专门培训,严格遵守操作规程。生产过程密闭，全面通风。

（2）呼吸系统防护 一般不需要特殊防护，但建议特殊情况下，佩戴自吸过滤式防毒面具（半面罩）。

（3）眼睛防护 一般不需要特殊防护，高浓度接触时可戴化学安全防护眼镜。

（4）身体防护 穿防静电工作服。

（5）手防护 戴一般作业防护手套。

（6）饮食 一般不需要特殊饮食。

（7）其他 工作现场严禁吸烟。避免长期反复接触。进入罐、限制性空间或其他高浓度区作业，须有人监护。

6.3 急救措施

中毒后必须立即撤离现场至空气新鲜处或人工呼吸或吸氧。

（1）吸入 迅速脱离现场至空气新鲜处。保持呼吸道通畅。如呼吸困难，给输氧。如呼吸停止，立即进行人工呼吸。就医。心室性早搏可服用心得宁或心得安等药物，禁用肾上腺素。

（2）灭火方法 切断气源。若不能切断气源，则不允许熄灭泄漏处的火焰。喷水冷却容器，可能的话将容器从火场移至空旷处。灭火剂：雾状水、泡沫、二氧化碳、干粉。

6.4 应急医疗

（1）诊断要点 人吸入丙烯可引起意识丧失等症状，当浓度为15％时，需30min；24％时，需3min；35％～40％时，需20s；40％以上时，仅需6s，并引起呕吐。50％丙烯和氧气混合可引起麻醉。长期接触患者会出现头昏、乏力、全身不适、思维不集中等症状，个别人胃肠道功能发生紊乱。可针对反应症状以及中毒环境进行合理诊断。

（2）处理原则

① 立即撤离现场至空气新鲜处或人工呼吸或吸氧，脱去被污染衣物，予温水清洗皮肤，保持呼吸道通畅。

② 可注射中枢神经兴奋剂。发生猝死，立即进行"心肺脑复苏术"。

③ 保持呼吸道通畅：可给予支气管解痉剂、去泡沫剂、雾化吸入疗法，必要时施行气管切开术。合理氧疗。

④ 眼和皮肤接触，立刻用流动清水或生理盐水冲洗。

⑤ 其他对症处理和防治并发症治疗。

（3）预防措施 定期对职业接触的人员进行体格检查，早期发现症状，并对患者进行脱离接触或必要的解毒处理。加强环境监测及一般防护措施，其原则和预防办法与防护其他职业病相同。对可疑的致癌因素，要进行周密的调查研究与人群调查，以便确定需要采取怎样的防护措施。

7 储运注意事项

7.1 储存注意事项

储存于阴凉、通风的库房。远离火种、热源，库温不宜超过30℃，工作场所严禁吸烟。

使用防爆型的通风系统和设备。防止气体泄漏到工作场所空气中。避免与氧化剂、酸类接触，切忌混储。在传送过程中，钢瓶和容器必须接地和跨接，防止产生静电。搬运时轻装轻卸，防止钢瓶及附件破损。采用防爆型照明、通风设施。禁止使用易产生火花的机械设备和工具。配备相应品种和数量的消防器材及泄漏应急处理设备。

7.2 运输信息

危险货物编号：21018。

UN 编号：1077。

包装类别：Ⅱ。

包装方法：钢制气瓶。

运输注意事项：本品铁路运输时限使用耐压液化气企业自备罐车装运，装运前需报有关部门批准。采用钢瓶运输时必须戴好钢瓶上的安全帽。钢瓶一般平放，并应将瓶口朝同一方向，不可交叉；高度不得超过车辆的防护栏板，并用三角木垫卡牢，防止滚动。运输时运输车辆应配备相应品种和数量的消防器材。装运该物品的车辆排气管必须配备阻火装置，禁止使用易产生火花的机械设备和工具装卸。严禁与氧化剂、酸类等混装混运。夏季应早晚运输，防止日光曝晒。中途停留时应远离火种、热源。公路运输时要按规定路线行驶，勿在居民区和人口稠密区停留。铁路运输时要禁止溜放。

7.3 废弃

（1）废弃处置方法　处置前应参阅国家和地方有关法规，建议用焚烧法处置。

（2）废弃注意事项　处置前应参阅国家和地方有关法规。或与厂家或制造商联系，确定处置方法。废物储存参见"储存注意事项"。

8 参考文献

[1]　徐伯洪，闫慧芳.工作场所有害物质监测方法 [M].北京：中国人民公安大学出版社，2003.

[2]　彭国治，王国顺.分析化学手册（第四分册）[M].北京：化学工业出版社，2000.

[3]　张旭之.丙烯衍生物工学 [M].北京：化学工业出版社，1995.

[4]　王瀚舟，钱伯章.增产丙烯的技术进展 [J].化学工程师，1999，29（6）：705-711.

[5]　钱伯章.增产丙烯技术及其进展 [J].石油炼制与化工，2001，32（11）：19-23.

[6]　白尔铮，胡云光.四种增产丙烯催化工艺的技术经济比较 [J].工业催化，2003，11（5）：7-12.

[7]　韩伟，谭亚南，何霖，等.增产丙烯技术及其研究进展 [J].能源化工，2014，35（6）：19-23.

[8]　魏飞，汤效平，周华群，等.增产丙烯技术研究进展 [J].石油化工，2008，37（10）：979-986.

[9]　天津市固体废物及有毒化学品管理中心.危险化学品环境数据手册 [M].天津：天津市固体废物及有毒化学品管理中心，2005：219-221.

[10]　北京化工研究院环境保护所/计算中心.国际化学品安全卡（中文版）查询系统 [DB].2016.

丙烯酸丁酯

1 名称、编号、分子式

丙烯酸丁酯为无色透明液体，不溶于水，可混溶于乙醇、乙醚。储存于阴凉、通风的库房。远离火种、热源。库温不宜超过37℃。不宜大量储存或久存。丙烯酸及其酯类在工业上得到广泛应用，用于制造丙烯酸酯溶剂型和乳液型胶黏剂的软单体，可以均聚、共聚及接枝共聚高分子聚合物单体，用作有机合成中间体。丙烯酸丁酯基本信息见表5-1。

表 5-1　丙烯酸丁酯基本信息

中文名称	丙烯酸丁酯
中文别名	2-丙烯酸丁酯;正丁基丙烯酸酯
英文名称	butyl acrylate
英文别名	acrylic acid *n*-butyl ester；2-propenoic acid butyl ester；butyl 2-propenoate
UN 号	2348
CAS 号	141-32-2
ICSC 号	0400
RTECS 号	UD3150000
EC 编号	607-062-00-3
分子式	$C_7H_{12}O_2$
分子量	128.17

2 理化性质

丙烯酸丁酯有刺激性气味。能与醇和醚混溶。加热即聚合，易与多种乙烯基单体共聚。微溶于水。水中溶解度，20℃时为0.14g/100mL，40℃时为0.12g/100mL。水在丙烯酸丁酯中的溶解度，20℃时为0.8mL/100g。能与乙醇、乙醚混溶。遇明火、高温、强氧化剂可燃；燃烧排放刺激液体。容易自聚，聚合反应随着温度的上升而急骤加剧。丙烯酸丁酯理化性质一览表见表5-2。

表 5-2　丙烯酸丁酯理化性质一览表

外观与性状	无色透明液体,不溶于水,可混溶于乙醇、乙醚
熔点/℃	−64.6
沸点/℃	145.7
相对密度(25℃)(水=1)	0.8934
相对蒸气密度(空气=1)	4.42
饱和蒸气压(20℃)/kPa	0.43
临界温度/℃	327
临界压力/MPa	2.94
辛醇/水分配系数的对数值	2.38
燃烧热/(kJ/mol)	−4073.2
闪点(开口)/℃	47
闪点(闭口)/℃	41
引燃温度/℃	267~292
爆炸上限(体积分数)/%	9.9
爆炸下限(体积分数)/%	1.3
溶解性	不溶于水,可混溶于乙醇、乙醚
稳定性	稳定

3　毒理学参数

(1) 急性毒性　LD_{50}：900mg/kg（大鼠经口）；5880mg/kg（小鼠经口）；1800mg/kg（兔经皮）；LC_{50}：14305mg/m³；2730ppm（大鼠吸入，4h）。

(2) 致癌性　IARC 致癌性评论：动物可疑阳性，人类无可靠数据。

(3) 生殖毒性　大鼠吸入最低中毒浓度（TCL_0）：135ppm（6h）（孕 6~15d），植入后死亡率升高。

(4) 刺激性　家兔经皮 10mg（24h），轻度刺激（开放性刺激试验）。家兔经眼 50mg，轻度刺激。

(5) 危险特性　易燃，遇明火、高热或与氧化剂接触，有引起燃烧爆炸的危险。容易自聚，聚合反应随着温度的上升而急骤加剧。若遇高热，可能发生聚合反应，出现大量放热现象，引起容器破裂和爆炸事故。

4　对环境的影响

4.1　主要用途

丙烯酸丁酯用作有机合成中间体、黏合剂、乳化剂、涂料。

丙烯酸及其酯类在工业上得到广泛应用。在使用过程中，往往将丙烯酸酯类聚合成聚合物或共聚物。丙烯酸丁酯（以及甲酯、乙酯、2-乙基己酯）属于软单体，可以与各种硬单体如甲基丙烯酸甲酯、苯乙烯、丙烯腈、乙酸乙烯等，及官能性单体如甲基丙烯酸羟乙酯、羟丙酯、缩水甘油酯、甲基丙烯酰胺及其衍生物等进行共聚、交联、接枝等，做成200～700多种丙烯酸类树脂产品（主要是乳液型、溶剂型及水溶型的）。

还用作涂料、胶黏剂、腈纶纤维改性、塑料改性、纤维及织物加工、纸张处理剂、皮革加工以及丙烯酸类橡胶等许多方面。

4.2 环境行为

丙烯酸丁酯的生态毒性 LC_{50}：23mg/L（48h）（圆腹雅罗鱼）；5mg/L（72h）（金鱼）。对鱼类半致死浓度（LC_{50}）5.2mg/L（96h）（虹鳟）。对水蚤和其他水生无脊椎动物半致死有效浓度（EC_{50}）8.2mg/L（48h）（大型蚤）。好氧生物降解性为24～168h。厌氧生物降解性为96～672h。空气中光氧化半衰期为2.3～23h。一级水解半衰期为$3.07×10^5$h。该物质对环境可能有危害，对水体应给予特别注意。

4.3 人体健康危害

(1) 暴露/侵入途径 吸入、经口或经皮吸收。

(2) 健康危害 造成皮肤刺激。造成严重眼刺激。可能导致皮肤过敏反应。可引起呼吸道刺激。中毒表现有烧灼感、喘息、喉炎、气短、头痛、恶心和呕吐。

4.4 接触控制标准

前苏联 MAC（mg/m^3）：10。

PC-TWA（mg/m^3）：25。

TLVTN：ACGIH 10ppm，52mg/m^3。

丙烯酸丁酯生产及应用相关环境标准见表5-3。

表5-3　丙烯酸丁酯生产及应用相关环境标准

标准编号	限制要求	标准值
前苏联	车间空气中有害物质的最高容许浓度	10mg/m^3
前苏联（1975）	水体中有害物质最高允许浓度	0.01mg/L
前苏联（1975）	污水排放标准	60mg/L

5 环境监测方法

5.1 现场应急监测方法

溶剂解吸-气相色谱法。

5.2 实验室监测方法

丙烯酸丁酯的实验室监测方法见表5-4。

表 5-4　丙烯酸丁酯的实验室监测方法

监测方法	来源	类别
气相色谱法	作业场所空气中丙烯酸丁酯的气相色谱 测定方法（WS/T 161—1999）	作业场所空气
气相色谱法	空气中微量丙烯酸丁酯和甲基丙烯酸丁酯的鉴定	空气

6　应急处理处置方法

6.1　泄漏应急处理

（1）应急行为　根据液体流动、蒸气或粉尘扩散的影响区域划定警戒区，无关人员从侧风、上风向撤离至安全区。可能将容器从火场移至空旷处。禁止接触或跨越泄漏物。尽可能切断泄漏源。

（2）应急人员防护　戴自给携气式呼吸器，穿消防防护服。

（3）环保措施　小量泄漏用活性炭或其他惰性材料吸收。也可以用大量水冲洗，洗水稀释后放入废水系统。大量泄漏构筑围堤或挖坑收容；用泡沫覆盖，降低蒸气灾害。喷雾状水冷却和稀释蒸气，保护现场人员，把泄漏物稀释成不燃物。用防爆泵转移至槽车或专用收集器内，回收或运至废物处理场所处置。

（4）消除方法　用防爆泵转移至槽车或专用收集器内，回收或运至废物处理所处置。收容和处理消防水，防止污染环境。

6.2　个体保护措施

（1）工程控制　生产过程密闭，全面通风。操作处置应在具备局部通风或全面通风换气设施的场所进行；避免眼和皮肤的接触，避免吸入蒸气；远离火种、热源，工作场所严禁吸烟；使用防爆型的通风系统和设备；如需罐装，应控制流速，且有接地装置，防止静电积聚。

（2）呼吸系统防护　空气中浓度超标时，佩戴过滤式防毒面具（半面罩）。紧急事态抢救或撤离时，应该佩戴携气式呼吸器。

（3）眼睛防护　一般不需要特殊防护，但建议特殊情况下，戴化学安全防护眼镜。

（4）身体防护　穿防毒物渗透工作服。

（5）手防护　戴橡胶耐油手套。

（6）其他　工作现场严禁吸烟。注意个人清洁卫生。操作人员应经过专门培训，严格遵守操作规程。使用后洗手，禁止在工作场所进饮食。配备相应品种和数量的消防器材及泄漏应急处理设备。

6.3　急救措施

（1）皮肤接触　脱去被污染的衣着，用肥皂水和清水彻底冲洗皮肤。

（2）眼睛接触　提起眼睑，用流动清水或生理盐水冲洗。就医。

（3）吸入　迅速脱离现场至空气新鲜处。保持呼吸道通畅。如呼吸困难，给输氧。如呼吸停止，立即进行人工呼吸。就医。

（4）食入 饮足量温水，催吐，就医。

（5）灭火方法 泡沫、二氧化碳、干粉、砂土。用水灭火无效，但可用水保持火场中容器冷却。消防人员必须穿戴全身防火防毒服。遇大火，消防人员须在有防护掩蔽处操作。

6.4 应急医疗

（1）诊断要点 吸入食管会有灼烧感。伴随着咳嗽、呼吸短促和咽喉痛。皮肤接触会产生红肿疼痛。眼睛接触会发红并疼痛。食入者会感到腹部疼痛、恶心。严重者会出现呕吐、腹泻等症状。

（2）处理原则 现场医疗救援首要措施是迅速将中毒病人移离中毒现场至空气新鲜处，脱去被污染衣服，松开衣领，保持呼吸道通畅，注意保暖。不管吸入性、接触性或食入性中毒的，均可先给予氧气。若意识不清，则将患者置于复苏姿势，不可喂食。若呼吸、心跳停止，立即施予心肺复苏术（CPR）。

（3）预防措施 操作人员应经过专门培训，严格遵守操作规程。避免与氧化剂等禁配物接触。搬运时要轻装轻卸，防止包装及容器损坏。倒空的容器可能残留有害物。使用后洗手，禁止在工作场所进饮食。

7 储运注意事项

7.1 储存注意事项

储存于阴凉、通风仓间内，远离火种、热源。包装要求密闭。仓内温度不宜超过35℃，不可储存在惰性气体环境中，大量储存的罐内必须用泵循环，以避免死角处的物料聚合，尽可能避免长期储存，一般不超过180d。应与氧化剂分开存放。储存间内的照明、通风等设施应采用防爆型，开关设在仓外。配备相应品种和数量的消防器材。灌装时要有防火防爆技术措施。禁止使用易产生火花的机械设备和工具。充装要控制流速，注意防止静电积聚。搬运时要轻装轻卸，防止包装及容器损坏。

7.2 运输信息

危险货物编号：33601。

UN 编号：2348。

包装类别：Ⅲ。

包装方法：按照生产商推荐的方法进行包装，例如：开口钢桶；安瓿瓶外普通木箱；螺纹口玻璃瓶、铁盖压口玻璃瓶、塑料瓶或金属桶（罐）外普通木箱等。

运输注意事项：运输车辆应配备相应品种和数量的消防器材及泄漏应急处理设备。严禁与氧化剂、食用化学品等混装混运。装运该物品的车辆排气管必须配备阻火装置。使用槽（罐）车运输时应有接地链，槽内可设孔隔板以减少振荡产生静电。禁止使用易产生火花的机械设备和工具装卸。夏季最好早晚运输。运输途中应防曝晒、雨淋，防高温。中途停留时应远离火种、热源、高温区。公路运输时要按规定路线行驶，勿在居民区和人口稠密区停留。铁路运输时要禁止溜放。严禁用木船、水泥船散装运输。运输工具上应根据相关运输要求张贴危险标志、公告。

7.3 废弃

（1）废弃处置方法　建议用焚烧法处置。

（2）废弃注意事项　处置前应参阅国家和地方有关法规。废物储存参见"储存注意事项"。

8　参考文献

［1］王沛熹，姜迎春.丙烯酸丁酯的制备及市场［J］.丙烯酸化工与应用，2000，（3）：17-21.

［2］贾振宇.分散剂丙烯酸丁酯/丙烯酸共聚物的制备和应用［J］.精细石油化工进展，2006，7（4）：1-4.

［3］赵丹，陈宁，孙明明，等.聚丙烯酰胺对水生生物的毒性研究［J］.科学技术创新，2015，（14）：122.

［4］万本太.突发性环境污染事故应急监测与处理处置技术［M］.北京：中国环境科学出版社，2006.

［5］周国泰.危险化学品安全技术全书［M］.北京：化学工业出版社，1997.

［6］于秀兰，李玉杰.空气中丙烯酸丁酯的气相色谱法测定［J］.中华劳动卫生职业病杂志，1993，（6）：377-379.

［7］严继东，侯逸众.溶剂解吸-气相色谱法测定工作场所空气中3种丙烯酸酯类化合物［J］.中国卫生检验杂志，2016，（16）：2298-2300.

除 草 醚

1 名称、编号、分子式

除草醚为醚类选择性触杀型除草剂，是禁止生产、销售和使用的农药。纯品为淡黄色针状结晶，工业品为黄棕色或棕褐色粉末。一般可由2,4-二氯酚与对硝基氯苯在氢氧化钾（或氢氧化钠）存在下直接缩合而得。2017年10月27日，世界卫生组织国际癌症研究机构公布的致癌物清单初步整理参考，除草醚（工业级）在2B类致癌物清单中。除草醚基本信息见表6-1。

表 6-1   除草醚基本信息

中文名称	除草醚
中文别名	2,4-二氯-1-(4-硝基苯氧基)苯； 2,4-二氯-4′-硝基二苯醚；2,4-二氯苯基-4′-硝基苯基醚
英文名称	2,4-dichloro-1-(4-nitrophenoxy)benzene
英文别名	nithophen；NIP；TOK；WP-5；FW-925
UN 号	2588
CAS 号	1836-75-5
ICSC 号	0929
RTECS 号	KN8400000
EC 编号	609-040-00-9
分子式	$C_{12}H_7Cl_2NO_3$
分子量	284.10

2 理化性质

除草醚纯品为淡黄色针状结晶，原药为黄色至褐色片状或块状固体，有特殊气味。除草醚理化性质一览表见表6-2。

表 6-2   除草醚理化性质一览表

外观与性状	淡黄色针状结晶,原药为黄色至褐色片状或块状固体,有特殊气味
熔点/℃	70～71
沸点/℃	1740

密度(20℃)/(g/cm³)	11.34
相对密度(水＝1)	11.36
饱和蒸气压(40℃)/kPa	$1.06×10^{-6}$
自燃温度/℃	400
溶解性	微溶于水,水中 0.7～1.2mg/L(22℃),易溶于乙醇、异丁醇、丙酮、乙酸、苯、甲苯、四氯化碳等有机溶剂
稳定性	化学性质较稳定,在室温下储存 2 年有效成分基本不变,对金属无腐蚀
危险标记	15(有害品,远离食品)

3 毒理学参数

(1) 急性毒性 LD$_{50}$：(2630±134)mg/kg（小鼠经口）；(3050±500)mg/kg（大鼠经口）；(1470±365)mg/kg（小鼠经口）；(1620±420)mg/kg（家兔经口）。

(2) 亚急性和慢性毒性 长期接触可出现神经衰弱综合征。0.7～12mg/m³，人吸入，1 年，可引起咽喉和黏膜刺激症状，嗅觉减退；10～100mg/m³，大鼠吸入，6 个月，营养失调和血管紧张度失调。

(3) 代谢 除草醚在动物体内被还原成氨基衍生物，随后生成葡萄糖醛酸的衍生物。

(4) 致癌性 除草醚是一种对人体致癌的物质，工人吸入 2100mg/m³ 的除草醚可引起肿瘤。引起致癌反应的最低剂量是 312mg/kg。

(5) 致畸性 使胎儿发育异常（因除草醚水解后生成 2,4-二氯酚，该化合物具有明显的致癌、致畸性，某些氨基衍生物也有三致性）。

(6) 水生生物毒性 LC$_{50}$：0.125mg/L，24h，水蚤，死亡；LC$_{50}$：0.27mg/L，96h，白鲢，死亡；LC$_{50}$：2.5mg/L，48h，鲤鱼，死亡；LC$_{50}$：5.5mg/L，48h，泥鳅，死亡。

(7) 危险特性 遇明火、高热可燃。其粉体与空气可形成爆炸性混合物，当达到一定浓度时，遇火星会发生爆炸。受高热分解放出有毒气体。

4 对环境的影响

4.1 主要用途

除草醚属芽前或芽后早期使用的接触性除草剂，用于水稻或蔬菜田防除多种阔叶和窄叶杂草。

用作医药中间体。

除草醚为芽前或芽后早期使用的接触性除草剂，可杀死大多数一年生杂草，例如水田中稗草、牛毛草、鸭舌草、三棱草等，也可杀死旱田中的马唐、狗尾草、旱稗等。对胡萝卜、芹菜、白菜等伞形花科和十字花科的菜地可防除杂草，也适用于茶桑果园及苗圃。对某些多年生杂草有一定抑制作用，但不能根除。

4.2 环境行为

(1) 代谢和降解 除草醚一般按酚类化合物的一般历程降解，第一个降解产物是二氯苯氧基酚，硝基可能被还原而成氨基衍生物，脱氯、解环。在降解过程中出现酚类衍生物，同时也可能脱硝基，故在施用过除草醚的土壤中常常出现亚硝酸根和铵离子。

由于除草醚大部分被施在土壤、草的表面，见光才有活性，因此光解是除草醚降解的重要途径，同时生物降解也是一个重要途径。

除草醚在动物体内被还原成氨基衍生物，随后生成葡萄糖醛酸的衍生物。

(2) 残留与蓄积 除草醚在环境中持久性不高，不太容易蓄积。

除草醚在土壤中消失较快，半衰期为 6～14d，残效期为 20～30d，按正常使用除草醚 1 年 1 次、1 年 2 次或 1 年 1 次连续多年使用，在土壤和稻米中除草醚的残留量没有明显的差异，土壤中除草醚的残留量为 0.02～0.07mg/kg。在高于正常使用量如每亩 1kg 或每亩 2.5kg 的情况下，每亩使用 1kg 除草醚的残留量增加不明显，而每亩使用 2.5kg 残留量增加较多，可达 0.7mg/kg。几个不同地区采集的样品的测定结果中看不出有明显的地区差异。

在稻秆中的除草醚的半衰期为 11～14d，经 15～28d，可消失 90% 以上。稻米中除草醚的残留量在 0.1mg/kg 以下，施药量超过正常使用量对残留量的影响不大。

进入动物体内除草醚很快消失，但变成致癌的氨基衍生物，不易蓄积。

(3) 迁移转化 除草醚进入环境的主要途径是施药，同时生产厂排出的废水、废渣、废气，也能污染附近的环境。由于除草醚的持久性不高，在水中的溶解度不大，易吸附且不易挥发，所以不易迁移。

进入土壤的除草醚首先被土壤胶体吸附，在土壤垂直移动性较小，一般情况下保留在土表 1～2cm 内，形成一个药层。

植物能吸附除草醚，生物对除草醚有一定富集作用，含高有机质的物质对除草醚的吸附能力也很强，但降解速度比较快。

4.3 人体健康危害

(1) 暴露/侵入途径 吸入、食入、经皮吸收。

(2) 健康危害 除草醚对人体皮肤渗透性强，对黏膜有刺激作用，吸入粉尘或经皮肤吸收，能产生头痛眩晕、发绀等症状。能造成累积性中毒，并能刺激眼部、造成损害。长期接触的人员还必须检查肿瘤存在可能性。个别人对除草醚会产生过敏反应，如发现后立即停止接触，一般 2～3d 内可以自愈。

(3) 急性中毒 除草醚引起的急性毒性是由于人体对除草醚接触吸收量的多少而定的。接触低毒性、小剂量的除草醚，中毒症状较轻，表现为头痛、头昏、无力、恶心、精神差；接触高毒性、大剂量的除草醚毒后，可使中毒者产生明显的不适，如乏力、呕吐、腹泻、肌颤、心慌等症状，更严重者全身抽搐、昏迷、心力衰竭，甚至死亡。

(4) 慢性中毒 低水平的除草醚接触不易产生明显的急性中毒症状，但对人体产生长期的慢性影响。主要表现为慢性皮炎、溶血性贫血、中毒性肝炎、男性不育症、免疫系统及内分泌系统障碍，甚至癌症。

4.4 接触控制标准

除草醚生产及应用相关环境标准见表 6-3。

表 6-3　除草醚生产及应用相关环境标准

标准名称	限制要求	标准值
前苏联(1978)	车间空气中最高容许浓度	一次值:0.02mg/m³ 日均值:0.01mg/m³
美国(1982)	饮用水中容许浓度	不得检出
美国(1982)	渔业水中容许浓度	不得检出
美国(1982)	地面水中容许浓度	不得检出
—	味觉阈浓度	0.58～1.38mg/L
《农药安全使用规定》(1982)	农田用药容许浓度	最高用药量:不得超过每亩 1kg 最多使用次数:不得超过每年 2 次
《农药安全使用标准》(1982)	糙米最高容许浓度	≤0.1mg/kg

5　环境监测方法

5.1　现场应急监测方法

直接进水样气相色谱法。

5.2　实验室监测方法

除草醚的实验室监测方法见表 6-4。

表 6-4　除草醚的实验室监测方法

监测方法	来源	类别
萘基乙胺比色法 气相色谱法	《常见有毒化学品环境事故应急处置技术与监测方法》,胡望钧主编	—
气相色谱法	《农药残留量气相色谱法》,国家商检局编	鱼肉
高效液相色谱法	尿中的残留除草醚检测[GBW(E)060613]	尿液
原子吸收分光光度法(火焰法)	固体废物测试方法——理化方法[美国环境保护署 USEPA SW-846,7420 Rev.0(1986)]	固体废物

6　应急处理处置方法

6.1　泄漏应急处理

(1) 应急行为　隔离泄漏污染区,限制出入。切断火源。

(2) 应急人员防护　建议应急处理人员戴防尘口罩,穿一般作业工作服。不要直接接触泄漏物。

(3) 环保措施 防止流入下水道、排洪沟等限制性空间。

(4) 消除方法 小量泄漏：避免扬尘，小心扫起，收集于干燥、洁净、有盖的容器中。大量泄漏：收集回收或运至废物处理场所处置。

6.2 个体防护措施

(1) 工程控制 密闭操作，提供充分的局部排风。防止粉尘释放到车间空气中。操作人员必须经过专门培训，严格遵守操作规程。建议操作人员佩戴防尘面具（全面罩），穿防毒物渗透工作服，戴橡胶手套。远离火种、热源，工作场所严禁吸烟。使用防爆型的通风系统和设备。避免产生粉尘。避免与氧化剂接触。配备相应品种和数量的消防器材及泄漏应急处理设备。倒空的容器可能残留有害物。

(2) 呼吸系统防护 可能接触其粉末时，必须佩戴防尘面具（全面罩）。紧急事态抢救或撤离时，应该佩戴空气呼吸器。

(3) 眼睛防护 呼吸系统防护已做防护。

(4) 身体防护 穿防毒渗透工作服。

(5) 手防护 戴橡胶手套。

(6) 其他 工作现场禁止吸烟、进食和饮水。工作完毕，淋浴更衣。保持良好的卫生习惯。

6.3 急救措施

(1) 皮肤接触 立即脱去污染的衣着，用大量流动清水冲洗、肥皂水或2％碳酸氢钠水溶液清洗。就医。

(2) 眼睛接触 提起眼睑，用流动清水或生理盐水冲洗。就医。

(3) 吸入 迅速脱离现场至空气新鲜处。保持呼吸道通畅。如呼吸困难，给输氧。如呼吸停止，立即进行人工呼吸。就医。

(4) 食入 饮足量温水，催吐。洗胃，导泻。就医。

(5) 灭火方法 消防人员须戴好防毒面具，在安全距离以外，在上风向灭火。灭火剂：雾状水、泡沫、干粉、二氧化碳、砂土。

6.4 应急医疗

(1) 诊断要点 根据有除草醚摄入和接触史及临床表现，即可做出诊断。
临床表现如下。

① 经口误服中毒。常见于儿童除草醚中毒和职业性急性除草醚中毒。中毒者开始有恶心、呕吐等消化道中毒症状和头昏、头痛、乏力等神经中毒症状，随后可见化学性青紫，有的病例还有溶血性贫血，严重者有神志异常及（或）黄疸、肝功能异常。

② 生产工人经皮吸收中毒。常见于职业性慢性除草醚中毒。患者全身症状出现较慢，接触1个月至数月内才发病，青紫出现较早而消化道症状较轻，除化学性青紫外，还有头昏、乏力、肢体麻木、食欲不振、恶心和轻度贫血，皮肤可见接触或过敏性皮炎，也可出现痔疮样皮疹，个别患者有肝损害。

③ 实验室检查。可见轻度贫血，网织红细胞增高，少数患者可查见珠蛋白变性的赫恩

兹小体。高铁血红蛋白增高，肝功能多数正常，少数谷丙转氨酶（ALT）升高，出现黄疸者有相应的胆色素代谢异常改变。其中高铁血红蛋白大于 10g/L，结合接触史有诊断意义，但应注意排除由其他毒物引起的高铁血红蛋白血症，包括其他苯胺酸基与硝基化合物，其他农药（杀虫脒、氯酸钠、敌稗、氟乐灵等）、亚硝酸盐与药物如非那西丁、伯氨喹（伯氨喹啉）、磺胺等引起的化学性青紫。必要时应做毒物分析，可采集有关标本经萃取后，在气相色谱仪上测定。

（2）处理原则

① 催吐、洗胃、导泻。

② 吸氧。

③ 皮损处理：先用 3‰硼酸溶液湿敷，然后涂以皮炎平或糖皮质激素类膏霜。

④ 静脉输液利尿，促进毒物排泄。

⑤ 对症处理：高铁血红蛋白症，选用美蓝（亚甲基蓝）、大剂量维生素 C 及 50％葡萄糖液；溶血，早期应用肾上腺皮质激素、谷胱甘肽及低分子右旋糖酐、碱化尿液等，必要时可输血及换血，并注意防治急性肾功能衰竭。

（3）预防措施　对除草醚作业工人进行上岗前和定期健康检查，及时发现就业禁忌证和早期发现除草醚中毒病人及时处理。

7　储运注意事项

7.1　储存注意事项

储存于阴凉、通风的库房。防止阳光直射。包装密封。应与氧化剂分开存放。切忌混储。配备相应品种和数量的消防器材。储区应备有合适的材料收容泄漏物。

7.2　运输信息

危险货物编号：61904。

UN 编号：2588。

包装方法：塑料袋或两层牛皮纸袋外全开口或中开口钢桶；两层塑料袋或一层塑料袋外麻袋、塑料编织袋、乳胶布袋；塑料袋外复合塑料编织袋（聚丙烯三合一袋、聚乙烯三合一袋、聚丙烯二合一袋、聚乙烯二合一袋）；塑料袋或两层牛皮纸袋外普通木箱；螺纹口玻璃瓶、塑料瓶、复合塑料瓶或铝瓶外普通木箱；塑料瓶、两层塑料袋或两层牛皮纸袋（内或外套以塑料袋）外瓦楞纸箱。

运输注意事项：铁路运输时包装所用的麻袋、塑料编织袋、复合塑料编织袋的强度应符合国家标准要求。运输前应先检查包装容器是否完整、密封，运输过程中要确保容器不泄漏、不倒塌、不坠落、不损坏。严禁与酸类、氧化剂、食品及食品添加剂混运。运输时运输车辆应配备相应品种和数量的消防器材及泄漏应急处理设备。运输途中应防曝晒、雨淋，防高温。公路运输时要按规定路线行驶，勿在居民区和人口稠密区停留。

7.3　废弃

（1）废弃处置方法　收集回收或运至废物处理场所处理之后再做处置。

（2）废弃注意事项　处置前应参阅国家和地方有关法规。

8　参考文献

［1］　世界卫生组织国际癌症研究机构致癌物清单［Z］.国家食品药品监督管理局.

［2］　环境保护部.国家污染物环境健康风险名录（化学第一分册）［M］.北京：中国环境科学出版社，2011.

［3］　陈炳卿，蔡兴福，于守洋，等.西玛津、除草醚、敌草隆三种化学除草剂的毒性鉴定——对大鼠胚胎毒性与致畸性的实验研究［J］.哈尔滨医科大学学报，1981，（1）：50-54.

［4］　钱文恒，靳伟，李德平，等.除草醚在土壤中持留研究［J］.环境科学，1982，3（6）：38-41.

［5］　国家进出口商品检验局.农药残留量气相色谱法［M］.北京：中国对外经济贸易出版社，1986.

［6］　胡望钧.常见有毒化学品环境事故应急处置技术与监测方法［M］.北京：中国环境科学出版社，1993.

［7］　北京化工研究院环境保护所/计算中心.国际化学品安全卡（中文版）查询系统［DB］.2016.

敌 百 虫

1 名称、编号、分子式

敌百虫是 O,O-二甲基-(2,2,2-三氯-1-羟基乙基) 膦酸酯的简称，是一种高效、广谱、低毒、低残留的有机磷农药，属于有机磷农药膦酸酯类型的一种。磷酸分子中羟基被有机基团置换形成含有磷碳键的化合物成为膦酸，膦酸被酯化即为膦酸酯。有机磷农药在碱性条件下易分解而失去毒性，在酸性及中性溶液中较稳定，但敌百虫在碱性条件下分解的产物敌敌畏，其毒性增大了 10 倍。其毒性以急性中毒为主，慢性中毒较小。2017 年 10 月 27 日，世界卫生组织国际癌症研究机构公布的致癌物清单初步整理参考，敌百虫在 3 类致癌物清单中。敌百虫基本信息见表 7-1。

表 7-1　敌百虫基本信息

中文名称	敌百虫
中文别名	O,O-二甲基-(2,2,2-三氯-1-羟基乙基)膦酸酯;1-羟基-2,2,2-三氯乙基膦酸-O,O-二甲基酯;美曲膦酯
英文名称	dipterex
英文别名	trichlorfor;anthon;dane
UN 号	2783
CAS 号	52-68-6
RTECS 号	TA0700000
EINECS 号	200-149-3
分子式	$C_4H_8Cl_3O_4P$
分子量	257.45

2 理化性质

敌百虫纯品为白色结晶，工业品含量为 $90\%\sim95\%$，通常为淡黄褐色、灰白色粉剂和黄褐色油状液体，具有醛类气味。本品挥发性大，在碱性溶液中可迅速脱去氯化氢而转化为毒性更大的敌敌畏。敌百虫理化性质一览表见表 7-2。

表 7-2 敌百虫理化性质一览表

外观与性状	纯品为白色结晶,工业品为淡黄褐色、灰白色粉剂和黄褐色油状液体, 具有醛类气味
熔点/℃	83～84
沸点(13.3Pa)/℃	100
折射率	1.3439
相对密度(水＝1)	1.73
饱和蒸气压(100℃)/kPa	13.33
溶解性	溶于水、苯、乙醇、氯仿等;微溶于乙醚、四氯化碳;不溶于汽油、石油
稳定性	在室温下稳定,在高温时遇水分解;在中性及弱酸性溶液中较稳定
辛醇/水分配系数的对数值	0.48
危险类别	6(毒害品)

3 毒理学参数

(1) 急性毒性 LD_{50}：400～900mg/kg（大鼠经口）；500mg/kg（兔经皮）；400～600mg/kg（小鼠经口）；1700～1900mg/kg（小鼠经皮）；人经口估计致死剂量为10～20g。

(2) 亚急性和慢性毒性 慢性中毒,多见于精制本品的包装工,由于呼吸道吸入和皮肤污染所致,主要表现为乏力、头昏、食欲减退、多汗、肌束颤动、"板颈"（颈部活动不自如）等症状,血 ChE 活性与症状间无一定相关。有报道血 ChE 活性抑制到50％左右,患者仍无明显症状；ChE 活性抑制更低时,仍有能力从事一般的活动。脱离接触后 ChE 活性可逐步上升,但症状体征恢复较慢。

(3) 代谢 动物试验证明,本品的代谢途径中主要有两方面的反应：甲氧基部分的水解,甲基由于烃基化（或甲基化）而被结合或转移至肝的蛋白质；磷酸酯键的水解产生三氯乙醇,与葡萄糖醛酸结合后从尿排出。

(4) 中毒机理 本品为直接的 ChE 抑制剂,不需经肝脏氧化就发挥毒作用,但抑制的 ChE,有部分能自然复能,故中毒发作快,恢复也快。本品在酸性介质中水解,先脱去甲基,成为无毒的去甲基敌百虫,在碱性溶液中则发生脱氯化氢反应,变为毒性较大的敌敌畏。

(5) 致突变性 微生物致突变性：鼠伤寒沙门菌 3400nmol/皿。哺乳动物体细胞突变性：小鼠淋巴细胞 80mg/L。姊妹染色单体交换：仓鼠肺 20mg/L。程序外 DNA 合成：人成纤维细胞 100mg/L。细胞遗传学分析：人白细胞 40mg/L。

(6) 刺激性 家兔经眼：120mg/6d（间歇）,轻度刺激。

(7) 致癌性 大鼠经口最低中毒剂量（TDL_0）186mg/kg,6 周（间歇）,疑致癌,肝肿瘤。

(8) 致畸性 大鼠孕后 6～15d 经口给予最低中毒剂量（TDL_0）1450mg/kg,致中枢神经系统、颅面部（包括鼻、舌）和肌肉骨骼系统发育畸形。小鼠孕后 7～16d 经口给予最低中毒剂量（TDL_0）3g/kg,致泌尿生殖系统发育畸形。

(9) 生殖毒性 大鼠经口最低中毒剂量（TDL_0）：1450mg/kg（孕 6～15d）,致中枢神经系统发育、颅面发育、肌肉骨骼发育异常。

(10) 特殊毒性 TDL_0 186mg/kg（6周，间断）致癌，阳性（大鼠经口）。

(11) 危险特性 遇明火、高热可燃。受热分解，放出氧化磷和氯化物的毒性气体。与强氧化剂接触可发生化学反应。

4 对环境的影响

4.1 主要用途

敌百虫用作杀虫剂。适用于水稻、麦类、蔬菜、茶树、果树、桑树、棉花等作物上的咀嚼式口器害虫，及家畜寄生虫、卫生害虫的防治。高效、低毒、低残留、广谱性杀虫剂，以胃毒作用为主，兼有触杀作用，也有渗透活性。农业上应用范围很广，用于防治菜青虫、棉叶跳虫、桑野蚕、桑黄、象鼻虫、果树叶蜂、果蝇等多种害虫。精制敌百虫可用于防治猪、牛、马、骡牲畜体内外寄生虫，对家庭和环境卫生害虫均有效。可用于治疗血吸虫病，畜牧上是一种很好的多效驱虫剂。敌百虫具有触杀和胃毒作用、渗透活性。原粉可加工成粉剂、可湿性粉剂、可溶性粉剂和乳剂等各种剂型使用，也可直接配制水溶液或制成毒饵，用于防治咀嚼式口器和刺吸式口器的农、林、园艺害虫，地下害虫等。

4.2 环境行为

(1) 代谢和降解 在所有磷酯类农药中，敌百虫是在环境中代谢和降解得最快的。它的第一个分解产物是敌敌畏，然后很快降解为简单的化合物。土壤中敌百虫的分解速度与该地段生长的农作物情况和种类有关，在种蔬菜作物的土壤中要比无植物的土壤降解得快些，在碱性土壤中降解更快。

(2) 残留与蓄积 成品敌百虫虽然很稳定，但进入环境后很快分解，所以敌百虫的残留是不严重的，实际上不留下对人、畜有危害的残余物。

(3) 迁移转化 敌百虫在土壤中有气迁移和水迁移。气迁移主要是指农药的挥发作用，挥发作用的大小主要取决于农药本身的溶解度和蒸气压，以及土壤的温度、湿度和土壤的质地和结构等性质。水迁移主要包括直接溶于水和被吸附于土壤固体颗粒表面上随水分移动而进行机械迁移两种方式。一般来说，农药在土壤溶液中的扩散速度很慢，而蒸气扩散速度比它要大 10000 倍。由于敌百虫的水溶性较大，大气、土壤中的敌百虫很容易通过淋溶进入水体。因易于降解，它在环境中的迁移范围很有限，通过食物链转移扩散的可能性也不大。敌百虫在弱碱性条件下，可生成残毒性更大的敌敌畏。当 pH 值为 8～10 时，敌百虫仅需 0.5h 可转变为毒性更大的敌敌畏。

4.3 人体健康危害

(1) 暴露/侵入途径 吸入、食入、经皮吸收。

(2) 健康危害 抑制胆碱酯酶，造成神经生理功能紊乱。出现毒蕈碱样和烟碱样症状。急性中毒：短期内接触大量引起急性中毒。表现有头痛、头昏、食欲减退、恶心、呕吐、腹痛、腹泻、流涎、瞳孔缩小、呼吸道分泌物增多、多汗、肌束震颤等。重者出现肺水肿、脑水肿、昏迷、呼吸中枢麻痹。部分病例可有心、肝、肾损害。少数严重病例在意识恢复后数周或数月发生周围神经病。个别严重病例可发生迟发性猝死。可引起皮炎。血胆碱酯酶活性下降。

（3）慢性影响 尚有争论。有神经衰弱综合征、多汗、肌束震颤等。血胆碱酯酶活性降低。

4.4 接触控制标准

中国 PC-TWA（mg/m^3）：0.5。

中国 PC-STEL（mg/m^3）：1。

美国 TVL-TWA：ACGIH 1mg/m^3。

敌百虫生产及应用相关环境标准见表 7-3。

表 7-3 敌百虫生产及应用相关环境标准

标准编号	限制要求	标准值
中国（TJ 36—79）	车间空气中最高容许浓度	1mg/m^3
中国（TJ 36—79）	居住区大气中最高容许浓度	0.1mg/m^3
中国（GB 3838—2002）	地表水环境质量标准	0.0001mg/L
前苏联（1978）	渔业水中最高容许浓度	0mg/L
联合国规划署（1974）	保护水生生物淡水中农药的最大允许浓度	0.002μg/L
前苏联	污水中有害物质最高允许浓度	10mg/L
前苏联（1978）	土壤中最高容许浓度	0.5mg/kg
法国	所有水果和蔬菜	0.5ppm
中国（GB 2763—2005）	食品中（原粮、蔬菜、水果）敌百虫最大残留限量标准	0.1mg/kg
中国（GB 3838—2002）	集中式生活饮用水地表水源地特定项目标准限值	0.05mg/L

5 环境监测方法

5.1 现场应急监测方法

（1）直接进水样气相色谱法。

（2）植物酯酶法和底物法［韩承辉等.环境化学，2000，19（2）：187-189］。

5.2 实验室监测方法

敌百虫的实验室监测方法见表 7-4。

表 7-4 敌百虫的实验室监测方法

监测方法	来源	类别
气相色谱法	《水质有机磷农药的测定 气相色谱法》(GB/T 13192—1991)	水质
硫氰酸汞分光光度法	《空气和废气监测分析方法》(第二版)，杭士平主编	空气
气相色谱法	《农药残留量气相色谱法》，国家商检局编	农作物、水果、蔬菜
2,4-二硝基苯肼比色法	《食品安全国家标准 食品中抗坏血酸的测定》(GB/T 5009.86—2016)	蔬菜、水果

6 应急处理处置方法

6.1 泄漏应急处理

（1）应急行为　迅速撤离泄漏污染区人员至安全区，并进行隔离，严格限制出入。切断火源。

（2）应急人员防护　建议应急处理人员戴防尘面具（全面罩），穿防毒服。不要直接接触泄漏物。

（3）环保措施　尽可能切断泄漏源。防止进入下水道、排洪沟等限制性空间。小量泄漏：避免扬尘，用洁净的铲子收集于干燥、洁净、有盖的容器中。也可以用大量水冲洗，洗水稀释后放入废水系统。大量泄漏：收集回收或运至废物处理场所处置。

6.2 个体防护措施

（1）工程控制　严加密闭，提供充分的局部排风。提供安全淋浴和洗眼设备。

（2）呼吸系统防护　生产操作或农业使用时，建议佩戴头罩型电动送风过滤式防尘呼吸器。

（3）眼睛防护　戴安全防护眼镜。

（4）身体防护　穿防毒物渗透工作服。

（5）手防护　戴氯丁橡胶手套。

（6）其他　工作现场禁止吸烟、进食和饮水。工作完毕，淋浴更衣。工作服不准带至非作业场所。单独存放被毒物污染的衣服，洗后备用。注意个人清洁卫生。

6.3 急救措施

（1）皮肤接触　立即脱去污染的衣物，用肥皂水及清水彻底冲洗污染的皮肤、头发、指甲等。就医。

（2）眼睛接触　立即提起眼睑，用大量流动清水彻底冲洗。

（3）吸入　迅速脱离现场至空气新鲜处。保持呼吸道通畅。呼吸困难时给输氧。呼吸停止时，立即进行人工呼吸。就医。

（4）食入　患者清醒时给饮大量温水，催吐，可用温水或 1∶5000 高锰酸钾液彻底洗胃。立即就医。

（5）灭火方法　可用雾状水、二氧化碳等扑救；切断一切火源，戴好防毒面具与手套，用干砂土或蛭石吸收，送至空旷地方掩埋。灭火剂：抗溶性泡沫、干粉、砂土。

6.4 应急医疗

（1）诊断要点

① 发病潜伏期短，起病迅速，病程短，恢复快。

② 具有胆碱能神经过度兴奋的常见表现。

③ 少数患者可出现迟发性周围神经病。

（2）处理原则

① 解毒治疗以阿托品类药物为主。

② 不宜用碱性液体洗胃和冲洗皮肤，可用高锰酸钾溶液或清水洗胃。

（3）预防措施　本品毒性低，容易引起有关人员的麻痹思想，故应在生产及使用部门做好防毒宣传工作，以杜绝中毒事故的发生。尤其是包装工应注意预防慢性中毒。

7　储运注意事项

7.1　储存注意事项

储存于阴凉、通风仓间内。远离火种、热源，防止阳光直射。保持容器密封。应与氧化剂、酸类、碱类分开存放。储存间内的照明、通风等设施应采用防爆型，开关设在仓外。配备相应品种和数量的消防器材。禁止使用易产生火花的机械设备和工具。搬运时要轻装轻卸，防止包装及容器损坏。

7.2　运输信息

危险货物编号：61874。

UN 编号：3077。

包装类别：Ⅲ。

包装方法：塑料袋或两层牛皮纸袋外全开口或中开口钢桶；两层塑料袋或一层塑料袋外麻袋、塑料编织袋、乳胶布袋；塑料袋外复合塑料编织袋（聚丙烯三合一袋、聚乙烯三合一袋、聚丙烯二合一袋、聚乙烯二合一袋）；塑料袋或两层牛皮纸袋外普通木箱；螺纹口玻璃瓶、塑料瓶、复合塑料瓶或铝瓶外普通木箱；塑料瓶、两层塑料袋或两层牛皮纸袋（内或外套以塑料袋）外瓦楞纸箱。

运输注意事项：运输前应先检查包装容器是否完整、密封，运输过程中要确保容器不泄漏、不倒塌、不坠落、不损坏。严禁与酸类、氧化剂、食品及食品添加剂混运。运输途中应防曝晒、雨淋，防高温。

7.3　废弃

（1）废弃处置方法　处置前应参阅国家和地方有关法规。建议用焚烧法处置。与燃料混合后，再焚烧。焚烧炉排出的气体要通过洗涤器除去。

（2）废弃注意事项　处置前应参阅国家和地方有关法规。废物储存参见"储存注意事项"。

8　参考文献

［1］　周国泰.危险化学品安全技术全书［M］.北京：化学工业出版社，1997.

［2］　俞志明.新编危险物品安全手册［M］.北京：化学工业出版社，2001.

［3］　环境保护部.国家污染物环境健康风险名录（化学第一分册）［M］.北京：中国环境科学出版社，2011.

［4］　天津市固体废物及有毒化学品管理中心.危险化学品环境数据手册［M］.天津：天津市固体废物及有毒化学品管理中心，2005：195-197.

［5］ 杭士平.空气中有害物质的测定方法［M］.第 2 版.北京：人民卫生出版社，1974.

［6］ 国家进出口商品检验局.农药残留量气相色谱法［M］.北京：中国对外经济贸易出版社，1986.

［7］ 韩承辉，谷巍，王乃岩，等.快速测定水中有机磷农药方法的研究［J］.环境化学，2000，19（2）：187-189.

［8］ 北京化工研究院环境保护所/计算中心.国际化学品安全卡（中文版）查询系统［DB］.2016.

敌 敌 畏

1 名称、编号、分子式

敌敌畏又名DDVP，学名O,O-二甲基-O-(2,2-二氯乙烯基）磷酸酯，有机磷杀虫剂的一种，分子式$C_4H_7Cl_2O_4P$。一种有机磷杀虫剂，工业产品均为无色至浅棕色液体，纯品沸点74℃（在133.322Pa下）挥发性大，室温下在水中溶解度1%，煤油中溶解度2%～3%，能溶于有机溶剂，易水解，遇碱分解更快。生产方法有两种，由敌百虫在溶剂中经碱解制得，或者由亚磷酸三甲酯与三氯乙醛进行珀考夫重排缩合制得。2017年10月27日，世界卫生组织国际癌症研究机构公布的致癌物清单初步整理参考，敌敌畏在2B类致癌物清单中。敌敌畏基本信息见表8-1。

表8-1　敌敌畏基本信息

中文名称	敌敌畏
中文别名	O,O-二甲基-O-(2,2-二氯乙烯基)磷酸酯；2,2-二氯乙烯基二甲基磷酸酯；DDVP乳剂；敌敌畏·久效磷·氰戊菊酯；敌敌畏油雾剂；杀虫快油雾剂
英文名称	dichlorvos
英文别名	O,O-dimethyl-O-2,2-dichlorovinyl phosphate；vapona；nuvan；nogos；phosvit；des；dedevap；DDVP
CAS号	62-73-7
RTECS号	TC0350000
EINECS号	200-547-7
分子式	$C_4H_7Cl_2O_4P$
分子量	200.98

2 理化性质

敌敌畏纯品为无色至琥珀色液体，微带芳香味。制剂为浅黄色至黄棕色油状液体，在水溶液中缓慢分解，遇碱分解加快，对热稳定，对铁有腐蚀性。对人畜中毒，对鱼类毒性较高，对蜜蜂剧毒。敌敌畏理化性质一览表见表8-2。

表 8-2　敌敌畏理化性质一览表

外观与性状	无色至琥珀色液体,有芳香味
熔点/℃	−60
沸点/℃	74(133.322Pa);35(6.667Pa)
折射率	1.4523
相对密度(25.4℃)(水=1)	1.415
饱和蒸气压(20℃)/kPa	0.001
闪点/℃	75
溶解性	室温下水中的溶解度约为10g/L,在煤油中溶解 2%～3%,能与大多数 有机溶剂和气溶胶推进剂混溶
稳定性	对热稳定,但能水解
危险类别	14(有毒品),34(易燃液体)

3　毒理学参数

(1) 急性毒性　LD_{50}：50～92mg/kg（小鼠经口）；50～110mg/kg（大鼠经口）。LC_{50}：15mg/m³，4h（小鼠吸入）。

(2) 亚急性和慢性毒性　兔经口剂量在 0.2mg/(kg·d) 以上时，经 24 周，引起慢性中毒，超过 1mg/(kg·d)，动物肝脏发生严重病变，ChE 持续下降。

(3) 代谢　敌敌畏进入机体后，迅速代谢为：①磷酸二甲酯和二氯乙醛，前者经尿排出。②甲基二氯乙烯磷酸酯（MDVP）和使谷胱甘肽甲基化成为硫醇尿酸排出。吸入或经口进入的敌敌畏，MDVP 进一步水解为磷酸一甲酯和二氯乙醛，后者氧化为二氯乙酸，在经脱氯后进入正常新陈代谢。

在有机磷农药中，敌敌畏在哺乳动物体内代谢和排泄最快。大鼠摄入 11mg/L 敌敌畏 4h 后体内检测不出；摄入 50mg/L 时，敌敌畏在大鼠肾内的半衰期为 13.5min。

(4) 中毒机理　敌敌畏是胆碱酯酶的直接抑制剂，有机磷酸酯类化合物分子中的磷原子以共价键的形式与胆碱酯酶的活性中心上的羟基相结合，生成难以水解的磷酰化胆碱酯酶，使 AchE 失去水解 Ach 的能力，导致 Ach 大量堆积，引起中毒。人中毒后潜伏期短、发病快、病情重。它对人血浆胆碱酯酶的抑制较红细胞胆碱酯酶的抑制更快。

敌敌畏尚可产生与胆碱酯酶抑制无关的另一种毒性反应，即迟发性神经毒性，它能与神经病靶酯酶（神经毒性酯酶）活性部位结合，从而抑制其活性，产生迟发性神经病。目前还没有证实敌敌畏在降解后产生对健康有害的物质。其降解主要是肝脏内酶的作用，同时也有无酶的水解，因而吸入所致的危害，较经口者为大。

(5) 致突变性　生物致突变性：鼠伤寒沙门菌 330μg/皿。DNA 抑制：人类淋巴细胞 100μL。精子形态学改变：小鼠腹腔 35mg/kg，5d。

(6) 致畸性　猪孕后 41～70d 经口给予最低中毒剂量（TDL_0）255mg/kg，致中枢神经系统、血液和淋巴系统（包括脾和骨髓）、内分泌系统发育畸形。大鼠孕后 11d 腹腔内给予最低中毒剂量（TDL_0）15mg/kg，致体壁发育畸形。

(7) 致癌性　大鼠经口最低中毒剂量（TDL_0）：4120mg/kg，2 年（连续），致癌，肺肿瘤、胃肠肿瘤。小鼠经皮最低中毒剂量（TDL_0）：20600mg/kg，2年（连续），致癌，胃肠肿瘤。

本品也容易通过皮肤渗透吸收，通过皮肤渗透吸收的LD_{50}为75～107mg/kg，大鼠皮肤摄入生物LD_{50}为70～250mg/kg，小鼠的LD_{50}为206mg/kg。对人的无作用安全剂量为每天每千克0.033mg。

（8）生殖毒性　大鼠经口最低中毒剂量（TDL_0）：39200μg/kg（孕14～21d），致新生鼠生化和代谢改变。

（9）特殊毒性　基因突变，小鼠淋巴细胞阴性。

（10）危险特性　遇明火、高热可燃。受热分解，放出氧化磷和氯化物的毒性气体。

4　对环境的影响

4.1　主要用途

敌敌畏广泛用于农作物杀虫，还有家庭灭蚊、蝇。具有熏蒸、杀毒和触杀作用，对咀嚼口器害虫（如蚜虫、红蜘蛛等）和刺吸口器害虫（如豆青虫、黄条跳甲等）均有良好的防治效果。

4.2　环境行为

（1）代谢和降解　在环境中，敌敌畏的饱和水溶液在室温下以每天约3%的速度水解，生成二甲基磷酸和二氯乙醛，在碱性条件下水解更快。

（2）残留与蓄积　敌敌畏在环境中相当易分解，在30℃时，18d敌敌畏水解50%。

（3）迁移转化　由于敌敌畏蒸气压较高，很易进入大气。敌敌畏迁移转化主要是通过大气和水为介质。

4.3　人体健康危害

（1）暴露/侵入途径　吸入、食入、经皮吸收。

（2）健康危害　抑制体内胆碱酯酶，造成神经生理功能紊乱。

① 急性中毒。短期内接触（口服、吸入、皮肤、黏膜）大量接触引起急性中毒。中毒表现有恶心、呕吐、腹痛、流涎、多汗、视物模糊、瞳孔缩小、呼吸道分泌物增多、呼吸困难、肺水肿、肌束震颤、肌麻痹。部分患者有心、肝、肾损害。少数重度中毒者在病情基本恢复3～5d后发生迟发性猝死。可致皮炎。血胆碱酯酶活性下降。

② 慢性中毒。尚有争论。有神经衰弱综合征、多汗、肌束震颤等。血胆碱酯酶活性下降等。国际癌症研究机构（IARC）确定敌敌畏可能对人体致癌。美国EPA将敌敌畏定为一种可能的人体致癌物。

4.4　接触控制标准

中国MAC（mg/m³）：0.3 ［皮］。

前苏联MAC（mg/m³）：0.2。

中国PC-TWA（mg/m³）：0.1。

中国 PC-STEL（mg/m³）：3.0。

美国 TVL-TWA：ACGIH 0.1ppm，0.9mg/m³ ［皮］。

敌敌畏生产及应用相关环境标准见表 8-3。

表 8-3　敌敌畏生产及应用相关环境标准

标准编号	限制要求	标准值
中国（TJ 36—79）	车间空气中最高容许浓度	0.3mg/m³
中国（GB 3838—2002）	地表水环境质量标准	0.05mg/L
前苏联（1978）	环境空气最高容许浓度	0.007mg/m³
联合国规划署（1974）	保护水生生物淡水中农药的最大允许浓度	0.001μg/L
前苏联（1978）	渔业水中最高容许浓度	0mg/L
法国	所有水果和蔬菜	0.5ppm
中国（GB 5127—85）	食品中有机磷农药的允许标准	蔬菜、水果：0.2mg/kg
中国（GB 5749—2006）	生活饮用水卫生标准容许浓度	0.001mg/L
中国（CJ/T 206—2005）	城市供水水质标准	0.001mg/L
中国（GB 2763—2005）	食品中农药的最大残留限量	蔬菜、水果：0.2mg/kg 原粮：0.1μg/kg

5　环境监测方法

5.1　现场应急监测方法

(1) 直接进水样气相色谱法。

(2) 植物酯酶法和底物法 ［韩承辉等.环境化学，2000，19（2）：187-189］。

5.2　实验室监测方法

敌敌畏的实验室监测方法见表 8-4。

表 8-4　敌敌畏的实验室监测方法

监测方法	来源	类别
气相色谱法	《水质有机磷农药的测定　气相色谱法》(GB/T 13192—1991)	水质
气相色谱法	《空气中有害物质的测定方法》(第二版)，杭士平主编	空气
气相色谱法	《固体废弃物试验分析评价手册》，中国环境监测总站等译	固体废物
气相色谱法	《农药残留量气相色谱法》，国家商检局编	农作物、蔬菜、水果
气相色谱法	《食品中有机磷农药残留量的测定方法》(GB/T 5009.20—1996)	食品

6　应急处理处置方法

6.1　泄漏应急处理

(1) 应急行为　迅速撤离泄漏污染区人员至安全区，并进行隔离，严格限制出入。切断火源。

（2）应急人员防护 建议应急处理人员穿防毒服。不要直接接触泄漏物。

（3）环保措施 小量泄漏用砂土或其他不燃材料吸附或吸收。也可大量水冲洗，洗水稀释后放入废水系统。大量泄漏：构筑围堤或挖坑收容。用泡沫覆盖降低蒸气灾害。

（4）消除方法 用泵转移至槽车或专用收集器内，回收或运至废物处理场所处置。

6.2 个体防护措施

（1）工程控制 密闭操作，提供充分的局部排风。操作尽可能机械化、自动化。操作人员必须经过专门培训，严格遵守操作规程。使用防爆型的通风系统和设备。防止蒸气泄漏到工作场所空气中。避免与氧化剂、碱类接触。搬运时要轻装轻卸，防止包装及容器损坏。配备相应品种和数量的消防器材及泄漏应急处理设备。倒空的容器可能残留有害物。

（2）呼吸系统防护 生产操作或农业使用时，建议佩戴自吸过滤式防毒面具（全面罩）。高浓度环境中必须佩戴自给式呼吸器。

（3）眼睛防护 呼吸系统防护中已做防护。

（4）身体防护 穿胶布防毒衣。

（5）手防护 戴橡胶手套。

（6）其他 工作现场禁止吸烟、进食和饮水。工作后，彻底清洗。工作服不要带到非作业场所，单独存放被毒物污染的衣服，洗后再用。注意个人清洁卫生。

6.3 急救措施

（1）皮肤接触 立即使患者脱离现场，脱去被污染衣服，全身污染部位用肥皂水或碱溶液彻底清洗。

（2）眼睛接触 用苏打水或生理盐水冲洗。

（3）食入 应立即口服 1%～2%苏打水，或用 0.2%～0.5%高锰酸钾溶液洗胃，并服用片剂解磷毒（PAM）或阿托品 1～2 片。

（4）灭火方法 消防人员须佩戴防毒面具、穿全身消防服，在上风向灭火。灭火剂：抗溶性泡沫、干粉、砂土。

6.4 应急医疗

（1）诊断要点

① 潜伏期短，口服后多在 10～30min 内发病；喷洒中毒者，多在 2～6h 内发病。

② 具有胆碱能神经过度兴奋的一系列表现。

③ 少数患者于中毒后 2～3 周出现迟发性周围神经病。

④ 少数患者病程中出现中间期肌无力综合征。

⑤ 口服后消化道刺激症状明显，可致胃黏膜损伤，甚至引起胃出血或胃穿孔。

⑥ 敌敌畏乳油所致接触性皮炎较多见，往往是喷洒或为了灭虱等目的直接将敌敌畏洒在被褥、衣服上而污染皮肤，接触 30min 至数小时发病，皮肤有瘙痒或烧灼感，皮肤潮红、肿胀、水疱，局部可伴有肌颤。

⑦ 血液胆碱酯酶活性降低，且复活较慢。

（2）处理原则

① 皮肤污染者尽快用肥皂水反复彻底清洗，特别要清洗头发、指甲。

② 经口中毒者需迅速催吐、洗胃。因敌敌畏对胃黏膜有强烈刺激作用，洗胃时要小心、轻柔，防止消化道黏膜出血或胃穿孔。

③ 肟类复能剂治疗效果不理想，治疗以阿托品类药为主，并尽快达到阿托品化，口服中毒、生产性中毒患者用药量要大。

④ 为防止病情反复，阿托品停用不宜太早、太快，在治疗中密切观察病情，特别是意识状态、脉搏、呼吸、血压、瞳孔、出汗、肺部情况，注意心脏监护。

（3）抢救方法 其方法大多同有机磷农药中毒的急救，只介绍一些特殊的注意事项。

① 服敌敌畏后应立即彻底洗胃，神志清楚者口服清水或 2% 苏打水 400～500mL，接着用筷子刺激咽喉部，使其呕吐，反复多次，直至洗出来的液体无敌敌畏味为止。

② 呼吸困难者吸氧，大量出汗者喝淡盐水，肌肉抽搐可肌肉注射安定 10mg。及时清理口鼻分泌物，保持呼吸道通畅。

③ 阿托品，轻者 0.5～1mg/次皮下注射，隔 30min～2h1 次；中度者皮下注射 1～2mg/次，隔 15～60min 1 次；重度者即刻静脉注射 2～5mg，以后每次 1～2mg，隔 15～30min 1 次，病情好转可逐渐减量和延长用药间隔时间。氯磷定与阿托品合用，药效有协同作用，可减少阿托品用量。

（4）预防措施 应注意到该品易蒸发和易经皮进入的特点，在生产上应力求密闭完善及通风良好。在农业使用时，要注意个人防护，特别是在粮仓中熏蒸使用时，要注意呼吸道的防护。据调查，在粮仓堆放 $150g/m^3$ 剂量的该品，于 1h 后仓内空气中浓度即达 0.5～23.2mg/m^3，在此浓度下，工作人员进仓工作半小时后，即能引起 ChE 活性明显改变。如戴了夹层纱布口罩，中间有 5%～10% 碱性液湿润层，能起一定的防护作用。如用喷雾法时，还要注意皮肤保护。用敌敌畏防治害虫时，应注意使用量要适当，不可过量；住房密闭灭虫后，必须充分通风后人才可进入；还要重视对该品的保管，特别要注意勿使小孩接触。该品用于室内持续性灭蚊蝇时，应改进使用方法并控制使用量，使空气中该品维持在安全浓度内。

7 储运注意事项

7.1 储存注意事项

储存于阴凉、通风的库房。远离火种、热源。保持容器密封。应与氧化剂、碱类、食用化学品分开存放，切忌混储。配备相应品种和数量的消防器材。储区应备有泄漏应急处理设备和合适的收容材料。

7.2 运输信息

危险货物编号：61874。

UN 编号：3017。

包装类别：Ⅱ。

包装方法：塑料袋或两层牛皮纸袋外全开口或中开口钢桶；两层塑料袋或一层塑料袋外

麻袋、塑料编织袋、乳胶布袋；塑料袋外复合塑料编织袋（聚丙烯三合一袋、聚乙烯三合一袋、聚丙烯二合一袋、聚乙烯二合一袋）；塑料袋或两层牛皮纸袋外普通木箱；螺纹口玻璃瓶、塑料瓶、复合塑料瓶或铝瓶外普通木箱；塑料瓶、两层塑料袋或两层牛皮纸袋（内或外套以塑料袋）外瓦楞纸箱。

运输注意事项：运输前应先检查包装容器是否完整、密封，运输过程中要确保容器不泄漏、不倒塌、不坠落、不损坏。严禁与酸类、氧化剂、食品及食品添加剂混运。运输时运输车辆应配备相应品种和数量的消防器材及泄漏应急处理设备。运输途中应防曝晒、雨淋，防高温。公路运输时要按规定路线行驶。

7.3 废弃

（1）废弃处置方法　处置前应参阅国家和地方有关法规。建议用焚烧法处置。与燃料混合后，再焚烧。焚烧炉排出的气体要通过洗涤器除去。

（2）废弃注意事项　处置前应参阅国家和地方有关法规。废物储存参见"储存注意事项"。

8　参考文献

［1］周国泰.危险化学品安全技术全书［M］.北京：化学工业出版社，1997.

［2］俞志明.新编危险物品安全手册［M］.北京：化学工业出版社，2001.

［3］环境保护部.国家污染物环境健康风险名录（化学第一分册）［M］.北京：中国环境科学出版社，2011.

［4］天津市固体废物及有毒化学品管理中心.危险化学品环境数据手册［M］.天津：天津市固体废物及有毒化学品管理中心，2005：195-197.

［5］韩承辉，谷巍，王乃岩，等.快速测定水中有机磷农药方法的研究［J］.环境化学，2000，19（2）：187-189.

［6］马妍，李薇，程家丽.气相色谱法测定蔬菜中敌百虫及其降解产物敌敌畏农药残留［J］.中国卫生检验杂志，2018，28（14）：1676-1679.

［7］杨宏伟，贾长宽，乌地，郭博书.敌敌畏在土壤中吸附特性的研究［J］.环境科学研究，2006，（2）：35-38.

［8］杨福宸，王德平，盛太成.敌敌畏与溴氰菊酯农药联合应用对人体健康影响的调查［J］.职业与健康，1999，（1）：18-19.

［9］中国环境监测总站.固体废弃物试验分析评价手册［M］.北京：中国环境科学出版社，1992.

［10］杭士平.空气中有害物质的测定方法［M］.第2版.北京：人民卫生出版社，1974.

［11］国家进出口商品检验局.农药残留量气相色谱法［M］.北京：中国对外经济贸易出版社，1986.

［12］北京化工研究院环境保护所/计算中心.国际化学品安全卡（中文版）查询系统［DB］.2016.

对二甲苯

1 名称、编号、分子式

对二甲苯是 1,4-二甲苯（1,4-dimethylbenzene）的简称，为苯的一种衍生物，重要的化工原料。无色液体，低温时呈片状或柱状结晶体。不溶于水，溶于乙醇、乙醚、苯、丙酮。可发生甲基的氧化反应生成二羧酸，与烷基位置和取代基数目有关的反应如异构化、烷基转移和脱烷基反应。工业生产方法主要采用以碳八芳烃为原料的吸附分离和二甲苯异构的联合流程。碳八馏分用结晶分离法分离对二甲苯的方法工业上已较少采用。以甲苯为原料通过歧化和烷基转移法生成二甲苯和苯，甲苯和三烷基苯进行烷基转移生产二甲苯，这些方法都可增产对二甲苯。主要用作生产聚酯纤维和树脂、涂料、染料和农药的原料。对二甲苯基本信息见表 9-1。

表 9-1 对二甲苯基本信息

中文名称	对二甲苯
中文别名	1,4-二甲苯
英文名称	*p*-xylene
英文别名	1,4-xylene;para-xylene;1,4-dimethyl-benzene
UN 号	1307
CAS 号	106-42-3
ICSC 号	0086
RTECS 号	ZE2625000
EINECS 号	203-396-5
分子式	C_8H_{10}
分子量	106.2

2 理化性质

对二甲苯为无色透明液体，具有芳香气味，低温时呈无色片状或棱柱体结晶。不溶于水，能与乙醇、乙醚、丙酮等有机溶剂混溶。可燃，低毒化合物，毒性略高于乙醇，其蒸气与空气可形成爆炸性混合物。对二甲苯理化性质一览表见表 9-2。

表 9-2　对二甲苯理化性质一览表

外观与性状	外观为无色液体,低温时呈片状或柱状结晶体;有特殊气味
熔点/℃	13.2
沸点/℃	138.3
相对密度(水＝1)	0.8611(20℃/4℃);0.8610(25℃/4℃)
相对蒸气密度(空气＝1)	3.7
饱和蒸气压(25℃)/kPa	7.9
闪点/℃	25(封闭式);27.2(开放式)
爆炸上限(体积分数)/%	6.60
爆炸下限(体积分数)/%	1.08
溶解性	不溶于水,可混溶于乙醇、乙醚、氯仿等有机溶剂
自燃温度/℃	528
折射率	$1.4958(n_D^{25})$;$1.5004(n_D^{21})$
临界温度/℃	343.0
黏度(25℃)/(mPa・s)	0.603
燃点/℃	529
蒸发热/(kJ/mol)	36.00(101.3kPa);42.40(1.16kPa)
燃烧热/(kJ/mol)	4598.32(25℃,气体);4555.90(25℃,液体)
临界压力/MPa	3.51
辛醇/水分配系数的对数值	3.15
危险类别	7(易燃液体)

3　毒理学参数

(1) 急性毒性　LD_{50}：5000mg/kg（大鼠经口），1.8mL/kg（小鼠经眼），14100mg/kg（兔经皮）；LC_{50}：19747mg/kg，4h（大鼠吸入）。致死剂量：0.1mL/kg（人静脉注射）。

(2) 亚急性和慢性毒性　大鼠、家兔吸入 $5000mg/m^3$，8h/d，55d，导致眼刺激，衰竭，共济失调，RBC 和 WBC 数稍下降，骨髓增生并有 3%～4% 的巨核细胞。

(3) 代谢　无论何种途径进入人体的对二甲苯主要经肝脏微体内的多功能氧化酶系 P450（人体内主要是 CYP2E1）作用生成对甲基苯甲酸中间物，之后在与甘氨酸反应生成对甲基马尿酸排出体外。这是最主要的代谢途径（>90%），少量未代谢的对二甲苯通过呼吸或尿液排出，尿液中还有对甲基苯甲醇、对甲基苯甲酸、二甲苯巯基尿酸、对二甲苯酚。一些职业接触工人尿中还含有少量对二甲基硫醇酸。形成与氢化 2-甲基-3-羟基苯甲酸（2% 以下）。

体内二甲苯在肝脏内氧化为水溶性的甲基马尿酸，由于甲基马尿酸并不天然存在于尿中，它几乎全部是进入体内的二甲苯代谢物，因而尿中甲基马尿酸可作为接触工人的生物监测指标。

(4) 中毒机理　对二甲苯进入消化道可导致中枢神经系统抑制，症状包括兴奋，随后头痛、眩晕、困倦和恶心，严重者导致失去知觉、昏迷，并由于呼吸中断而致死。可能造成肝、肾损伤。吸入时可能造成呼吸困难等和吞入类似的后果，及化学性肺炎和肺水肿、黏膜损伤、血液异常。

二甲苯蒸气对眼部及上呼吸道有刺激，高浓度时会麻醉中枢神经。短期吸入高浓度对二甲苯会出现明显的刺激症状、眼结膜及咽充血、头晕、头痛、恶心呕吐、胸闷四肢无力、意识模糊、步态蹒跚。重者甚至会躁动、抽搐或昏迷。

长时间或重复性接触或吸入以及短期吸入高浓度对二甲苯使皮肤脱脂，可造成皮肤干裂或刺激及产生神经衰弱综合征（如呼吸困难、混乱、眩晕、恐惧、失忆、头痛、颤抖、虚弱、厌食、恶心、耳鸣、暴躁、口渴、肝功能减弱、肾损伤、贫血症、骨髓的增生等）损害。此物质曾造成动物的繁殖损害和致命性结果。

(5) 致突变性　细胞遗传学分析：啤酒醇母菌 1mmol/管。

(6) 刺激性　人经眼：200ppm，引起刺激。家兔经皮：500mg（24h），中度刺激。

(7) 致癌性　对二甲苯和其代谢产物暂无致癌的证据。

(8) 生殖毒性　大鼠吸入最低中毒浓度（TDL_0）：$3000mg/m^3$，24h，对胚泡植入前的死亡率、胎鼠肌肉骨骼形态有影响，有胚胎毒性。

(9) 危险特性　易燃，其蒸气与空气可形成爆炸性混合物。遇明火、高热能引起燃烧爆炸。与氧化剂能发生强烈反应。流速过快，容易产生和积聚静电。其蒸气比空气密度大，能在较低处扩散至相当远的地方，遇明火会引着回燃。

4　对环境的影响

4.1　主要用途

对二甲苯用作生产聚酯纤维和树脂、涂料、染料及农药的原料，也用作色谱分析标准物质和溶剂，也用于有机合成。

还用于生产对苯二甲酸，进而生产对苯二甲酸乙二醇酯、丁二醇酯等聚酯树脂。聚酯树脂是生产涤纶、聚酯薄片、聚酯中空容器的原料。涤纶是我国目前第一大合成纤维。也用作涂料、染料和农药等的原料。

4.2　环境行为

(1) 代谢和降解　在人和动物体内，吸入的二甲苯除 $3\%\sim6\%$ 被直接呼出外，二甲苯的三种异构体都有代谢为相应的苯甲酸（60% 的邻二甲苯、$80\%\sim90\%$ 的间、对二甲苯），然后这些酸与葡萄糖醛酸和甘氨酸起反应。在这个过程中，大量邻苯甲酸与葡萄糖醛酸结合，而对苯甲酸几乎完全与甘氨酸结合生成相应的甲基马尿酸而排出体外。与此同时，可能少量形成相应的二甲苯酚（酚类）与氢化 2-甲基-3-羟基苯甲酸（2% 以下）。

(2) 残留与蓄积　在职业性接触中，二甲苯主要经呼吸道进入身体。对全部二甲苯的异构体而言，由肺吸收其蒸气的情况相同，总量达 $60\%\sim70\%$，在整个的接触时期中，这个吸收量比较恒定。二甲苯溶液可经完整皮肤以平均吸收率 $2.25g/(cm^3\cdot min)$[范围 $0.7\sim4.3\mu g/(cm^3\cdot min)$]被吸收，二甲苯蒸气的经皮吸收与直接接触液体相比是微不足道的。二甲苯的残留和蓄积并不严重，进入人体的二甲苯可以在人体的 NADP（转酶Ⅱ）和 NAD（转酶Ⅰ）存在下生成甲基苯甲酸，然后与甘氨酸结合形成甲基马尿酸，在 18h 内几乎全部排出体外。即使是吸入后残留在肺部的 3%～6% 的二甲苯，也在接触后的 3h 内（半衰期为 0.5～1h）全部被呼出体外。评价接触二甲苯的残留试验，主要是测定尿内甲基马尿酸的含量，也有人建议测定呼出气体中或血液中二甲苯的含量，但后者的结果往往并不准确。由于甲基马尿酸并不天然存在于尿中，又由于它几乎是全部滞留的二甲苯代谢物，因而测定它的存在是最好的二甲苯接触试验的确证。二甲苯能相当持久地存在于饮水中。自来水中二甲苯的浓度为 5mg/L 时，其气味强度相当于 5 级，二甲苯的特有气味则要过 7～8d 才能消失；气味强度为 3 级时则需 4～5d。河水中二甲苯的气味保持的时间较短，这与起始浓度的高低有关，一般可保留 3～5d。

（3）迁移转化　二甲苯主要由原油在石油化工过程中制造，它广泛用于颜料、涂料等的稀释剂，印刷、橡胶、皮革工业的溶剂。作为清洁剂和去油污剂，航空燃料的一种成分，化学工厂和合成纤维工业的原材料和中间物质，以及织物及纸张的涂料和浸渍料。二甲苯可通过机械排风和通风设备排入大气而造成污染。一座精炼油厂排放入大气的二甲苯高达 13.18～1145g/h；二甲苯可随其生产和使用单位所排入的废水进入水体，生产 1t 二甲苯，一般排出含二甲苯 300～1000mg/L 的废水 $2m^3$。由于二甲苯在水溶液中挥发的趋势较强，因此可以认为其在地表水中不是持久性的污染物。二甲苯在环境中也可以生物降解，但这种过程的速率比挥发过程的速度低得多。挥发到空中的二甲苯也可能被光解，这是它的主要迁移转化过程。

二甲苯由呼气和代谢物从人体排出的速度很快，在接触停止 18h 内几乎全部排出体外，二甲苯能相当持久的存在于饮水中。由于二甲苯在水溶液中挥发性较强，因此，可以认为其在地表水中不是持久性污染物。二甲苯在环境中也可以生物降解和化学降解，但其速度比挥发低得多，挥发到空气中的二甲苯可被光解。可与氧化剂反应，高浓度气体与空气混合发生爆炸。二甲苯有中等程度的燃烧危险。由于其蒸气比空气密度大，燃烧时火焰沿地面扩散。二甲苯易挥发，发生事故现场会弥漫着二甲苯的特殊芳香味，倾泻入水中的二甲苯可漂浮在水面上，或呈油状物分布在水面，可造成鱼类和水生生物的死亡。

4.3　人体健康危害

（1）暴露/侵入途径　吸入、食入、经皮吸收。

（2）健康危害　二甲苯对眼及上呼吸道有刺激作用，高浓度时对中枢神经系统有麻醉作用。

急性中毒：短期内吸入较高浓度核武器中可出现眼及上呼吸道明显的刺激症状、眼结膜及咽充血、头晕、恶心、呕吐、胸闷、四肢无力、意识模糊、步态蹒跚。重者可有躁动、抽搐或昏迷，有的有癔病样发作。

（3）慢性影响　长期接触有神经衰弱综合征，女工有月经异常，工人常发生皮肤干燥、皲裂、皮炎。

4.4　接触控制标准

中国 MAC（mg/m^3）：100。

前苏联 MAC（mg/m^3）：50。

美国 TVL-TWA：OSHA 100ppm，434mg/m^3；ACGIH 100ppm，434mg/m^3。

美国 TLV-STEL：ACGIH 150ppm，651mg/m^3。

对二甲苯生产及应用相关环境标准见表9-3。

表 9-3　对二甲苯生产及应用相关环境标准

标准编号	限制要求	标准值
中国(TJ 36—79)	车间空气中最高容许浓度(二甲苯)	100mg/m³
中国(TJ 36—79)	居住区大气中最高容许浓度(一次值、二甲苯)	0.30mg/L
中国(GB 20426—2006)	大气污染物综合排放标准(二甲苯)	最高允许排放浓度： 70mg/m³(新增)；90mg/m³(原有) 最高允许排放速率： 二级 1.0～10kg/h(新增)；1.2～12kg/h(原有)； 三级 1.5～15kg/h(新增)；1.8～18kg/h(原有) 无组织排放监控浓度限值： 1.2mg/m³(新增)；1.5mg/m³(原有)
中国(待颁布)	饮用水源中最高容许浓度	0.5mg/L(二甲苯)
中国(GHZB 1—1999)	地表水环境质量标准(Ⅰ、Ⅱ、Ⅲ类水域特定值)	0.5mg/L(二甲苯)
中国(GB 8978—1996)	污水综合排放标准	一级：0.4mg/L 二级：0.6mg/L 三级：1.0mg/L
中国(GB 3838—2002)	集中式生活饮用水地表水源地特定项目标准限值	0.5mg/L(二甲苯)
中国(CJ/T 206—2005)	城市供水水质标准	0.5mg/L(二甲苯)

5　环境监测方法

5.1　现场应急监测方法

(1) 快速检测管法《突发性环境污染事故应急监测与处理处置技术》，万本太主编，气体速测管(北京劳保所产品、德国德尔格公司产品)。

(2) 气体检测管法；便携式气相色谱法；水质检测管法。

5.2　实验室监测方法

对二甲苯的实验室监测方法见表9-4。

表 9-4　对二甲苯的实验室监测方法

监测方法	来源	类别
气相色谱法	《水质苯系物的测定　气相色谱法》 (GB 11890—1989)	水质
气相色谱法	《空气质量甲苯、二甲苯、苯乙烯的测定 气相色谱法》(GB/T 14677—1993)	空气
无泵型采样气相色谱法	《作业场所空气中二甲苯的无泵型采样气 相色谱测定方法》(WS/T 153—1999)	作业场所空气
气相色谱法	《固体废弃物试验与分析评价手册》， 中国环境监测总站等译	固体废物
色谱/质谱法	美国 EPA524.2 方法[①]	水质

监测方法	来源	类别
溶剂解吸-气相色谱法	《工作场所有害物质监测方法》，徐伯洪、闫慧芳主编	空气
直接进样-气相色谱法		
热解吸-气相色谱法		
无泵型采样气相色谱法		

① EPA524.2(4.1 版)是为配合实施美国国家饮用水的 EPA 标准而制定的，该方法采用吹脱捕集装置，用 GC/MS 检测低浓度的被分析物质。在实际监测中，优先执行我国国家标准。

6 应急处理处置方法

6.1 泄露应急处理

（1）应急行为 迅速撤离泄漏污染区人员至安全区，并进行隔离，严格限制出入。切断火源。

（2）应急人员防护 建议应急处理人员戴自给正压式呼吸器，穿消防防护服。

（3）环保措施 尽可能切断泄漏源，防止进入下水道、排洪沟等限制性空间。小量泄漏：用活性炭或其他惰性材料吸收。也可以用不燃性分散剂制成的乳液刷洗，洗液稀释后放入废水系统。大量泄漏：构筑围堤或挖坑收容；用泡沫覆盖，抑制蒸发。用防爆泵转移至槽车或专用收集器内，回收或运至废物处理场所处置。迅速将被二甲苯污染的土壤收集起来，转移到安全地带。对污染地带沿地面加强通风，蒸发残液，排除蒸气。

（4）消除方法 迅速筑坝，切断受污染水体的流动，并用围栏等限制水面二甲苯的扩散。

6.2 个体防护措施

（1）工程控制 其蒸气与空气形成爆炸性混合物，遇明火、高热能引起燃烧爆炸，其蒸气比空气密度大，能在较低处扩散到相当远的地方，遇火源引着回燃。若遇高热，容器内压增大，有开裂和爆炸的危险。流速过快，容易产生和积聚静电。需要密闭操作，加强通风。操作人员必须经过专门培训，严格遵守操作规程。

（2）呼吸系统防护 空气中浓度较高时，佩戴过滤式防毒面具（半面罩）。紧急事态抢救或撤离时，建议佩戴空气呼吸器。

（3）眼睛防护 戴化学安全防护眼镜。

（4）身体防护 穿防毒物渗透工作服。

（5）手防护 戴橡胶手套。

（6）其他 工作现场禁止吸烟、进食和饮水。工作完毕，淋浴更衣。保持良好的卫生习惯。

6.3 急救措施

（1）皮肤接触 用肥皂或中性清洁剂清洗感染处，并且用大量水冲洗 20min，直至没有化学品残留。若需要则送往医院治疗。

（2）**眼睛接触** 立刻用流水冲洗眼睛 15min 以上。如需要则送至眼科医生处治疗。

（3）**吸入** 将人员移到空气新鲜处，如果呼吸衰弱，用氧气救生器，以实施人工呼吸，并立刻送医治疗。

（4）**食入** 大量饮用可导致昏迷，昏迷发生时不要催吐，以免堵塞呼吸，当呕吐发生时，保持头部低于臀部。使头部转向一边，立即送医治疗，洗胃或用活性炭浆。

（5）**灭火方法** 喷水冷却容器，可能的话将容器从火场移至空旷处。灭火剂：泡沫、二氧化碳、干粉、砂土。

6.4 应急医疗

（1）**诊断要点**

① 轻度中毒，表现头晕、头痛、胸闷、无力、颜面潮红、结膜充血、步态不稳、兴奋、酩酊状态，或有意识障碍伴情绪反应。

② 重度中毒，在轻度中毒的基础上，出现恶心、呕吐、定向力障碍、意识模糊以至抽搐、昏迷等。

③ 呼吸系统损伤，可出现化学性支气管炎、肺炎、肺水肿、肺出血。

④ 心脏损伤，可致传导阻滞或心肌损害、心电图出现 ST-T 改变，一次大剂量吸入可引起致命的心室纤颤或完全性房室传导阻滞而致猝死。

⑤ 急性中毒后，可引起中毒性肝病，出现消化道症状、黄疸、肝大、肝功能的异常。

⑥ 急性中毒后发生典型的少尿型或非少尿型急性肾衰竭或远端肾小管酸中毒，多伴有肌坏死，认为甲苯可溶解横纹肌导致肌球蛋白血症，沉积于肾小管，产生以肾小管损害为主的肾损害及肾衰竭。

⑦ 眼接触后，轻者可致角膜上皮脱落，重者可致疱性角膜炎、结膜下出血。

⑧ 对皮肤和黏膜有明显的刺激作用，可出现皮肤潮红、瘙痒或烧灼感，并出现局部红斑、红肿，甚至水疱。

⑨ 呼气二甲苯、血二甲苯、甲基马尿酸的测定结果，有助于诊断和鉴别诊断。

（2）**处理原则**

① 对污染皮肤进行彻底清洗。

② 无特效解毒药，给葡萄糖醛酸，以促进毒物的排出。

③ 监护和保护重要脏器，积极救治被损伤的脏器，对症治疗。

④ 为防止病情反复，阿托品停用不宜太早、太快，在治疗中密切观察病情，特别是意识状态、脉搏、呼吸、血压、瞳孔、出汗、肺部情况，注意心脏监护。

（3）**预防措施** 对对二甲苯作业工人进行上岗前和定期健康检查，及时发现就业禁忌证和早期发现对二甲苯中毒病人及时处理。

7 储运注意事项

7.1 储存注意事项

储存于阴凉、通风的库房。远离火种、热源。库温不宜超过 30℃。保持容器密封。应与氧化剂分开存放，切忌混储。采用防爆型照明、通风设施。禁止使用易产生火花的机械设备和工具。储区应备有泄漏应急处理设备和合适的收容材料。

7.2 运输信息

危险货物编号：33535。

UN 编号：1307。

包装类别：Ⅲ。

包装方法：小开口钢桶；螺纹口玻璃瓶、铁盖压口玻璃瓶、塑料瓶或金属桶（罐）外普通木箱；螺纹口玻璃瓶、塑料瓶或镀锡薄钢板桶（罐）外满底板花格箱、纤维板箱或胶合板箱。

运输注意事项：水运卸装时，控制流速和流量，严格执行初始流速 1m/s 和作业最大流速 3m/s 及流量。本品铁路运输时限使用钢制企业自备罐车装运，装运前需报有关部门批准。运输时运输车辆应配备相应品种和数量的消防器材及泄漏应急处理设备。夏季最好早晚运输。运输时所用的槽（罐）车应有接地链，槽内可设孔隔板以减少振荡产生静电。严禁与氧化剂、食用化学品等混装混运。运输途中应防曝晒、雨淋，防高温。中途停留时应远离火种、热源、高温区。装运该物品的车辆排气管必须配备阻火装置，禁止使用易产生火花的机械设备和工具装卸。公路运输时要按规定路线行驶，勿在居民区和人口稠密区停留。铁路运输时要禁止溜放。严禁用木船、水泥船散装运输。

7.3 废弃

（1）废弃处置方法 处置前应参阅国家和地方有关法规。建议用焚烧法处置。

（2）废弃注意事项 处置前应参阅国家和地方有关法规。废物储存参见"储存注意事项"。

8 参考文献

[1] 周国泰.危险化学品安全技术全书［M］.北京：化学工业出版社，1997.

[2] 俞志明.新编危险物品安全手册［M］.北京：化学工业出版社，2001.

[3] 环境保护部.国家污染物环境健康风险名录（化学第一分册）［M］.北京：中国环境科学出版社，2011.

[4] 天津市固体废物及有毒化学品管理中心.危险化学品环境数据手册［M］.天津：天津市固体废物及有毒化学品管理中心，2005：195-197.

[5] 徐伯洪，闫慧芳.工作场所有害物质监测方法［M］.北京：中国人民公安大学出版社，2003.

[6] 郝西维，刘秋芳，刘弓，等.对二甲苯生产技术开发进展及展望［J］.洁净煤技术，2016，22（5）：25-30.

[7] 万本太.突发性环境污染事故应急监测与处理处置技术［M］.北京：中国环境科学出版社，2006.

[8] 杭士平.空气中有害物质的测定方法［M］.第 2 版.北京：人民卫生出版社，1974.

[9] 中国环境监测总站.固体废弃物试验分析评价手册［M］.北京：中国环境科学出版社，1992.

[10] 北京化工研究院环境保护所/计算中心.国际化学品安全卡（中文版）查询系统［DB］.2016.

对 硫 磷

1 名称、编号、分子式

对硫磷在常温下为无色油状液体，通常由二乙基硫代磷酰氯在三甲胺催化下与对硝基酚钠合成制得。对硫磷是有机磷杀虫剂品种之一，属高毒类农药，1983 年已被国家禁用。2017 年 10 月 27 日，世界卫生组织国际癌症研究机构公布的致癌物清单初步整理参考，对硫磷在 2B 类致癌物清单中。对硫磷基本信息见表 10-1。

表 10-1　对硫磷基本信息

中文名称	对硫磷
中文别名	乙基对硫磷；乙基 1605；巴拉松；乙基对硫磷；O,O-二乙基-O-（4-硝基苯基）硫代磷酸酯
英文名称	parathion
英文别名	O,O-diethyl-O-（4-nitrophenyl）phosphorothioate；parathion-ethyl
UN 号	3018
CAS 号	56-38-2
ICSC 号	0006
RTECS 号	TF4550000
EC 编号	015-034-00-1
分子式	$C_{10}H_{14}NO_5SP$
分子量	291.27

2 理化性质

对硫磷纯品为无色无臭的液体，工业品为棕色并有蒜臭的液体。对硫磷有高毒性，也是一种致癌物质。它不溶于水，易溶于醇类、醚类、酯类、酮类、芳烃等有机溶剂。对硫磷理化性质一览表见表 10-2。

表 10-2　对硫磷理化性质一览表

外观与性状	纯品为无色无臭的液体，工业品为棕色并有蒜臭的液体
熔点/℃	6.1
沸点/℃	375

相对密度(水＝1)	1.27
饱和蒸气压(157℃)/kPa	0.08
辛醇/水分配系数的对数值	3.83
闪点/℃	174
溶解性	不溶于水,溶于醇类、醚类、酯类、酮类、芳烃等有机溶剂, 不溶于石油醚、煤油
危险标记	14(有毒品)

3 毒理学参数

(1) 急性毒性 LD$_{50}$：13mg/kg（雄大鼠经口）；3.6mg/kg（雌大鼠经口）。LC$_{50}$：31.5mg/m^3，4h（大鼠吸入）；人经口 10～30mg/kg，致死剂量。

(2) 亚急性和慢性毒性 大鼠吸入 0.4mg/m^3，6h/d，4 个月，抑制血胆碱酯酶活性阈浓度。

(3) 代谢 对硫磷是体内胆碱酯酶的不可逆性抑制剂。其初期依靠与胆碱酯酶的高亲和性和人体正常神经递质——乙酰胆碱竞争胆碱酯酶，很快通过和胆碱酯酶的不可逆化（酶的老化）使酶失去活性而导致乙酰胆碱的急性大量堆积，临床上出现毒蕈碱样的烟碱样症状。但对硫磷的毒性作用还远远不止于此，其氧化脱硫化（desulfuration）代谢产物——对氧磷（mintacol 或 paraoxon）是一种毒性强于对硫磷 300～6000 倍的有机磷毒物，这种毒物进入血液循环及其从胆道的排泄后所继发的肝肠循环是导致对硫磷易发生反跳的重要因素。

(4) 致突变性 微生物致突变：鼠伤寒沙门菌1mg/皿。姐妹染色单体交换：人淋巴细胞200μg/L。程序外 DNA 合成：人成纤维细胞 10μmol/L。DNA 损伤：大鼠淋巴细胞10μmol/L（16h）。

(5) 致癌性 大鼠经口最低中毒剂量（TDL$_0$）：1260mg/kg，80 周（连续），疑致癌，肾上腺皮质肿瘤。

(6) 生殖毒性 大鼠经口最低中毒剂量（TDL$_0$）：360μg/kg（孕 2～22d 或产后 15d），影响新生鼠生化和代谢。大鼠皮下最低中毒剂量（TDL$_0$）：9800μg/kg（孕 7～12d）致死胎。

(7) 危险特性 遇明火，高热可燃。受热分解，放出磷、硫的氧化物等毒性气体。加热发生异构化，变成 O,S-二乙基异构体。

4 对环境的影响

4.1 主要用途

对硫磷是有机磷杀虫剂品种之一。有触杀、胃毒和熏蒸作用，药效迅速。无内吸性，有一定内渗作用，叶面施药能局部渗入叶内组织，而杀死相应叶背面的害虫。温度高时杀虫作用显著增强，反之则下降。杀虫谱广，可防治 400 余种害虫和螨类，多用于防治棉铃虫、稻螟虫、地下害虫等。

4.2 环境行为

(1) 代谢和降解 对硫磷在环境中易受光、空气、水的影响，而分解为无毒物质，但比其他有机磷农药稳定。在自然环境下也易降解。在光照条件下，易进行光氧化反应，生成对氧磷，对氧磷的毒性比原母体对硫磷毒性更大。对硫磷在喷洒作物上消失很快，在短期内，少量的对硫磷已转变为对氧磷而增加毒性。

(2) 残留与蓄积 对硫磷能通过消化道、呼吸道及完整的皮肤和黏膜进入人体。环境中的对硫磷也可以通过食物链发生生物富集作用，但体内蓄积的量远比有机氯农药要低。土壤中的对硫磷也可以通过植物根部吸收而进入植物体内。因而其从土壤中经植物再进入动物体内的可能性是非常大的。

(3) 迁移和转化 在土壤中，对硫磷可通过水的淋溶作用而稍向土壤深层迁移。一般情况下，年移动速度小于 20cm。它可以由土壤表面向大气蒸发，温度越高，蒸发量越大。

4.3 人体健康危害

(1) 暴露/侵入途径 吸入、食入、经皮吸收。对硫磷能通过消化道、呼吸道及完整的皮肤和黏膜进入人体。

(2) 健康危害 抑制胆碱酯酶活性，造成神经生理功能紊乱。

(3) 急性中毒 短期内接触（口服、吸入、皮肤、黏膜）大量引起急性中毒。表现有头痛、头昏、食欲减退、恶心、呕吐、腹痛、腹泻、流涎、瞳孔缩小、呼吸道分泌物增多、多汗、肌束震颤等。重者出现肺水肿、脑水肿、昏迷、呼吸麻痹。部分病例可有心、肝、肾损害。少数严重病例在意识恢复后数周或数月发生周围神经病。个别严重病例可发生迟发性猝死。血胆碱酯酶活性降低。

(4) 慢性中毒 尚有争论。有神经衰弱综合征、多汗、肌束震颤等。血胆碱酯酶活性降低。

4.4 接触控制标准

中国 MAC（mg/m³）：0.05 [皮]。

美国 TLV-TWA：ACGIH 0.1mg/m³ [皮]。

美国 TLV-TN：ACGIH 0.1mg/m³ [皮]。

对硫磷生产及应用相关环境标准见表 10-3。

表 10-3 对硫磷生产及应用相关环境标准

标准名称	限制要求	标准值
中国(TJ 36—79)	车间空气中有害物质最高容许浓度	0.05mg/m³[皮]
中国(GH 3838—2002)	地表水环境质量标准	0.003mg/L
中国(待颁布)	饮用水源水中有害物质的最高容许浓度	0.003mg/L
中国(GB 8978—1996)	污水综合排放标准	一级:不得检出 二级:1.0mg/L 三级:2.0mg/L

标准名称	限制要求	标准值
联合国规划署(1974)	保护水生生物淡水中农药的最大允许浓度	0.001μg/L
中国(GB 2763—2005)	食品中有机磷农药的允许标准	粮食:0.1mg/kg 蔬菜、水果:不得检出
中国(CJ/T 206—2005)	城市供水水质标准	≤0.003mg/L
中国(GB 2763—2005)	有机磷农药的允许标准	不得检出(蔬菜、水果)

5 环境监测方法

5.1 现场应急监测方法

(1) 植物酯酶法和底物法［韩承辉. 环境化学，2000，19（2）：187-189］。
(2) 直接进水样气相色谱法。

5.2 实验室监测方法

对硫磷的实验室监测方法见表10-4。

表 10-4 对硫磷的实验室监测方法

监测方法	来源	类别
气相色谱法	《水质有机磷农药的测定》(GB 13192—91)	水质
气相色谱法	《食品中有机磷农药残留量的测定方法》 (GB/T 5009.20—2003)	食物
气相色谱法	《车间空气中对硫磷的溶剂解吸气 相色谱测定方法》(GB/T 16121—1995)	车间空气
气相色谱法	《城市供水有机磷农药的测定》(CJ/T 144—2001)	饮用水
气相色谱法	《农药残留量气相色谱法》,国家商检局编	农作物、水果、蔬菜
盐酸萘乙二胺比色法	《空气中有害物质的测定方法》 (第二版),杭士平主编	空气

6 应急处理处置方法

6.1 泄漏应急处理

(1) 应急行为 迅速撤离泄漏污染区人员至安全区，并进行隔离，严格限制出入。切断火源。

(2) 应急人员防护 建议应急处理人员戴自给正压式呼吸器，穿防毒服。不要直接接触泄漏物。

(3) 环保措施 防止流入下水道、排洪沟等限制性空间。小量泄漏：用砂土或其他不燃材料吸附或吸收。也可以用不燃性分散剂制成的乳液刷洗，洗液稀释后放入废水系统。大量泄漏：构筑围堤或挖坑收容。

（4）消除方法　用泡沫覆盖，降低蒸气灾害。用泵转移至槽车或专用收集器内，回收或运至废物处理场所处置。

6.2　个体防护措施

（1）工程控制　生产过程密闭，加强通风。提供安全淋浴和洗眼设备。

（2）呼吸系统防护　生产操作或农业使用时，佩戴防毒口罩。紧急事态抢救或逃生时，应该佩戴自给式呼吸器。

（3）眼睛防护　可采用安全面罩。

（4）身体防护　穿相应的防护服。

（5）手防护　戴防护手套。

（6）其他　工作现场禁止吸烟、进食和饮水。工作后，彻底清洗。工作服不要带到非作业场所，单独存放被毒物污染的衣服，洗后再用。注意个人清洁卫生。

6.3　急救措施

（1）皮肤接触　立即脱去污染的衣着，用肥皂水及流动清水彻底冲洗污染的皮肤、头发、指甲等。就医。

（2）眼睛接触　提起眼睑，用流动清水或生理盐水冲洗。就医。

（3）吸入　迅速脱离现场至空气新鲜处。保持呼吸道通畅。如呼吸困难，给输氧。如呼吸停止，立即进行人工呼吸。就医。

（4）食入　饮足量温水，催吐。用清水或 $2\%\sim5\%$ 碳酸氢钠溶液洗胃。就医。

（5）灭火方法　消防人员须佩戴防毒面具、穿全身消防服，在上风向灭火。灭火剂：泡沫、干粉、砂土。禁止使用酸碱灭火剂。

6.4　应急医疗

（1）诊断要点　对硫磷对人体血液胆碱酯酶有明显抑制作用。急性中毒的表现可分为以下三类。

① 毒蕈碱样症状。早期即可出现，主要表现为食欲减退、恶心、呕吐、腹痛、腹泻、多汗、流涎、视力模糊、瞳孔缩小、呼吸道分泌增多；严重者可引起肺水肿。

② 烟碱样症状。病情进一步发展或大剂量致中毒时，除上述症状加重外，出现全身紧束感、动作不灵活、发音含糊、胸部压迫感、肌束震颤等。

③ 中枢神经系统症状。一般表现为头昏、头痛、乏力、嗜睡或失眠，言语不清，重症病例可出现昏迷、抽搐，往往因呼吸中枢或呼吸肌麻痹而危及生命，少数重度中毒患者在临床症状消失 2～3 周可出现周围神经病，伴随脊髓病变，主要表现为感觉、运动神经损害，称为迟发性中毒综合征，有时急性中毒后还可出现癔症样发作的精神障碍。

除上述三类症状外，重度中毒者还可引起心肌损害，个别患者可继发中毒性心肌炎，甚至导致猝死。慢性中毒症状一般并不很明显，临床表现多为神经衰弱综合征，部分患者可出现毒蕈碱样和烟碱样症状，少数患者还可有屈光不正、视野缩小、色觉障碍等视觉功能损害，可有神经肌电图改变和脑电图异常。

（2）处理原则　对硫磷中毒的治疗措施和一般有机磷农药中毒类似，因其反跳发生率较高，故而要注意严密观察其病情变化。具体治疗原则如下。

① 早期、迅速、彻底清除毒物。经皮肤中毒患者对接触部位要反复刷洗，彻底清洗皮肤、毛发等，脱去被污染的衣服。经口中毒者，无论时间长短，均应及时、彻底反复洗胃。鉴于有机磷农药易存留于胃黏膜皱襞，故应争取尽早插管并用2%的碳酸氢钠或清水洗胃，直到洗出液与灌注液一致，无农药味为止，洗胃时要注意洗胃液温度，温度过高可使胃黏膜充血，造成毒物残留过多。洗胃完毕常规从胃管灌入硫酸钠或硫酸镁导泻。常规洗胃后应保留胃管，4～6h后重复洗胃，必要时24h反复洗胃数次，方能保证洗胃彻底。另外，洗胃时还应注意清洗食管黏膜段残毒。洗胃后用温肥皂水或温生理盐水清洁灌肠，其效果较好。

② 早期正确使用胆碱药及复能剂首先应早期、足量、准确、反复应用阿托品。阿托品的正确应用是抢救成败和防止反跳的关键。对硫磷中毒早期即需要应用较小剂量。阿托品化越早越好，最好在9h内，最迟不超过24h。阿托品化后维持给药不得少于72h。因其毒性持续时间长，易出现反跳，故更应缓慢减药，维持用药7～10d。阿托品的应用指标是达到阿托品化而避免阿托品中毒。若应用阿托品后患者躁动、谵妄较明显，而稍减量即有汗出、心率减慢及瞳孔缩小者，可以使用东莨菪碱。

③ 早期、足量、重复应用复能剂。胆碱酯酶复能剂是治"本"的药物，正确应用复能剂的原则是：经确诊立即用药，使它能在磷酸化酶老化之前复合之；首量要足，以使患者短时间内出现轻度阿托品化为宜；酌情重复用药，有机磷农药在体内作用时间长，而复能剂在体内的半衰期短，故应连续静脉滴入或重复用药；根据胆碱酯酶活力维持在50%～60%，症状维持消失，可以考虑停药。且胆碱酯酶在72h后已老化，复能剂应用不宜超过3d。

④ 胆汁引流、禁水禁食。为防止或减少胆汁内剧毒物质（对氧磷）吸收再中毒，在彻底洗胃之后，放置Creklunr（雷卢氏管）或M-A氏管，做胆汁引流。此方法主要针对毒性增加后的对氧磷随胆汁再入肠道引起反跳而提出。因此进食、水可刺激胆囊收缩，促进胆囊内毒物排出而引起反跳，所以在患者神志清醒后24～48h内最好禁食、水。

（3）预防措施 对对硫磷作业工人进行上岗前和定期健康检查，及时发现就业禁忌证和早期发现对硫磷中毒病人及时处理。

7 储运注意事项

7.1 储存注意事项

储存于阴凉、通风的库房。远离火种、热源。保持容器密封。应与氧化剂、碱类、食用化学品分开存放，切忌混储。配备相应品种和数量的消防器材。储区应备有泄漏应急处理设备和合适的收容材料。

7.2 运输信息

危险货物编号：61874。

UN编号：3278。

包装类别：Ⅰ。

包装方法：小开口钢桶；螺纹口玻璃瓶、铁盖压口玻璃瓶、塑料瓶或金属桶（罐）外普通木箱。

运输注意事项：运输前应先检查包装容器是否完整、密封，运输过程中要确保容器不泄漏、不倒塌、不坠落、不损坏。严禁与酸类、氧化剂、食品及食品添加剂混运。运输时运输车辆应配备相应品种和数量的消防器材及泄漏应急处理设备。运输途中应防曝晒、雨淋，防高温。公路运输时要按规定路线行驶。

7.3 废弃

（1）废弃处置方法　建议用焚烧法处置。焚烧炉排出的气体要通过洗涤器除去。
（2）废弃注意事项　处置前应参阅国家和地方有关法规。

8 参考文献

［1］ 周国泰.危险化学品安全技术全书［M］.北京：化学工业出版社，1997.
［2］ 天津市固体废物及有毒化学品管理中心.危险化学品环境数据手册［M］.天津：天津市固体废物及有毒化学品管理中心，2005：195-197.
［3］ 国家进出口商品检验局.农药残留量气相色谱法［M］.北京：中国对外经济贸易出版社，1986.
［4］ 俞志明.新编危险物品安全手册［M］.北京：化学工业出版社，2001.
［5］ 环境保护部.国家污染物环境健康风险名录（化学第一分册）［M］.北京：中国环境科学出版社，2011.
［6］ 杭士平.空气中有害物质的测定方法［M］.北京：人民卫生出版社，1986.
［7］ 韩承辉，谷巍，王乃岩，等.快速测定水中有机磷农药方法的研究［J］.环境化学，2000，19（2）：187-189.
［8］ 北京化工研究院环境保护所/计算中心.国际化学品安全卡（中文版）查询系统［DB］.2016.

1-丁烯

1 名称、编号、分子式

1-丁烯在室温和常压下为无色、可燃性气体。在高浓度下可作为麻醉剂。其毒性约是乙烯的4.5倍。为重要的基础化工原料之一，是合成仲丁醇、脱氢制丁二烯的原料。与甲醛反应生成异戊二烯，可制成不同分子量的聚异丁烯聚合物以用作润滑油添加剂、树脂等，水合制叔丁醇，氧化制有机玻璃的单体甲基丙烯酸甲酯。1-丁烯基本信息见表11-1。

表 11-1　1-丁烯基本信息

中文名称	1-丁烯
中文别名	正丁烯；α-丁烯；乙基乙烯
英文名称	1-butylene
英文别名	alpha-butene；alpha-butylene；ethylethylene；n-butylene
UN号	1012
CAS号	106-98-9
ICSC号	0396
RTECS号	未被收录入化学物质毒性数据库
EC编号	203-449-2
分子式	C_4H_8
分子量	56.11

2 理化性质

1-丁烯在常温下为无色透明液体，是一种有机化合物。1-丁烯有高的毒性，也是一种致癌物质。能溶于大多数有机溶剂，不溶于水，与空气混合能形成爆炸性混合物。化学性质稳定。禁与强氧化剂、强酸、过氧酸、卤素等相配。应避免受热。1-丁烯理化性质一览表见表11-2。

表 11-2　1-丁烯理化性质一览表

外观与性状	无色无味压缩或液化气体
燃烧热/(kJ/mol)	-2719.1
熔点/℃	-185.4

沸点/℃	−6.3
相对密度(水＝1)	0.577
相对蒸气密度(空气＝1)	1.93
饱和蒸气压(25℃)/kPa	299.3
临界温度/℃	146.6
临界压力/MPa	4.023
辛醇/水分配系数的对数值	2.40
闪点/℃	−80
引燃温度/℃	385
爆炸上限(体积分数)/%	10.0
爆炸下限(体积分数)/%	1.6
溶解性	不溶于水,微溶于苯,易溶于乙醇、乙醚

3 毒理学参数

(1) 急性毒性 浓度在易燃范围为麻醉剂,小鼠吸入 2h,绝对麻醉浓度为 350g/m³, LC_{100} 为 600g/m³, LC_{50} 为 420g/m³。40g/m³ 时,兔屈肌反射受抑制。

(2) 亚急性和慢性毒性 小鼠吸入 6% 本品,20 次,处死后尸检见支气管、骨髓等呈刺激性病变。大鼠吸入 100mg/m³,140d(连续),血胆碱酯酶活性下降,白细胞总数减少。

(3) 代谢 多以蒸气形式经呼吸道侵入体内;液体 1-丁烯也可以少量的经皮肤侵入。1-丁烯可以在血液中进行代谢,阻断感觉神经冲动发生与传导。因此其有轻微麻醉作用。长期接触以丁烯为主的混合气体的工人,有头晕、头痛、嗜睡或失眠、易兴奋、易疲倦、全身乏力和记忆减退。

(4) 刺激性 有轻度麻醉和刺激作用,并可引起窒息。

(5) 危险特性 易燃,与空气混合能形成爆炸性混合物。遇热源和明火有燃烧爆炸的危险。若遇高热,可发生聚合反应,放出大量热量而引起容器破裂和爆炸事故。与氧化剂接触猛烈反应。气体比空气密度大,能在较低处扩散到相当远的地方,遇火源会着火回燃。

4 对环境的影响

4.1 主要用途

1-丁烯为重要的基础化工原料之一。1-丁烯是合成仲丁醇、脱氢制丁二烯的原料;顺、反 2-丁烯用于合成 C_4、C_5 衍生物及制取交联剂、叠合汽油等;异烯是制造丁基橡胶、聚异丁烯橡胶的原料,与甲醛反应生成异戊二烯,可制成不同分子量的聚异丁烯聚合物以用作润滑油添加剂、树脂等,水合制叔丁醇,氧化制有机玻璃的单体甲基丙烯酸甲酯。此外异丁烯还是抗氧剂叔丁基对甲酚和环氧树脂及有机合成原料。

用作标准气及配制特种标准混合气。

还用于制丁二烯、异戊二烯、合成橡胶等。

4.2 环境行为

非生物降解性：空气中，当羟基自由基浓度为 5.00×10^5 个/cm^3 时，降解半衰期为 12h（理论）。物质对环境有可能有危害，对鱼类应给予特别注意。还应特别注意对地表水、土壤、大气和饮用水的污染。

4.3 人体健康危害

（1）暴露/侵入途径　生产环境中的 1-丁烯，多以蒸气形式经呼吸道侵入体内；液体 1-丁烯也可以少量的经皮肤侵入。通过降低空气中的氧气含量引起人的窒息。长期接触以丁烯为主的混合气体的工人，有头晕、头痛、嗜睡或失眠、易兴奋、易疲倦、全身乏力和记忆减退，有时有黏膜慢性刺激症状。

（2）健康危害　未列入有毒物质中，但具有一定的窒息作用及麻醉作用，工作场所最高容许浓度为 $100mg/m^3$。应注意通风，严防漏气。在空气中的爆炸极限为 $1.6\% \sim 1.7\%$（体积分数）。在高浓度下可作为麻醉剂。其毒性约是乙烯的 4.5 倍，皮肤接触液体 1-丁烯会产生冻伤。吸入后可出现呼吸急促、迟钝、肌肉失调、判断错误、疲劳、恶心、呕吐等症状。

① 急性中毒。出现黏膜刺激症状、嗜睡、血压稍升高、心率增快。高浓度吸入可引起窒息、昏迷。

② 慢性中毒。长期接触以丁烯为主的混合性气体，工人有头痛、头晕、嗜睡或失眠、易兴奋、易疲倦、全身乏力、记忆力减退。有时有黏膜慢性刺激症状。

4.4 接触控制标准

中国 MAC（mg/m^3）：100。
前苏联 MAC（mg/m^3）：100。
美国 TLV-TWA：250ppm。
1-丁烯生产及应用相关环境标准见表 11-3。

表 11-3　1-丁烯生产及应用相关环境标准

标准名称	限制要求	标准值
中国（TJ 36—79）	车间空气中有害物质的最高容许浓度	$100mg/m^3$
前苏联（1975）	居民区大气中最大允许浓度	$3mg/m^3$（最大值、日均值）
前苏联（1975）	水体中有害物质最高允许浓度	$0.2mg/L$
—	嗅觉阈浓度	$59mg/m^3$

5　环境监测方法

5.1　现场应急监测方法

便携式气质联用仪法：携带使用专用注射器采集事故现场样品，诸如便携式气质联用仪开展现场监测，进行定性定量测定。

5.2 实验室监测方法

1-丁烯的实验室监测方法见表 11-4。

表 11-4   1-丁烯的实验室监测方法

监测方法	来源	类别
气相色谱法	《空气中有害物质的测定方法》(第二版)，杭士平主编	大气
直接进样-气相色谱法	《工作场所空气有毒物质测定烯烃类化合物》(GBZ/T 160.39—2007)	

6 应急处理处置方法

6.1 泄漏应急处理

（1）应急行为   迅速撤离泄漏污染区人员至上风处，并进行隔离，严格限制出入。切断火源。尽可能切断泄漏源。

（2）应急人员防护   建议应急处理人员戴自给正压式呼吸器，穿防静电工作服。

（3）环保措施   用工业覆盖层或吸附/吸收剂盖住泄漏点附近的下水道等地方，防止气体进入。合理通风，加速扩散。喷雾状水稀释。构筑围堤或挖坑收容产生的大量废水。如有可能，将漏出气用排风机送至空旷地方或装设适当喷头烧掉。漏气容器要妥善处理，修复、检验后再用。

（4）消除方法   用泡沫覆盖，降低蒸气灾害。喷雾状水或泡沫冷却和稀释蒸气、保护现场人员。用防爆泵转移至槽车或专用收集器内，回收或运至废物处理场所处置。

6.2 个体防护措施

（1）工程控制   生产过程密闭，加强通风。提供安全淋浴和洗眼设备。使用防爆型的通风系统和设备。在传送过程中，钢瓶和容器必须接地和跨接，防止产生静电。搬运时轻装轻卸，防止钢瓶及附件破损。配备相应品种和数量的消防器材及泄漏应急处理设备。

（2）呼吸系统防护   一般不需要特殊防护，高浓度接触时可佩戴自吸过滤式防毒面具（半面罩）。

（3）眼睛防护   戴化学安全防护眼镜。

（4）身体防护   穿防静电工作服。

（5）手防护   戴一般作业防护手套。

（6）其他   操作人员必须经过专门培训，严格遵守操作规程。远离火种、热源，工作场所严禁吸烟。避免长期反复接触。进入罐、限制性空间或其他高浓度区作业，须有人监护。

6.3 急救措施

（1）皮肤接触   脱去污染的衣着，用肥皂水和清水彻底冲洗皮肤。

（2）眼睛接触   提起眼睑，用流动清水或生理盐水冲洗。就医。

（3）吸入　迅速脱离现场至空气新鲜处。保持呼吸道通畅。如呼吸困难，给输氧。如呼吸停止，立即进行人工呼吸。就医。

（4）食入　饮足量温水，催吐。就医。

（5）灭火方法　切断气源。若不能切断气源，则不允许熄灭泄漏处的火焰。喷水冷却容器，可能的话将容器从火场移至空旷处。灭火剂：雾状水、泡沫、二氧化碳、干粉。

6.4　应急医疗

（1）诊断要点　有轻度麻醉和刺激作用，并可引起窒息。

① 急性中毒。出现黏膜刺激症状、嗜睡、血压稍升高、心率增快。高浓度吸入可引起窒息、昏迷。

② 慢性影响。长期接触以丁烯为主的混合性气体，工人有头痛、头晕、嗜睡或失眠、易兴奋、易疲倦、全身乏力、记忆力减退。有时有黏膜慢性刺激症状。

（2）处理原则　针对不同症状采取不同措施。应迅速将中毒患者移至空气新鲜处，立即脱去被 1-丁烯污染的衣服，用肥皂水清洗被污染的皮肤。急性期应卧床休息。保持呼吸道通畅，吸氧，及时清除呼吸道分泌物、异物和呕吐物；必要气管插管、机械通气，维持呼吸功能。对创伤病人要注意保护颈椎。治疗主要针对神经衰弱及造血系统损害所致血液疾病对症处理。针对病人血压增高心率加快采取相应措施。针对出现黏膜刺激的患者，应及时清洗伤口。

（3）预防措施　密闭操作，全面通风。操作人员必须经过专门培训，严格遵守操作规程。远离火种、热源，工作场所严禁吸烟。使用防爆型的通风系统和设备。防止气体泄漏到工作场所空气中。避免与氧化剂、酸类接触。在传送过程中，钢瓶和容器必须接地和跨接，防止产生静电。搬运时轻装轻卸，防止钢瓶及附件破损。配备相应品种和数量的消防器材及泄漏应急处理设备。

7　储运注意事项

7.1　储存注意事项

储存于阴凉、通风的易燃气体专用库房。远离火种、热源。库温不宜超过 30℃。应与氧化剂、酸类分开存放，切忌混储。采用防爆型照明、通风设施。禁止使用易产生火花的机械设备和工具。储区应备有泄漏应急处理设备。

7.2　运输信息

危险货物编号：21019。

UN 编号：1114。

包装类别：Ⅱ。

包装方法：钢制气瓶；安瓿瓶外普通木箱。

运输注意事项：该品铁路运输时限使用耐压液化气企业自备罐车装运，装运前需报有关部门批准。采用钢瓶运输时必须戴好钢瓶上的安全帽。钢瓶一般平放，并应将瓶口朝同一方向，不可交叉；高度不得超过车辆的防护栏板，并用三角木垫卡牢，防止滚动。运输时运输车辆应配备相应品种和数量的消防器材。装运该物品的车辆排气管必须配备阻火装置，禁止使用易产生火花的机械设备和工具装卸。严禁与氧化剂、酸类等混装混运。夏季应早晚运输，防止日光曝晒。中途停留时应远离火种、热源。公路运输时要按规定路线行驶，勿在居民区和人口稠密区停留。铁路运输时要禁止溜放。

7.3 废弃

（1）废弃处置方法 用焚烧法处置。

（2）废弃注意事项 处置前应参阅国家和地方有关法规。

8 参考文献

［1］ 周国泰.危险化学品安全技术全书［M］.北京：化学工业出版社，1997.

［2］ 付玉川，陈翠翠，杨俊伟.1-丁烯生产工艺及其应用概述［J］.山西化工，2013，33（6）：21-24.

［3］ 周承彦.国内丁烯-1的生产科研概况［J］.石化技术与应用，1984，（1）：50-53.

［4］ 朱新远，郭美莲.1-丁烯的分离与综合利用［J］.广州化工，2013，41（18）：27-29.

［5］ 国家环境保护局有毒化学品管理办公室.化学品毒性、法规、环境数据手册［M］.北京：中国环境科学出版社，1992.

［6］ 高德忠，胡玉安，孔德林，等.丁烯资源及应用［J］.当代化工，2004，33（3）：129-133.

［7］ 杨德昌.混合 C_4 中正丁烯综合利用分析［J］.中国化工贸易，2014，（17）：124.

［8］ 高翔，赵盛，魏新明，等.毛细管柱气相色谱法测定作业场所空气中1-丁烯和1,3-丁二烯［J］.化学分析计量，2015，24（3）：45-47.

［9］ 万本太.突发性环境污染事故应急监测与处理处置技术［M］.北京：中国环境科学出版社，2006.

2,2-二甲基丙烷

1 名称、编号、分子式

2,2-二甲基丙烷是无色气体或极易挥发的液体，可由氯化叔丁基与甲基氯化镁反应而得。2,2-二甲基丙烷基本信息见表 12-1。

表 12-1　2,2-二甲基丙烷基本信息

中文名称	2,2-二甲基丙烷
中文别名	新戊烷
英文名称	2,2-dimethylpropane
英文别名	neopentane
UN 号	2044
CAS 号	463-82-1
分子式	C_5H_{12}
分子量	72.15

2 理化性质

2,2-二甲基丙烷是无色气体或极易挥发的液体，不溶于水，具有乙醇溶解性，可溶于乙醚。2,2-二甲基丙烷理化性质一览表见表 12-2。

表 12-2　2,2-二甲基丙烷理化性质一览表

外观与性状	无色气体或极易挥发的液体
熔点/℃	−19.5
沸点/℃	9.5
相对密度（水＝1）	0.59
相对蒸气密度（空气＝1）	2.48
饱和蒸气压/kPa	146.63
临界温度/℃	160.6
临界压力/MPa	3.2
辛醇/水分配系数的对数值	3.11

闪点/℃	—22
自燃温度/℃	550
爆炸上限（体积分数）/%	7.5
爆炸下限（体积分数）/%	1.3
溶解性	水溶性:不溶;乙醇溶解性:可溶;乙醚溶解性:可溶
化学性质	与空气接触能形成爆炸性混合物。会引起静电积聚而点燃其蒸气。燃烧产生一氧化碳、二氧化碳

3 毒理学参数

(1) 急性毒性 LC$_{50}$：380g/m^3，2h（大鼠吸入）。大鼠吸入 270g/m^3，2h，侧倒。

(2) 亚急性和慢性毒性 动物吸入 25.2mg/m^3、116mg/m^3、332mg/m^3、800mg/m^3，117d，未见中毒反应。

(3) 危险特性 与氧化剂接触发生强烈反应，引起燃烧爆炸。其蒸气比空气密度大，能在较低处扩散到相当远的地方，遇明火会引起回燃。

其蒸气与空气混合能形成爆炸性混合物。遇热源和明火有燃烧爆炸的危险。

4 对环境的影响

4.1 主要用途

2,2-二甲基丙烷作为汽油的组成成分，用以制备汽油。

4.2 环境行为

该物质对环境可能有危害，尤其在鱼类体内易富集，应给予特别注意。会残留在环境中，不易降解，会对地表水、土壤、大气产生一定的污染。

4.3 人体健康危害

(1) 暴露/侵入途径 食入、经皮吸收。

(2) 健康危害 高浓度可引起眼与呼吸道黏膜轻度刺激症状和麻醉状态，重者意识丧失。长期接触可致轻度皮炎。

(3) 急性中毒 引起眼与呼吸道黏膜轻度刺激症状和麻醉状态，重者意识丧失。

(4) 慢性中毒 可致轻度皮炎。

4.4 接触控制标准

前苏联 MAC（mg/m^3）：300。

美国 TVL-TWA（mg/m^3）：1800。

2,2-二甲基丙烷生产及应用相关环境标准见表12-3。

表 12-3　2,2-二甲基丙烷生产及应用相关环境标准

标准编号	限制要求	标准值
GB 16297—1996	大气污染物综合排放标准	最高允许排放浓度:120mg/m³ 最高允许排放速率: 二级 10~100kg/h;三级 16~150kg/h 无组织排放监控浓度限值:4.0mg/m³

5　环境监测方法

5.1　现场应急监测方法

便携式气相色谱法。

5.2　实验室监测方法

2,2-二甲基丙烷的实验室监测方法见表 12-4。

表 12-4　2,2-二甲基丙烷的实验室监测方法

监测方法	来源	类别
气相色谱法	《分析化学手册》(第四分册,色谱分析),化学工业出版社	气体

6　应急处理处置方法

6.1　泄漏应急处理

(1)　应急行为　迅速撤离泄漏污染区人员至上风处,并立即进行隔离,严格限制出入。切断火源。

(2)　应急人员防护　戴自给正压式呼吸器,穿消防防护服。

(3)　环保措施　尽可能切断泄漏源。用工业覆盖层或吸附/吸收剂盖住泄漏点附件的下水道等地方,防止气体进入。合理通风,加速扩散。喷雾状水稀释。同时喷雾状水使周围冷却,以防其他可燃物着火。若是液体,防止进入下水道、排洪沟等限制性空间。小量泄漏:用砂土或其他不燃材料吸附或吸收。大泄漏:构筑围堤或挖坑收容;用泡沫覆盖,降低蒸气灾害。

(4)　消除方法　用防爆泵转移至槽车或专用收集器内,回收或运至废物处理所处置。或用管路导至炉中、凹地焚之。如无危险,就地燃烧。

6.2　个体防护措施

(1)　工程控制　生产过程密闭,全面通风。提供良好的自然通风条件。

(2)　呼吸系统防护　一般不需要特殊防护,但建议特殊情况下,佩戴自吸过滤式防毒面具(半面罩)。

(3)　眼睛防护　一般不需要特殊防护,高浓度接触时可戴化学安全防护眼镜。

(4)　身体防护　穿防静电工作服。

(5) **手防护** 戴一般作业防护手套。

(6) **饮食** 工作现场严禁吸烟。

(7) **其他** 工作现场严禁吸烟。避免高浓度吸入。进入罐、限制性空间或其他高浓度区作业，须有人监护。

6.3 急救措施

(1) **皮肤接触** 脱去被污染的衣着，用肥皂水和清水彻底冲洗皮肤。

(2) **眼睛接触** 提起眼睑，用流动清水或生理盐水冲洗。就医。

(3) **吸入** 提起眼睑，用流动清水或生理盐水冲洗。就医。

(4) **食入** 饮足量温水，催吐，就医。

(5) **灭火方法** 切断气源。若不能立即切断气源，则不允许熄灭正在燃烧的气体。喷水冷却容器，可能的话将容器从火场移至空旷处。用雾状水、泡沫、干粉、二氧化碳作灭火剂。

6.4 应急医疗

(1) **诊断要点** 高浓度会引起眼与呼吸道黏膜轻度刺激症状和麻醉状态，重者意识丧失。长期接触可致轻度皮炎。长期接触可致轻度皮炎。

(2) **处理原则** 用肥皂水和清水彻底冲洗皮肤，并饮足量温水。

(3) **预防措施** 定期对职业接触的人员进行体格检查，早期发现症状，并对患者进行脱离接触或必要的解毒处理。但定期体检，以期及早发现与确诊是十分重要的。加强环境监测及一般防护措施，其原则与预防办法与防护其他职业病相同。对可疑的致癌因素，要进行周密的调查研究与人群调查，以便确定需要采取怎样的防护措施。

7 储运注意事项

7.1 储存注意事项

储存于阴凉、通风仓间内。仓内温度不宜超过 30℃。远离火种、热源，防止阳光直射。保持容器密封。应与氧化剂等分开存放。储存间内的照明、通风等设施应采用防爆型，开关设在仓外。配备相应品种和数量的消防器材。桶装堆垛不可过大，应留墙距、顶距、柱距及必要的防火检查走道。若是储罐存放，储罐处要有禁火标志和防火防爆技术措施。禁止使用易产生火花的机械装备和工具。灌装时注意流速（不超过 3m/s），且有接地装置，防止静电积聚。

7.2 运输信息

危险货物编号：21013。

UN 编号：2044。

包装类别：Ⅱ。

包装方法：钢制气瓶，安瓿瓶外普通木箱。

运输注意事项：运输前应先检查包装容器是否完整、密封，运输过程中要确保容器不泄漏、不倒塌、不坠落、不损坏。运输时运输车辆应配备泄漏应急处理设备。运输途中应防曝晒、雨淋，防高温。公路运输时要按照规定路线行驶，勿在居民区和人口稠密区停留。铁路运输时应严格按照铁道部《危险货物运输规则》中的危险货物配备表进行装配。起运时包装要完整，装运要稳妥。运输过程中要确保容器不泄漏、不倒塌、不坠落、不损坏。

7.3　废弃

（1）废弃处置方法　处置前应参阅国家和地方有关法规，一般允许气体安全扩散到大气或当作燃料使用。

（2）废弃注意事项　处置前应参阅国家和地方有关法规。或与厂家或制造商联系，确定处置方法。废物储存参见"储存注意事项"。

8　参考文献

［1］万本太.突发性环境污染事故应急监测与处理处置技术［M］.北京：中国环境科学出版社，2006.

［2］彭国治，王国顺.分析化学手册（第四分册）［M］.北京：化学工业出版社，2000.

［3］王晶.2,2-二甲基环丙烷衍生物的设计、合成与生物活性研究［D］.天津：天津师范大学，2008.

［4］韩文先.2,2-二甲基环丙烷甲酰基硫脲化合物的合成与表征［J］.化工管理，2012，（1）：53-54.

［5］郑振涛，佟惠娟，刘天华，等.2,2-二甲基环丙烷甲酸的合成与拆分［J］.辽宁化工，2007，36（12）：802-804.

［6］天津市固体废物及有毒化学品管理中心.危险化学品环境数据手册［M］.天津：天津市固体废物及有毒化学品管理中心，2005：219-221.

［7］北京化工研究院环境保护所/计算中心.国际化学品安全卡（中文版）查询系统［DB］.2016.

2,4-二氯苯酚

1 名称、编号、分子式

2,4-二氯苯酚又称 2,4-二氯酚，通常由苯酚在铁催化下与氯气作用制得：

将熔融的苯酚抽入氯化罐和吸收罐，加热到 50～60℃，通入氯气，氯气先进入氯化罐，再串联进入吸收罐，尾气通入石墨薄膜吸收塔，用水吸收尾气中的氯化氢。反应罐的夹套及盘管通冷却水移出反应热。当氯化罐物料的相对密度达到 1.402～1.405（40℃）时为氯化终点，停止通氯气，从氯化罐放出 2,4-二氯苯酚。下一批氯化时，原吸收罐作为氯化罐，先通入新鲜氯气，而原氯化罐抽入原料苯酚作为吸收罐使用。2,4-二氯苯酚基本信息见表 13-1。

表 13-1 2,4-二氯苯酚基本信息

中文名称	2,4-二氯苯酚
中文别名	2,4-二氯酚；2,4-双氯酚
英文名称	2,4-dichlorophenol
英文别名	dichlorophenol(2,4-)；1-hydroxy-2,4-dichlorobenzene
UN 号	2020
CAS 号	120-83-2
ICSC 号	0438
RTECS 号	SK8575000
分子式	$C_6H_4Cl_2O$
分子量	163.00

2 理化性质

2,4-二氯苯酚为白色固体结晶，有酚臭，易燃。2,4-二氯苯酚理化性质一览表见表 13-2。

表 13-2 2,4-二氯苯酚理化性质一览表

外观与性状	无色固体,有特殊气味
熔点/℃	45
沸点/℃	210

闪点(开杯)/℃	114
相对密度(水＝1)	1.38
相对蒸气密度(空气＝1)	5.62
辛醇/水分配系数的对数值	3.06
饱和蒸气压(53℃)/kPa	0.13
溶解性	微溶于水,易溶于乙醇、乙醚、苯、四氯化碳
稳定性	稳定

3 毒理学参数

(1) 急性毒性 LD$_{50}$：580mg/kg（大鼠经口）；430mg/kg（大鼠腹腔）。

(2) 慢性毒性或长期毒性 患肺癌、直肠癌、子宫颈癌的概率相对增大。

(3) 致敏感性 可能引起过敏性皮肤炎。

(4) 刺激性 家兔经眼：500mg（24h），轻度刺激。

(5) 致癌性 国际癌症研究机构（IARC）将之列入 2B 类致癌物清单中。

(6) 危险特性 遇明火、高热可燃。与强氧化剂可发生反应。受高热分解产生有毒的腐蚀性气体。

4 对环境的影响

4.1 主要用途

2,4-二氯苯酚可用于有机合成，制造农药除草醚（2,4-D）、2,4-衍生物（杀菌剂等）、伊比磷及医药硫双二氯酚的中间体，以及用于制造防蛀、防腐和种子消毒的某些甲基化合物。

4.2 环境行为

(1) 代谢和降解 本品不易蒸发，在水体中可生物降解。大气中几乎以蒸气态存在，可直接光降解，可与光解产物羟基和臭氧反应，随雨水降落地面。遇明火、高热可燃。与强氧化剂可发生反应。受高热分解产生有毒的腐蚀性气体。燃烧时，生成氯化氢腐蚀性气体。加热时，生成有毒氯化物烟雾。与强氧化剂激烈反应。

(2) 残留与蓄积 非解离型较解离型 2,4-二氯苯酚更易吸附于土壤中。使用防腐剂以消灭霉菌的锯木厂，因防腐剂中含有氯酚，在工厂邻近的土壤中发现含 20mg/kg 的 2,4-二氯苯酚，其深度至少 2cm 以上。在天然水中，一般检不出酚类化合物，如果受到石油化工、焦化、医药、农药、印染、有机材料、木材防腐、造纸等工业企业的"三废"污染，水源会含有该类物质。2,4-二氯苯酚对水生生物是有毒的。

(3) 迁移转化 陆地上部分被土壤吸附，迁移能力中下，离子态时更易迁移，吸附能力随着土壤中的 pH 值而定。

化合物的形态随着水体中 pH 值而定，且水表面的光解作用是重要途径，半衰期为 0.7~3.0h，水越深半衰期也就越长。

当温度 25℃、蒸气压 16Pa 状态下以蒸气的形态扩散至周围大气中，经与具羟基的光化学物质形成降解反应的半衰期为 15d。物理反应中，可经由湿降作用移除。

食物链浓缩可能性：在鲤鱼中的 BCF 为 7.1~69。

4.3 人体健康危害

(1) 暴露/侵入途径　吸入、摄入、经皮吸收。

(2) 健康危害　2,4-二氯苯酚可经由吸入、皮肤接触或误食而使人体中毒，粉尘或固状毒物会刺激或灼伤眼睛、黏膜、呼吸道及皮肤。在口腔和喉咙有灼热性疼痛、呕吐及出血性痢疾；脸色苍白、头昏、耳鸣；严重者会因为呼吸或心脏衰竭死亡。疑似致癌物质。

主要症状如下。

① 吸入。烧灼感，咽喉痛，咳嗽，气促。

② 皮肤。可能被吸收，发红，疼痛，水疱。

③ 眼睛。发红，疼痛，严重深度烧伤。

④ 食入。烧灼感，腹部疼痛，震颤，虚弱，惊厥，呼吸困难，休克或虚脱。

4.4 接触控制标准

2,4-二氯苯酚生产及应用相关环境标准见表 13-3。

表 13-3　2,4-二氯苯酚生产及应用相关环境标准

标准编号	限制要求	标准值
中国(GHZB 1—1999)	地表水环境质量标准(Ⅰ、Ⅱ、Ⅲ类水域)	0.093mg/L
中国(GB 8978—1996)	污水综合排放标准	一级:0.6mg/L 二级:0.8mg/L 三级:1.0mg/L
—	空气中嗅觉阈浓度	0.21ppm
—	水中嗅觉阈浓度	0.002mg/L

5　环境监测方法

5.1　现场应急监测方法

快速检测管法；便携式气相色谱法（《突发性环境污染事故应急监测与处理处置技术》，万本太主编）。

直接进水样气相色谱法。

5.2　实验室监测方法

2,4-二氯苯酚的实验室监测方法见表 13-4。

表 13-4　2,4-二氯苯酚的实验室监测方法

监测方法	来源	类别
气相色谱法	《城市和工业废水中有机化合物分析》,王克欧等编	水质
气相色谱法	《固体废弃物试验分析评价手册》,中国环境监测总站等译	固体废物
色谱质谱法	《水和废水标准检验法》19 版译文,江苏省环境监测中心	水质

6　应急处理处置方法

6.1　泄漏应急处理

(1) 应急行为　迅速撤离泄漏污染区人员至安全区,并进行隔离,严格限制出入。周围设警告标志。

(2) 应急人员防护　建议应急处理人员戴好防毒面具,穿化学防护服。不要直接接触泄漏物。

(3) 环保措施　尽可能切断泄漏源,防止进入下水道、排洪沟等限制性空间。

(4) 消除方法　用砂土、干燥石灰或苏打灰混合,用清洁的铲子收集于干燥、洁净、有盖的容器中,运至废物处理场所。也可以用大量水冲洗。经稀释的洗水放入废水系统。如大量泄漏,收集回收或无害处理后废弃。

水体被污染的情况主要有:水体沿岸上游污染源的事故排放;陆地事故（如交通运输过程中的翻车事故）发生后经土壤流入水体,也有槽罐直接翻入路边水体的情况。

① 水体被污染的情况可按以下方法处理。

a.查明水体沿岸排放废水的污染源,阻止其继续向水体排污。

b.如果是液体 2,4-二氯苯酚的槽车发生交通事故,应设法堵住裂缝,或迅速筑一道土堤拦住液流;如果是在平地,应围绕泄漏地区筑隔离堤;如果泄漏发生在斜坡上,则可沿污染物流动路线,在斜坡的下方筑拦液堤。在某些情况下,在液体流动的下方迅速挖一个坑也可以达到阻截泄漏的污染物的同样效果。

c.在拦液堤或拦液坑内收集到的液体须尽快移到安全密封的容器内,操作时采取必要的安全保护措施。

d.已进入水体中的液体或固体 2,4-二氯苯酚处理较困难,通常采用适当措施将被污染水体与其他水体隔离的手段,如可在较小的河流上筑坝将其拦住,将被污染的水抽排到其他水体或污水处理厂。

② 土壤被污染的情况可按以下方法处理。

a.固体 2,4-二氯苯酚污染土壤的处理方法较为简单,使用简单工具将其收集至容器中,视情况决定是否要将表层土剥离做焚烧处理。

b.液体 2,4-二氯苯酚污染土壤时,应迅速设法制止其流动,包括筑堤、挖坑等措施,以防止污染面扩大或进一步污染水体。

c.最为广泛应用的方法是使用机械清除被污染土壤并在安全区进行处置,如焚烧。

d.如环境不允许大量挖掘和清除土壤时,可使用物理、化学和生物方法消除污染。如对地表干封闭处理;地下水位高的地方采用注水法使水位上升,收集从地表溢出的水;让土壤保持松散或通过翻耕以促进苯酚蒸发的自然降解法等。

6.2　个体防护措施

(1) 工程控制　严加密闭,提供充分的局部排风。提供安全淋浴和洗眼设备。

（2）呼吸系统防护　空气中浓度较高时，应该佩戴防毒面具。紧急事态抢救或逃生时，佩戴自给式呼吸器。

（3）眼睛防护　戴化学安全防护眼镜。

（4）身体防护　穿相应的防护服。

（5）手防护　戴防化学品手套。

（6）其他　工作现场禁止吸烟、进食和饮水。工作后，彻底清洗。单独存放被毒物污染的衣服，洗后再用。注意个人清洁卫生。

6.3　急救措施

（1）皮肤接触

① 脱掉并隔离污染的衣物及鞋袜。

② 立即用清水冲洗患部至少 20min。

③ 接触到液化气体时，结冻部分以温水解冻。

④ 注意保暖，立即送医。

⑤ 小量皮肤接触应避免将此物质涂散于未受污染的皮肤。

（2）眼睛接触　立即撑开上下眼皮，用大量清水冲洗至少 20min 以上。

（3）吸入

① 立即将患者移至空气新鲜处，联络急救医疗救助。

② 若呼吸停止，给予人工呼吸（利用单向活门口罩），若患者食入或吸入有害物质，不可用口对口人工呼吸法。

③ 若患者呼吸困难时，立即供应氧气。

④ 吸入此物质时，对人体的危害效应会有延迟现象。

⑤ 注意保暖，立即送医。

（4）食入　漱口，不要催吐，给予医疗护理。

（5）灭火方法　小火时：以化学干粉、二氧化碳灭火器或水雾来控制火势。大火时：以化学干粉、二氧化碳、抗酒精型泡沫灭火器或水雾来控制火势。

6.4　应急医疗

（1）诊断要点

① 有无明确化学物质接触史。

② 检测现场有毒气体浓度。

③ 患者临床表现及临床实验室检查。

（2）处理原则　给予供氧、对症及营养支持治疗。

（3）预防措施　对 2,4-二氯苯酚作业工人进行上岗前和定期健康检查，及时发现就业禁忌证和早期发现中毒病人及时处理。

7　储运注意事项

7.1　储存注意事项

储存于阴凉、通风仓间内。远离火种、热源。防止阳光直射。保持容器密封。应与氧化剂、食用化工原料分开存放。搬运时要轻装轻卸，防止包装及容器损坏。分装和搬运作业要注意个人防护。

7.2 运输信息

危险货物编号：61704。

包装类别：Ⅲ。

包装方法：塑料袋或两层牛皮纸袋外全开口或中开口钢桶；螺纹口玻璃瓶、铁盖压口玻璃瓶、塑料瓶或金属桶（罐）外普通木箱；螺纹口玻璃瓶、塑料瓶或镀锡薄钢板桶（罐）外满底板花格箱、纤维板箱或胶合板箱。

运输注意事项：运输前应先检查包装容器是否完整、密封，运输过程中要确保容器不泄漏、不倒塌、不坠落、不损坏。严禁与酸类、氧化剂、食品及食品添加剂混运。运输途中应防曝晒、雨淋，防高温。

7.3 废弃

（1）废弃处置方法 废弃物：用焚烧法。把废料溶于易燃溶剂后，再焚烧。焚烧炉要有后燃烧室，焚烧炉排出的气体要通过洗涤器除去有害成分。

① 处理废弃物时，须遵守环保部门的规定。

② 旋转窑焚化温度为 $820\sim1600℃$，停留时间为数秒至数小时。

③ 废水处理 2,4-二氯苯酚时可用生物处理，溶剂萃取，树脂吸附。

④ 溶于可燃性溶剂，喷入焚化炉中焚化，焚化温度太高会产生戴奥辛。

（2）废弃注意事项 处置前应参阅国家和地方有关法规。

8 参考文献

［1］ 环境保护部.国家污染物环境健康风险名录（化学第一分册）［M］.北京：中国环境科学出版社，2009.

［2］ 万本太.突发性环境污染事故应急监测与处理处置技术［M］.北京：中国环境科学出版社，2006.

［3］ 北京化工研究院环境保护所/计算中心.国际化学品安全卡（中文版）查询系统［DB］.2016.

［4］ 胡望钧.常见有毒化学品环境事故应急处置技术与监测方法［M］.北京：中国环境科学出版社，1993.

［5］ Corre C，Couriol C，Amrane A，Dumont E，Andres Y，Le Cloirec P. Efficiency of biological activator formulated material（BAFM）for volatile organic compounds removal——preliminary batch culture tests with activated sludge［J］.Environ Technol，2012，33（13-15）：1671-1676.

［6］ Lin S L，Wu Y R，Lin T Y，Fuh M R. Preparation and evaluation of poly（alkyl methacrylate-co-methacrylic acid-co-ethylene dimethacrylate）monolithic columns for separating polar small molecules by capillary liquid chromatography［J］.Anal Chim Acta，2015，871：57-65.

［7］ 詹姆斯 E 朗博顿，詹姆斯 J 利希滕伯格.城市和工业废水中有机化合物分析［M］.王克欧等译.北京：学术期刊出版社，1989.

二硝基苯胺

1 名称、编号、分子式

二硝基苯胺又称 2,4-二硝基苯胺或间二硝基苯胺，间硝基苯胺为有毒化学品，其毒性比苯胺大，是一种有累积效应的危险品。通常以硝基苯为原料，以硝酸和硫酸配成混酸进行硝化生成间二硝基苯，经亚硫酸精制，得间二硝基苯成品。然后经多硫化钠（用硫黄和硫化钠为原料，制取多硫化钠）部分还原而得，反应产物经重结晶、过滤得成品。也可由 2,4-二硝基氯苯加压氨解而得。在氨解反应锅内加入 15kg 拉开粉（1,2-二丁基萘-6-磺酸钠）、300kg 2,4-二硝基氯苯、1350L 氨水（含氨 150kg），加热，在 1h 左右升温到 80℃，停止加热。控制反应温度为 108～110℃，压力为 0.35～0.4MPa。保温反应 4h 后泄压。放出的氨气用水吸收回用。反应液冷却至 35℃ 以下过滤，滤饼用冷水洗涤到接近中性，得成品。收率 90%～95%。二硝基苯胺基本信息见表 14-1。

表 14-1 二硝基苯胺基本信息

中文名称	二硝基苯胺
中文别名	间二硝基苯胺(2,4-二硝基苯胺)； 1-氨基-2,6-二硝基苯(2,6-二硝基苯胺)
英文名称	dinitroaniline
英文别名	dinitrophenylamine(2,4-dinitroaniline)； 1-amino-2,6-dinitrobenzene(2,6-dinitroaniline)
UN 号	1596
CAS 号	97-02-9
ICSC 号	1107
RTECS 号	BX9100000
分子式	$(O_2N)_2C_6H_3NH_2$
分子量	183.13

2 理化性质

二硝基苯胺具有氨基和硝基，以及苯环的一般化学通性，例如与酸反应可生成盐，加氢反应生成二苯胺等。二硝基苯胺理化性质一览表见表 14-2。

表 14-2　二硝基苯胺理化性质一览表

外观与性状	黄色针状结晶或浅绿黄色片状或亮黄色固体
熔点/℃	187～188
沸点/℃	306（分解）
闪点/℃	224
水溶解性（20℃）/(g/L)	0.06
饱和蒸气压（119.3℃）/kPa	0.13
溶解性	微溶于水，溶于乙醇和乙醚，易溶于无机酸溶液。1g 间硝基苯胺可溶于 880mL 水，约 20mL 乙醇，18mL 乙醚，11.5mL 甲醇
稳定性	稳定

3　毒理学参数

（1）急性毒性　大鼠经口 LD_{50}：285mg/kg；大鼠腹膜腔 LDL_0：250mg/kg；小鼠经口 LD_{50}：370mg/kg；小鼠腹膜腔 LDL_0：400mg/kg；豚鼠经口 LD_{50}：1050mg/kg；鹌鹑经口 LD_{50}：562mg/kg；狗腹膜腔 LDL_0：70mg/kg。

（2）生殖毒性　受孕 1～7d 的大鼠吸入 TCL_0：1100μg/m^3，持续 4h，性染色体突变；受孕 1～7d 的大鼠吸入 TCL_0：17mg/m^3，持续 4h，性染色体缺失。

（3）致突变性　突变微生物试验：细菌-鼠伤寒沙门菌，10μg/皿；突变微生物试验：细菌-鼠伤寒沙门菌，2μg/皿；非定性 DNA 综合试验：大鼠肝脏，50μmol/L。

（4）刺激性　家兔经眼：500mg（24h），轻度刺激。

（5）代谢　用 ^{14}C 标记的二甲戊乐灵在小鼠体内的排泄、代谢及残留的研究结果表明，对于进入小鼠体内的二甲戊乐灵，小鼠能够通过小便和粪便迅速排泄出去，它们的排量浓度分别为 7.3mg/kg、37mg/kg。在 96h 后，体内脂肪的残留量为 0.9mg/kg，而在其他组织中则小于 0.3mg/kg。

（6）危险特性　遇明火、高热可燃。受热分解产生有毒的烟气。与强氧化剂接触可发生化学反应。具有爆炸性，但只有在强起爆药引爆下才能起爆。

4　对环境的影响

4.1　主要用途

二硝基苯胺用于制造偶氮染料及分散染料，也可用作印刷油墨的调色剂和制取防腐剂等。

该品是分散染料、中性染料、硫化染料、有机颜料的中间体。用于生产硫化深蓝 3R、分散红 B、分散紫 2R 等染料。也用于其他有机合成，生产农药二硝散等，以及用作印刷油墨的调色剂和制取防腐剂。

4.2　环境行为

（1）代谢和降解　二硝基苯胺类除草剂为土壤处理剂，在作物播前或移栽前或播后苗前施用。因此首先使土壤受到污染。除草剂在土壤中的移动一般通过大量流动和扩散两种作用。大量流动系由外力造成，如农田土壤翻耕引起的农药移位，地表径流和土壤水渗滤淋溶作用引起的农药转移等。扩散作用则与土壤性质有关，土壤含水量、土壤相对密度、紧实度、孔隙度、温度以及吸附作用等均影响其扩散作用。

除草剂在水体中的迁移主要来自含有除草剂的土壤迁移，其方式为经地面径流进入水体或经渗滤液通过土层而至地下水，其中以地面径流最为主要。另外农药厂排污也使大量农药进入水体。

二硝基苯胺类除草剂易于挥发，并且在加工生产运输、喷洒过程、农作物废弃物燃烧等过程中也可在一定时期内造成高浓度的大气污染。

（2）残留与蓄积　由于大多数除草剂在农业生产上用量都比较低，一般情况下每公顷土地只使用 0.5～5kg，而且 1 年内往往只处理 1 次，故相对而言除草剂的毒性影响不大。对于一些食品的检验分析，除草剂极少超过允许量。

大多数除草剂对人畜的急性毒性比较低，极少有急性中毒发生。需要引起注意的是使用除草剂造成农产品中残留而污染食品，通过食物链而使人畜发生慢性危害作用。另外，尚应注意通过畜产品的途径，一般情况下除草剂在牛奶和奶油中无残留或残留很低，但如果对牲畜大量长期饲喂除草剂含量较高的饲料，牲畜奶中也可有较多除草剂的残留，故应加以注意。

（3）迁移转化　除草剂在进入土壤生态系统后，也进行着一系列的变化。首先是农药的非生物降解，这是消除土壤中残留农药的重要途径，其主要降解过程包括化学水解、光化学分解和氧化还原等。易于挥发和光解是二硝基苯胺类除草剂的突出特性。其次是生物降解途径，土壤能分解农药的微生物种类很多，迄今已知的有细菌、真菌、放线菌、酵母菌等；此外还有一些单细胞藻类也参与降解过程。在农药的降解过程中，生物因素是极为重要的，生物降解可以将农药分子分解为无机物，且速度较快。

除草剂施入环境后，有一部分进入到动物、植物与微生物等生物体内，继而可随生物的移动而发生转移。尤其重要的是通过生态系统的食物链而导致生物体间农药的转移分布。

4.3　人体健康危害

（1）暴露/侵入途径　吸入、摄入、经皮吸收。

（2）健康危害　对眼睛、黏膜、呼吸道及皮肤有刺激作用。吸收进入体内导致形成高铁血红蛋白而引起紫绀。中毒表现有恶心、眩晕、头痛。吸入、摄入或经皮肤吸收可能致死。

4.4　接触控制标准

二硝基苯胺生产及应用相关环境标准见表 14-3。

表 14-3　二硝基苯胺生产及应用相关环境标准

标准编号	限制要求	标准值
中国（GB 3838—2002）	测定水中苯胺类化合物	0.03～1.6mg/L
前苏联	车间空气中有害物质的最高容许浓度	0.2mg/m^3

5 环境监测方法

5.1 现场应急监测方法

快速检测管法；便携式气相色谱法（《突发性环境污染事故应急监测与处理处置技术》，万本太主编）。

5.2 实验室监测方法

二硝基苯胺的实验室监测方法见表14-4。

表 14-4 二硝基苯胺的实验室监测方法

监测方法	来源	类别
N-(1-萘基)乙二胺偶氮分光光度法	《地表水环境质量标准》（GB 3838—2002）	水质
盐酸萘乙二胺分光光度法	《空气质量 苯胺类的测定 盐酸萘乙二胺分光光度法》（GB/T 15502—1995）	空气
气相色谱法	《空气和废气监测分析方法》，国家环境保护总局空气和废气监测分析方法编写组	水及空气

6 应急处理处置方法

6.1 泄漏应急处理

（1）应急行为 迅速撤离泄漏污染区人员至安全区，并进行隔离，严格限制出入。周围设警告标志。

（2）应急人员防护 建议应急处理人员戴自给正压式呼吸器，穿消防防护服。不要直接接触泄漏物。

（3）环保措施 尽可能切断泄漏源，防止进入下水道、排洪沟等限制性空间。

（4）消除方法 小量泄漏：避免扬尘，用洁净的铲子收集于干燥、洁净、有盖的容器中。也可以用大量水冲洗，洗水稀释后放入废水系统。大量泄漏：用水润湿，然后收集回收或运至废物处理场所处置。

6.2 个体防护措施

（1）工程控制 严加密闭，提供充分的局部排风。提供安全淋浴和洗眼设备。

（2）呼吸系统防护 空气中浓度较高时，应该佩戴防毒面具。紧急事态抢救或逃生时，佩戴自给式呼吸器。

（3）眼睛防护 戴化学安全防护眼镜。

（4）身体防护 穿紧袖工作服、长筒胶鞋。

（5）手防护 戴橡胶手套。

（6）其他 工作现场禁止吸烟、进食和饮水。及时换洗工作服。工作前不饮酒，用温水洗澡。进行就业前和定期的体检。

6.3 急救措施

（1）皮肤接触 立即脱去污染的衣着，用肥皂水及清水彻底冲洗。注意手、足和指甲等部位。

（2）眼睛接触 立即提起眼睑，用大量流动清水或生理盐水冲洗。

（3）吸入 迅速脱离现场至空气新鲜处。呼吸困难时给输氧。呼吸停止时，立即进行人工呼吸。就医。

（4）食入 误服者给漱口，饮水，洗胃后口服活性炭，再给以导泻。就医。

（5）灭火方法 采用雾状水、泡沫、干粉、二氧化碳、砂土灭火。

6.4 应急医疗

（1）诊断要点 2,4-二硝基苯胺毒性作用最大，其直接作用于能量代谢过程，可使细胞氧化过程增强，磷酰化过程抑制。吸收进入体内导致形成高铁血红蛋白而引起紫绀。急性中毒表现为皮肤潮红、口渴、大汗、烦躁不安、全身无力、胸闷、心率和呼吸加快、体温升高（可达 40℃以上）、抽搐、肌肉强直，以致昏迷。最后可因血压下降、肺及脑水肿而死亡。成人口服致死量约 1g。吸入、摄入或经皮肤吸收可能致死。慢性中毒有肝、肾损害，白内障及周围神经炎。可使皮肤黄染，引起湿疹样皮炎，偶见剥脱性皮炎。

（2）处理原则 如果吸入大量的 2,4-二硝基苯胺，要保持呼吸道通畅。如呼吸困难，给输氧。如呼吸停止，立即进行人工呼吸。就医。若不小心食入需饮足量温水，催吐，就医。

（3）预防措施 对二硝基苯胺作业工人进行上岗前和定期健康检查，及时发现就业禁忌证和早期发现中毒病人及时处理。

7 储运注意事项

7.1 储存注意事项

储存于阴凉、通风的库房。远离火种、热源。包装密封。应与氧化剂、酸类、食用化学品分开存放，切忌混储。配备相应品种和数量的消防器材。储区应备有合适的材料收容泄漏物。

7.2 运输信息

危险货物编号：61778。

包装类别：Ⅱ。

包装方法：采用塑料袋或两层牛皮纸袋外全开口或中开口钢桶；塑料袋或两层牛皮纸袋外普通木箱；螺纹口玻璃瓶、铁盖压口玻璃瓶、塑料瓶或金属桶（罐）外普通木箱纤维板箱或胶合板箱密封包装。

运输注意事项：运输前应先检查包装容器是否完整、密封，运输过程中要确保容器不泄漏、不倒塌、不坠落、不损坏。严禁与酸类、氧化剂、食品及食品添加剂混运。运输途中应防曝晒、雨淋，防高温。

7.3　废弃

（1）废弃处置方法　应急处理人员戴好防毒面具，穿化学防护服。不要直接接触泄漏物，用清洁的铲子收集于干燥、洁净、有盖的容器中，运至废物处理场所或用砂土混合逐渐倒入稀盐酸中（1 体积浓盐酸加 2 体积水稀释），放置 24h，然后废弃。如大量泄漏，收集回收或无害处理后废弃。

（2）废弃注意事项　处置前应参阅国家和地方有关法规。

8　参考文献

[1]　环境保护部.国家污染物环境健康风险名录（化学第一分册）[M].北京：中国环境科学出版社，2009.

[2]　万本太.突发性环境污染事故应急监测与处理处置技术 [M].北京：中国环境科学出版社，2006.

[3]　北京化工研究院环境保护所/计算中心.国际化学品安全卡（中文版）查询系统 [DB].2016.

[4]　董玉瑛，冯霄，雷炳莉.等浓度配比法研究苯酚、硝基苯和间硝基苯胺对发光菌的联合毒性作用 [J].环境污染治理技术与设备，2005，（12）：65-68.

[5]　黄士林，王翠华，唐峰华.6 种硝基苯化合物对海洋生物的急性毒性研究 [J].生态毒理学报，2010，（3）：388-393.

[6]　卢玲，沈英娃.酚类、烷基苯类、硝基苯类化合物和环境水样对剑尾鱼和稀有鲄鲫的急性毒性 [J].环境科学研究，2002，（4）：57-59.

间 甲 酚

1 名称、编号、分子式

间甲酚又称3-甲酚、间甲苯酚，是一种有机化合物，通常可由甲苯与丙烯在三氯化铝存在下生成异丙基甲苯，经空气氧化生成氢过氧化异丙基甲苯，酸解后得丙酮和间、对位混合甲酚。混合甲酚和异丁烯反应后进行精馏分离，再脱除叔丁基而成。间甲酚基本信息见表15-1。

表 15-1　间甲酚基本信息

中文名称	间甲酚
中文别名	m-甲酚；间甲苯酚；3-甲基苯酚；3-甲酚
英文名称	m-cresol
英文别名	3-methylphenol
UN 号	2076
CAS 号	108-39-4
ICSC 号	646
RTECS 号	GO6125000
分子式	C_7H_8O
分子量	108.13

2 理化性质

间甲酚具有弱酸性，与氢氧化钠作用生成可溶性的钠盐，但不与碳酸钠作用。间甲酚钠盐与硫酸二甲酯一类的烷基化剂反应，生成酚醚。与醛类反应得到合成树脂。催化加氢生成甲基环己醇。在温和条件下，间甲酚即可进行硝化、卤化、烷基化和磺化反应。间甲酚容易氧化，与光和空气接触颜色即变深，生成醌类及其他复杂的化合物。间甲酚理化性质一览表见表15-2。

表 15-2　间甲酚理化性质一览表

外观与性状	无色至淡黄色透明液体,有芳香气味
熔点/℃	10.9
沸点/℃	202.8

相对密度(水＝1)	1.03
相对蒸气密度(空气＝1)	3.72
闪点/℃	86
燃烧热/(kJ/mol)	−3680.5
临界压力/MPa	4.56
临界温度/℃	432
辛醇/水分配系数的对数值	1.96
爆炸极限(体积分数,150℃)/%	1.1~1.3
饱和蒸气压(119.3℃)/kPa	0.13
自燃温度/℃	558
溶解性	微溶于水,可混溶于乙醇、乙醚、氢氧化钠水溶液等
稳定性	稳定

3 毒理学参数

(1) 急性毒性　LD_{50}：242mg/kg（大鼠经口）；600mg/kg（小鼠经口）；1100mg/kg（大鼠经皮）；2050mg/kg（兔经皮）。

(2) 亚急性和慢性毒性　将小鼠暴露于含有饱和该品蒸气的空气中，短暂接触看来无害，但反复接触却能引起死亡；大鼠在室温下吸入大致为蒸气饱和的空气以后，尚能存活。动物喂饲间甲酚可引起消化道功能障碍，肝、肾损害和皮疹。

(2) 致癌性　小鼠经皮最低中毒剂量（TDL_0）：4800mg/kg（12 周，间歇），致肿瘤阳性。

(3) 代谢　间甲酚在体内部分被氧化为氢醌和焦儿茶酚，大部分是以原形或与葡萄糖醛酸和硫酸根结合，从尿中排出，但从胆汁排出的量也相当多，还有微量随呼气排出。本品三种异构体的吸收、代谢、解毒和排泄速度与酚相似。

(4) 中毒机理　酚类为细胞原浆毒，能使蛋白变性和沉淀，对皮肤及黏膜有明显的腐蚀作用，故对各种细胞有直接损害。经口中毒时，口腔、咽喉及食管黏膜有明显腐蚀和坏死，周围组织有出血及浆液性浸润。蒸气经呼吸道吸收时，可引起气道刺激，肺部充血，水肿和支气管肺炎伴胸膜上出血点。吸收入血后，分布到全身各组织，透入细胞后，引起全身性中毒症状。酚类主要对血管舒缩中枢及呼吸、体温中枢有明显抑制作用。可直接损害心肌和毛细血管，使心肌变性坏死。肝细胞肿胀、炎性变化及脂肪变性。肾表现实质性损害和出血性肾炎。还可作用于脊髓，引起阵挛性抽搐和肌束颤动。

(5) 刺激性　家兔经皮：12500μg（24h），轻度刺激。家兔经眼：100mg，轻度刺激。

(6) 吸收分布　间甲酚通过破损皮肤、胃肠道及呼吸道的黏膜而吸收。经皮的吸收率主要取决于接触的部位和方式，其次为接触的浓度。甲酚吸收后，分布到全身各组织。

（7）致突变性 人 HeLa 细胞 10μmol/L（4h）。

（8）危险特性 遇明火、高热或与氧化剂接触，有引起燃烧爆炸的危险。

4 对环境的影响

4.1 主要用途

间甲酚主要用作农药中间体，生产杀虫剂杀螟松、倍硫磷、速灭威、二氯苯醚菊酯，也是彩色胶片、树脂、增塑剂和香料的中间体。

4.2 环境行为

（1）代谢和降解 水中浓度 11.4mg/L 时，未驯化的活性污泥对氨氮的硝化作用被抑制 75%，浓度 40mg/L 时，荧光假单胞菌对葡萄糖的降解受到抑制，浓度 600mg/L 时，大肠杆菌对葡萄糖的降解受到抑制。好氧生物降解时间为 48～696h；厌氧生物降解为 360～1176h；水中光氧化半衰期为 66～3480h，空气中光氧化半衰期为 1.1～11.3h。

（2）迁移转化 当间甲酚释放至大气中，白天与氢氧自由基反应的半衰期为 8h，而夜晚与硝酸根自由基反应的半衰期为 5min。

4.3 人体健康危害

（1）暴露/侵入途径 吸入、摄入、经皮吸收。

（2）健康危害 间甲酚对皮肤、黏膜有强烈刺激和腐蚀作用，引起多脏器损害。急性中毒引起肌肉无力、胃肠道症状、中枢神经抑制、虚脱、体温下降和昏迷，并可引起肺水肿和肝、肾、胰等脏器损害，最终发生呼吸衰竭。慢性影响可引起消化道功能障碍，肝、肾损害和皮疹。

甲酚对人体组织的腐蚀性很强，如不迅速完全除去，能引起灼伤。皮肤接触时可能开始没有任何感觉，但在几分钟之后，会发生强烈刺痛和灼痛，继之感觉丧失。受影响的皮肤出现皱纹、变白、软化，随后可能发生坏疽。此化学品如接触眼，能引起角膜损伤，并影响视力。皮肤反复或长时间暴露于低浓度中，能引起皮疹，并可能引起皮肤变色。如通过呼吸道吸入，经皮肤吸收或吞服，可能引起全身性中毒，在 20min 或 30min 内就可能出现症候和症状，患者无力、头痛、眩晕、视力减弱、耳鸣，并有呼吸加快精神错乱或神志丧失，严重时会导致死亡。低浓度甲酚通过上述途径能引起慢性中毒，其中毒的症状和症候包括恶心、呕吐、吞咽困难、流涎、腹泻、食欲减退、头痛、昏厥、眩晕、精神紊乱以及皮疹。如肝和肾严重损害，可能引起死亡。

4.4 接触控制标准

中国 MAC（mg/m^3）：5［皮］。

前苏联 MAC（mg/m^3）：0.5。

TLVTN：OSHA 5ppm［皮］。

间甲酚生产及应用相关环境标准见表 15-3。

表 15-3　间甲酚生产及应用相关环境标准

标准编号	限制要求	标准值
中国(TJ 36—79)	车间空气中有害物质的最高容许浓度	$5mg/m^3$[皮]
前苏联(1978)	环境空气中基本安全浓度	$0.02mg/m^3$
中国(GB 8978—1996)	污水综合排放标准	一级:0.1mg/L 二级:0.2mg/L 三级:0.5mg/L
前苏联(1975)	水体中有害物质最高允许浓度	0.004mg/L
—	嗅觉阈浓度	0.27ppm

5　环境监测方法

5.1　现场应急监测方法

快速检测管法;便携式气相色谱法（《突发性环境污染事故应急监测与处理处置技术》,万本太主编）。

5.2　实验室监测方法

间甲酚的实验室监测方法见表 15-4。

表 15-4　间甲酚的实验室监测方法

监测方法	来源	类别
气相色谱法	《空气和废气监测分析方法》,国家环境保护总局编	空气和废气
气相色谱法	《固体废弃物试验分析评价手册》,中国环境监测总站等译	固体废物
高效液相色谱法	《空气中有害物的测定方法》(第二版),杭士平主编	空气
氯亚胺二溴苯醌比色法	《化工企业空气中有害物质测定方法》,化学工业出版社	化工企业空气

6　应急处理处置方法

6.1　泄漏应急处理

（1）**应急行为**　迅速撤离泄漏污染区人员至安全区,并进行隔离,严格限制出入。周围设警告标志。

（2）**应急人员防护**　建议应急处理人员戴自给正压式呼吸器,穿防毒服。不要直接接触泄漏物。

（3）**环保措施**　尽可能切断泄漏源,防止进入下水道、排洪沟等限制性空间。

（4）**消除方法**　小量泄漏:用砂土、干燥石灰或苏打灰混合。大量泄漏:构筑围堤或挖坑收容;用泡沫覆盖,降低蒸气灾害。用泵转移至槽车或专用收集器内,回收或运至废物处理场所处置。

间甲酚常温下为液体。

① 水体被污染的情况主要有水体沿岸上游污染源的事故排放，陆地事故（如交通运输过程中的翻车事故）发生后经土壤流入水体，也有槽罐直接翻入路边水体的情况。可按以下方法处理。

a. 查明水体沿岸排放废水的污染源，阻止其继续向水体排污。

b. 如果是液体间甲酚的槽车发生交通事故，应设法堵住裂缝，或迅速筑一道土堤拦住液流；如果是在平地，应围绕泄漏地区筑隔离堤；如果泄漏发生在斜坡上，则可沿污染物流动路线，在斜坡的下方筑拦液堤。在某些情况下，在液体流动的下方迅速挖一个坑也可以达到阻截泄漏的污染物的同样效果。

c. 在拦液堤或拦液坑内收集到的液体须尽快移到安全密封的容器内，操作时采取必要的安全保护措施。

d. 已进入水体中的液体或固体间甲酚处理较困难，通常采用适当措施将被污染水体与其他水体隔离的手段，如可在较小的河流上筑坝将其拦住，将被污染的水抽排到其他水体或污水处理厂。

② 土壤污染的主要情况有各种高浓度废水（包括液体间甲酚）直接污染土壤，固体间甲酚由于事故倾洒在土壤中。可按以下方法处理。

a. 固体间甲酚污染土壤的处理方法较为简单，使用简单工具将其收集至容器中，视情况决定是否要将表层土剥离做焚烧处理。

b. 液体间甲酚污染土壤时，应迅速设法制止其流动，包括筑堤、挖坑等措施，以防止污染面扩大或进一步污染水体。

c. 最为广泛应用的方法是使用机械清除被污染土壤并在安全区进行处置，如焚烧。

d. 如环境不允许大量挖掘和清除土壤时，可使用物理、化学和生物方法消除污染。如对地表干封闭处理；地下水位高的地方采用注水法使水位上升，收集从地表溢出的水；让土壤保持休闲或通过翻耕以促进苯酚蒸发的自然降解法等。

6.2 个体防护措施

(1) 工程控制　严加密闭，提供充分的局部排风。提供安全淋浴和洗眼设备。

(2) 呼吸系统防护　空气中粉尘浓度超标时，应该佩戴头罩型电动送风过滤式防尘呼吸器；可能接触其蒸气时，应该佩戴自吸过滤式防毒面具（全面罩）。

(3) 眼睛防护　呼吸系统防护中已做防护。

(4) 身体防护　穿胶布防毒衣。

(5) 手防护　戴橡胶手套。

(6) 其他　工作现场禁止吸烟、进食和饮水。工作完毕，彻底清洗。单独存放被毒物污染的衣服，洗后备用。注意个人清洁卫生。

6.3 急救措施

(1) 皮肤接触　立即脱去被污染的衣物，用甘油、聚乙烯乙二醇或聚乙烯乙二醇和酒精混合液（7:3）抹洗，然后用水彻底清洗；或用大量流动清水冲洗至少 15min，并立刻就医。

(2) 眼睛接触　立即提起眼睑，用大量流动清水或生理盐水彻底冲洗至少 15min，立刻就医。

（3）吸入　迅速脱离现场至空气新鲜处，注意保暖。保持呼吸道通畅，如呼吸困难，给输氧；如呼吸停止，立即进行人工呼吸，并就医。

（4）食入　立即给饮植物油 15～30mL，催吐，立刻就医。

（5）灭火方法　消防人员须佩戴防毒面具、穿全身消防服。灭火剂：雾状水、泡沫、干粉、二氧化碳、砂土。

6.4　应急医疗

（1）诊断要点　临床表现除与酚相似外，还有引起急性胰腺炎的报告。根据酚灼伤皮肤的职业史，有以急性肾脏、中枢神经系统、血液等脏器损害为主要临床表现，结合现场劳动卫生学资料等，综合分析，排除其他原因所引起的类似疾病，方可诊断。

酚灼伤皮肤后，无酚中毒临床表现者（参见 GBZ 51）。

① 轻度中毒。酚灼伤皮肤后可有头痛、头晕、恶心、乏力等症状，并具备以下任何一项表现者：轻、中度肾脏损害（参见 GBZ 79）；溶血（参见 GBZ 75）。

② 急性中毒。临床表现为肌肉无力、胃肠道症状、中枢神经系统抑制、虚脱、体温下降和昏迷，并可引起肺水肿和肝肾等脏器损伤，重者死于呼吸衰竭。

（2）处理原则　酚中毒的治疗目前尚无特效解毒剂，为防治酚中毒，灼伤创面的早期处理至关重要。其创面治疗原则按 GBZ 51 处理。首先接触者应立即脱去污染衣物，并用大量流动清水彻底冲洗。由于酚微溶于水，通常在冲洗后即用浸过 30%～50% 酒精棉花反复擦洗创面至无酚味为止（注意不能将患处浸泡于酒精溶液中），再继用 4%～5% 碳酸氢钠溶液湿敷创面 2～4h。

血液净化治疗既可防治急性肾功能衰竭，又可清除体内的酚。血液净化技术可根据各自不同条件采用血液透析和血液灌流等方法。血液净化疗法的指征原则上宜尽早进行，甚至采用预防性透析，例如氮质血症进行性增高，早期出现反复抽搐、昏迷等征象，就应立即采用。

（3）预防措施　对间甲酚作业工人进行上岗前和定期健康检查，及时发现就业禁忌证和早期发现间甲酚中毒病人及时处理。

7　储运注意事项

7.1　储存注意事项

储存于阴凉、通风的库房。远离火种、热源。库温不超过 32℃，相对湿度不超过 80%。包装要求密封，不可与空气接触。应与氧化剂、碱类、食用化学品分开存放，切忌混储。配备相应品种和数量的消防器材。储区应备有泄漏应急处理设备和合适的收容材料。

7.2　运输信息

危险货物编号：61703。

包装类别：Ⅱ。

包装方法：液态：小开口钢桶；玻璃瓶或塑料桶（罐）外普通木箱或半花格木箱；螺纹口玻璃瓶、铁盖压口玻璃瓶、塑料瓶或金属桶（罐）外普通木箱；螺纹口玻璃瓶、塑料瓶或镀锡薄钢板桶（罐）外满底板花格箱、纤维板箱或胶合板箱。固态：塑料袋或两层牛皮纸袋外全开口或中开口钢桶；塑料袋或两层牛皮纸袋外普通木箱；螺纹口玻璃瓶、铁盖压口玻璃瓶、塑料瓶或金属桶（罐）外普通木箱；螺纹口玻璃瓶、塑料瓶或镀锡薄钢板桶（罐）外满底板花格箱、纤维板箱或胶合板箱。

运输注意事项：铁路运输时应严格按照铁道部《危险货物运输规则》中的危险货物配装表进行配装。运输前应先检查包装容器是否完整、密封，运输过程中要确保容器不泄漏、不倒塌、不坠落、不损坏。严禁与酸类、氧化剂、食品及食品添加剂混运。运输时运输车辆应配备相应品种和数量的消防器材及泄漏应急处理设备。运输途中应防曝晒、雨淋，防高温。公路运输时要按规定路线行驶，勿在居民区和人口稠密区停留。

7.3　废弃

(1) 废弃处置方法　采用焚烧法进行处置。

(2) 废弃注意事项　处置前应参阅国家和地方有关法规。

8　参考文献

［1］　环境保护部.国家污染物环境健康风险名录（化学第一分册）［M］.北京：中国环境科学出版社，2009.

［2］　万本太.突发性环境污染事故应急监测与处理处置技术［M］.北京：中国环境科学出版社，2006.

［3］　北京化工研究院环境保护所/计算中心.国际化学品安全卡（中文版）查询系统［DB］.2016.

［4］　Zhao C，Hoppe T，Setty M K H G，et al. Quantification of plasma HIV RNA using chemically engineered peptide nucleic acids［J］. Nat Commun，2014，5：5079.

［5］　Alfonso P G，Aliuska M H，Adela A G，et al. Convenient QSAR model for predicting the complexation of structurally diverse compounds with β-cyclodextrins［J］. Bioorg Med Chem，2009，17：896-904.

［6］　Caron G，Ermondi G. Calculating virtual logP in the alkane/water system（logP（N）（alk））and its derived parameters deltalog P（N）（oct-alk）and log D（pH）（alk）［J］. J Med Chem，2005，48：3269-3279.

［7］　杨彩红，柴强.间甲酚对不同供水条件下小麦蚕豆的化感作用［J］.农业现代化研究，2007，（5）：614-617.

［8］　付柳，任源，韦朝海.间甲酚高效降解菌的筛选及其降解特性［J］.化工进展，2008，（7）：1032-1037.

间二甲苯

1 名称、编号、分子式

间二甲苯为无色透明液体，多用于医药、香料和染料中间体原料及彩色电影油溶性成色剂等。普遍制备方法是利用石油二甲苯或煤焦油二甲苯进行分离，分离的方法可以用低温结晶法、配合法、吸附法和磺化水解法等，国内过去用磺化水解法生产间二甲苯。间二甲苯基本信息见表 16-1。

表 16-1　间二甲苯基本信息

中文名称	间二甲苯
中文别名	1,3-二甲基苯;1,3-二甲苯
英文名称	*m*-xylene
英文别名	1,3-dimethylbenzene；meta-xylene；1,3-dimethyl-benzen；3-methyltoluene；3-xylene；benzene-1,3-dimethyl；*m*-dimethylbenzene；1,3-xylene
UN 号	1307
CAS 号	108-38-3
ICSC 号	0085
RTECS 号	ZE2275000
EC 编号	601-002-00-9
分子式	$C_6H_4(CH_3)_2$
分子量	106.17

2 理化性质

间二甲苯为无色透明液体，有强烈芳香气味。它不溶于水，易溶于乙醇、乙醚等有机溶剂。通常情况下性质比较稳定，属于较易燃液体。间二甲苯理化性质一览表见表 16-2。

表 16-2　间二甲苯理化性质一览表

外观与性状	无色透明液体,有强烈芳香味
燃烧热/(kJ/mol)	4549.5
熔点/℃	−47.9

沸点/℃	139
密度(25℃)/(g/mL)	0.868
相对密度(水＝1)	0.86
相对蒸气密度(空气＝1)	3.66
饱和蒸气压(28.3℃)/kPa	1.33
临界温度/℃	343.9
临界压力/MPa	3.54
辛醇/水分配系数的对数值	3.20
闪点/℃	25
自燃温度/℃	527
爆炸极限(体积分数)/%	空气中 1.1～7.0
溶解性	水中的溶解度为 161mg/L(25℃),可混溶于乙醇、乙醚、氯仿等有机溶剂
危险标记	3(高闪点易燃液体)

3 毒理学参数

(1) 急性毒性 LD_{50}：5000mg/kg（大鼠经口）；1.8mL/kg（小鼠经眼）；14100mg/kg（兔经皮）；1739mg/kg（小鼠腹腔）。

LC_{50}：27.4～29g/m³（大鼠吸入）；二甲苯，5000ppm（大鼠吸入，4h）。

致死剂量：0.1mL/kg（人静脉注射）。

(2) 亚急性和慢性毒性 大鼠、兔吸入浓度 3000mg/m³，每天 8h，每周 6d，共 130d，出现轻度白细胞减少，红细胞和血小板无变化。

(3) 代谢 在人和动物体内，吸入的二甲苯除 3%～6% 被直接呼出外，二甲苯的三种异构体都代谢为相应的苯甲酸（60% 的邻二甲苯、80%～90% 的间、对二甲苯），然后这些酸与葡萄糖醛酸和甘氨酸起反应。在这个过程中，大量邻苯甲酸与葡萄糖醛酸结合，而对苯甲酸几乎完全与甘氨酸结合生成相应的甲基马尿酸而排出体外。与此同时，可能少量形成相应的二甲苯酚（酚类）与氢化 2-甲基-3-羟基苯甲酸（2% 以下）。

(4) 刺激性 家兔经皮：二甲苯，500mg（24h），中度刺激（开放性刺激试验）；家兔经眼：二甲苯，5mg（24h），重度刺激；人经眼：二甲苯，200ppm，刺激。

(5) 致癌性 IARC 致癌性评论：G3。

(6) 致畸性 雌性大鼠孕后 7～14d 吸入最低中毒剂量（TCL_0）3000mg/m³（24h）。雌性小鼠孕后 12～15d 经口染毒最低中毒剂量（TCL_0）12mg/kg。

(7) 生殖毒性 大鼠吸入最低中毒浓度（TDL_0）：3000mg/m³，24h（孕 7～14d），对胚泡植入前的死亡率、胎鼠肌肉骨骼形态有影响，有胚胎毒性。

(8) 危险特性 稳定；明火、高温、氧化剂较易燃，燃烧产生刺激烟雾；禁与强氧化剂或强酸混合。

4 对环境的影响

4.1 主要用途

间二甲苯是杀菌剂甲霜灵、呋霜灵、苯霜灵、恶霜灵、百菌清，以及杀虫杀螨剂双甲脒、单甲脒、杀虫脒和除草剂克草胺、异丁草胺等的中间体。主要作溶剂，用于生产间苯二甲酸进而生产不饱和聚酯树脂和涂料，还用于生产间甲基苯甲酸、间苯二甲腈、医药利多卡因、氧甲唑啉、新泛影等。还可用于香料、彩色电影胶片的油溶性成色剂等的原料和染料中间体。由于生产间二甲苯的技术难度大，我国产量很少，无论产量还是质量都不能满足市场需要。

4.2 环境行为

(1) 代谢和降解 间二甲苯在空气中可被羟基自由基迅速氧化，据估算如果大气中羟基自由基浓度为 $500000mg/cm^3$，那么间二甲苯的半衰期只有 $8 \sim 14h$，降解的最终产物是 CO_2 和 H_2O。间二甲苯与 O_3 和氮氧自由基反应的速率较慢，半衰期分别为 $3 \sim 78$ 年和 $80 \sim 220d$。间二甲苯不吸收波长大于 $290nm$ 的光，直接光降解很难发生。在 NO 存在时光降解的主要产物有对甲基苯甲醛和 2,5-二甲基苯酚，乙二醛和甲基乙二醛可能占产物的 $30\% \sim 50\%$。

地表水中的间二甲苯主要通过挥发作用脱离水体，光降解和生物降解的速度相对很慢，因此不是主要的清除途径。在地下水中的间二甲苯的挥发受到限制，在一个采煤形成的条状水池里，改善营养供应时其生物降解的半衰期为 $2.6h$。在一个通气的活性污泥反应器中，进口处污水的间二甲苯和对二甲苯的浓度为 $5.53g/L$，出口低于 $1.2g/L$，清除率大于 78%。

(2) 残留与蓄积 间二甲苯的正辛醇/水分配系数的对数值 $\lg K_{ow}$ 为 3.2，但是由于其氧化分解速度很快，因此生物富集作用弱。藻类、蛤、虾、鳗鱼等的生物富集因子约为 10^5，在美国环保署的分类中属于中度富集（modest，$100 \sim 1000$）。

二甲苯还有一部分直接排放进入表层或深层土壤，间二甲苯的土壤有机碳吸附系数的对数值 $\lg K_{oc}$ 为 2.22，虽然随有机质含量升高吸附量提高，但是总体上被土壤吸附的能力微弱，在土壤中的移动性强，因此土壤表层的间二甲苯很容易离开土体进入大气。在较干燥的土壤中间二甲苯的移动速度比水等极性溶剂高得多，其扩散系数比水高 $4 \sim 1000$ 倍。所以当间二甲苯泄漏进入下层土壤时（如储油罐破漏），它也有可能进入地下水中。据估算，在含水量为 $0.15 \sim 0.26kg/kg$ 的壤质土中，如果间二甲苯进入土壤 $7.2cm$ 以下土层，那么 $80d$ 后内将有 $1\% \sim 4\%$ 挥发，$0.5\% \sim 35\%$ 进入地下水，$50\% \sim 85\%$ 被降解，$6\% \sim 12\%$ 残留在土壤中。间二甲苯在地下水中的半衰期为 $25 \sim 287d$。

(3) 迁移转化 间二甲苯的饱和蒸气压较高，易从污染源挥发进入大气。空气里的二甲苯主要存在于气相中，它转化迅速，存留时间短，因此长距离运输较少。间二甲苯可随废水、垃圾填埋场渗出液、原油和汽油泄漏等进入水体。其亨利常数为 $7.28 \times 10^2 Pa \cdot m^3/mol$，在水体和土壤表层的间二甲苯可迅速挥发进入大气，因此可以认为其在地表水中不是持久性有机污染物。

4.3 人体健康危害

（1）暴露/侵入途径 吸入、食入、经皮吸收。

（2）健康危害 高浓度间二甲苯对中枢神经系统有麻醉作用，引起急性中毒；长期接触间二甲苯对造血系统有损害，引起慢性中毒。

① 急性中毒。短期内吸入较高浓度本品可出现眼及上呼吸道明显的刺激症状、眼结膜及咽充血、头晕、头痛、恶心、呕吐、胸闷、四肢无力、意识模糊、步态蹒跚。重者可有躁动、抽搐或昏迷。有的有癔病样发作。

② 慢性中毒。长期接触有神经衰弱综合征，女工有月经异常，工人常发生皮肤干燥、皲裂、皮炎。

4.4 接触控制标准

中国 MAC（mg/m^3）：100。

前苏联 MAC（mg/m^3）：50。

美国 TLV-TWA：OSHA 100ppm，434mg/m^3；ACGIH 100ppm，434mg/m^3。

美国 TLV-STEL：ACGIH 150ppm，651mg/m^3。

间二甲苯生产及应用相关环境标准见表 16-3。

表 16-3　间二甲苯生产及应用相关环境标准

标准名称	限制要求	标准值
中国（GBZ 2—2002）	职业接触限值	短时间接触允许浓度（STEL）：50mg/m^3 时间加权平均允许浓度（TWA）：100mg/m^3
中国（GB 3838—2002）	集中式生活饮用水地表水源地特定项目标准限值	0.5mg/L（二甲苯）
中国（CJ/T 206—2005）	城市供水水质标准	0.5mg/L（二甲苯）
中国（GB 20426—2006）	大气污染物综合排放标准（二甲苯）	最高允许排放浓度：70mg/m^3（新增）；90mg/m^3（原有） 最高允许排放速率： 二级 1.0～10kg/h（新增）；1.2～12kg/h（原有）； 三级 1.5～15kg/h（新增）；1.8～18kg/h（原有） 无组织排放监控浓度限值：1.2mg/m^3（新增）；1.5mg/m^3（原有）
中国（GB 8978—1996）	污水综合排放标准	一级：0.4mg/L 二级：0.6mg/L 三级：1.0mg/L

5　环境监测方法

5.1 现场应急监测方法

（1）气体检测管法。

（2）便携式气相色谱法：使用专用注射器采集事故现场样品，诸如便携式气相色谱仪，通过外标法进行定性定量测定。

（3）水质检测管法。

（4） 快速检测管法（《突发性环境污染事故应急监测与处理处置技术》，万本太主编）。

5.2 实验室监测方法

间二甲苯的实验室监测方法见表 16-4。

表 16-4　间二甲苯的实验室监测方法

监测方法	来源	类别
溶剂解吸-气相色谱法	《工作场所有害物质检测方法》，徐伯洪、闫慧芳主编	空气
直接进样-气相色谱法	《工作场所有害物质检测方法》，徐伯洪、闫慧芳主编	空气
热解吸-气相色谱法	《工作场所有害物质检测方法》，徐伯洪、闫慧芳主编	空气
无泵型采样-气相色谱法	《作业场所空气》(WS/T 153—1999)；《工作场所有害物质检测方法》，徐伯洪、闫慧芳主编	空气
气相色谱法	《水质苯系物的测试》，(GB 11890—1989)	水质
无泵型采样-气相色谱法	《作业场所空气中二甲苯的无泵型采样气相色谱测定方法》(WS/T 153—1999)	作业场所空气
气相色谱法	《空气质量甲苯、二甲苯、苯乙烯的测定》(GB/T 14677—1993)	空气
色谱/质谱法	美国 EPA524.2 方法[①]	水质
气相色谱法	《固体废弃物试验与分析评价手册》中国环境监测总站等译	固体废物

① EPA524.2(4.1 版)是为配合实施美国国家饮用水的 EPA 标准而制定的，该方法采用吹脱捕集装置，用 GC/MS 检测低浓度的被分析物质。在实际监测中，优先执行我国国家标准。

6　应急处理处置方法

6.1　泄漏应急处理

（1）应急行为　迅速撤离泄漏污染区人员至安全区，并进行隔离，严格限制出入。切断火源。

（2）应急人员防护　建议应急处理人员戴自给正压式呼吸器，穿消防防护服。尽可能切断泄漏源。

（3）环保措施　防止流入下水道、排洪沟等限制性空间。小量泄漏：用活性炭或其他惰性材料吸收。也可以用不燃性分散剂制成的乳液刷洗，洗液稀释后放入废水系统。大量泄漏：构筑围堤或挖坑收容。

（4）消除方法　用泡沫覆盖，抑制蒸发；用防爆泵转移至槽车或专用收集器内，回收或运至废物处理场所处置。迅速将二甲苯污染的土壤收集起来，转移至安全地带。对污染地带沿地面加强通风，蒸发残液排除蒸气。迅速筑坝，切断受污染水体的流动，并用围栏等限制水面二甲苯的扩散。

6.2　个体防护措施

（1）工程控制　生产过程密闭，加强通风。提供安全淋浴和洗眼设备。

（2）呼吸系统防护　空气中浓度超标时，应该佩戴过滤式防毒面具（半面罩）。紧急事态抢救或撤离时，应该佩戴空气呼吸器。

（3）眼睛防护 戴化学安全防护眼镜。

（4）身体防护 穿防毒物渗透工作服。

（5）手防护 戴橡胶手套。

（6）其他 工作现场禁止吸烟、进食和饮水。工作完毕，淋浴更衣。注意个人清洁卫生。对接触本品的作业工人进行定期健康检查，及时发现就业禁忌证和早期发现中毒病人并给予及时处理。

6.3 急救措施

（1）皮肤接触 脱去污染的衣着，用肥皂水和清水彻底冲洗皮肤。

（2）眼睛接触 提起眼睑，用流动清水或生理盐水冲洗。就医。

（3）吸入 迅速脱离现场至空气新鲜处。保持呼吸道通畅。如呼吸困难，给输氧。如呼吸停止，立即进行人工呼吸。就医。

（4）食入 饮足量温水，催吐。就医。

（5）灭火方法 喷水冷却容器，可能的话将容器从火场移至空旷处。灭火剂：泡沫、二氧化碳、干粉、砂土。

6.4 应急医疗

（1）诊断要点

① 轻度中毒，表现头晕、头痛、胸闷、无力、颜面潮红、结膜充血、步态不稳、兴奋、酩酊状态，或有意识障碍伴随情绪反应。

② 重度中毒，在轻度中毒的基础上，出现恶心、呕吐、定向力障碍、意识模糊以致抽搐、昏迷等。

③ 呼吸系统损伤，可出现化学性支气管炎、肺炎、肺水肿、肺出血。

④ 心脏损伤，可致传导阻滞或心肌损害、心电图出现 ST-T 改变，一次大剂量吸入可引起致命的心室纤颤或完全性房室传导阻滞而致猝死。

⑤ 急性中毒后，可引起中毒性肝病，出现消化道症状、黄疸、肝大、肝功能的异常。

⑥ 急性中毒后发生典型的少尿型或非少尿型急性肾衰竭或远端肾小管酸中毒，多伴有肌坏死，认为甲苯可溶解横纹肌导致肌球蛋白血症。沉积于肾小管，产生以肾小管损害为主的肾损伤及肾衰竭。

⑦ 眼接触后，轻者可致角膜上皮脱落，重者可致疱性角膜炎、结膜下出血。

⑧ 对皮肤和黏膜有明显的刺激作用，可出现皮肤潮红、瘙痒或烧灼感，并出现局部红斑、红肿。甚至水疱。

⑨ 呼气二甲苯、血二甲苯、甲基马尿酸的测定结果，有助于诊断和鉴别诊断。

（2）处理原则

① 对污染皮肤进行彻底清洗。

② 无特效解毒药，给葡萄糖醛酸，以促进毒物的排出。

③ 监护和保护重要脏器，积极救治被损伤的脏器，对症处理。

（3）预防措施 对间二甲苯作业工人进行上岗前和定期健康检查，及时发现就业禁忌证和早期发现间二甲苯中毒病人及时处理。

7 储运注意事项

7.1 储存注意事项

储存于阴凉、通风的库房。远离火种、热源。库温不宜超过 30℃。保持容器密封。应与氧化剂分开存放，切忌混储。采用防爆型照明、通风设施。禁止使用易产生火花的机械设备和工具。储区应备有泄漏应急处理设备和合适的收容材料。

7.2 运输信息

危险货物编号：33535。

UN 编号：1307。

包装类别：Ⅱ。

包装方法：小开口钢桶；螺纹口玻璃瓶、铁盖压口玻璃瓶、塑料瓶或金属桶（罐）外普通木箱；螺纹口玻璃瓶、塑料瓶或镀锡薄钢板桶（罐）外满底板花格箱、纤维板箱或胶合板箱。

运输注意事项：该品铁路运输时限使用钢制企业自备罐车装运，装运前需报有关部门批准。运输时运输车辆应配备相应品种和数量的消防器材及泄漏应急处理设备。夏季最好早晚运输。运输时所用的槽（罐）车应有接地链，槽内可设孔隔板以减少振荡产生静电。严禁与氧化剂、食用化学品等混装混运。运输途中应防曝晒、雨淋，防高温。中途停留时应远离火种、热源、高温区。装运该物品的车辆排气管必须配备阻火装置，禁止使用易产生火花的机械设备和工具装卸。公路运输时要按规定路线行驶，勿在居民区和人口稠密区停留。铁路运输时要禁止溜放。严禁用木船、水泥船散装运输。

7.3 废弃

（1）废弃处置方法 用焚烧法处置。

（2）废弃注意事项 处置前应参阅国家和地方有关法规。

8 参考文献

［1］ 周国泰.危险化学品安全技术全书［M］.北京：化学工业出版社，1997.

［2］ 俞志明.新编危险物品安全手册［M］.北京：化学工业出版社，2001.

［3］ 环境保护部.国家污染物环境健康风险名录（化学第一分册）［M］.北京：中国环境科学出版社，2011.

［4］ 天津市固体废物及有毒化学品管理中心.危险化学品环境数据手册［M］.天津：天津市固体废物及有毒化学品管理中心，2005：195-197.

［5］ 万本太.突发性环境污染事故应急监测与处理处置技术［M］.北京：中国环境科学出版社，2006.

［6］ 中国环境监测总站.固体废弃物试验分析评价手册［M］.北京：中国环境科学出版社，1992.

［7］ 徐伯洪，闫慧芳.工作场所有害物质监测方法［M］.北京：中国人民公安大学出版社，2003.

［8］ 北京化工研究院环境保护所/计算中心.国际化学品安全卡（中文版）查询系统［DB］.2016.

甲基苯胺

1 名称、编号、分子式

甲基苯胺不溶于水，易溶于酒精及乙醚等。硅-卤键化合物。该化学物质是用于有机合成的中间体、酸吸收剂和溶剂，染料工业中用于阳离子艳红 FG、阳离子桃红 B、活性黄棕 KGR 等生产。用作染料、炸药等的原料以及金属防腐剂。也用来提高汽油的辛烷值和作溶剂使用。甲基苯胺基本信息见表 17-1。

表 17-1 甲基苯胺基本信息

中文名称	甲基苯胺
中文别名	甲基替苯胺；甲基苯胺；甲苯胺(混合物)
英文名称	monomethylaniline；N-methylaniline
英文别名	anilinomethane；MA；(methylamino)benzene；methyl aniline
UN 号	2294
CAS 号	100-61-8
ICSC 号	0921
RTECS 号	BY4550000
EINECS 号	202-870-9
EC 编号	612-015-00-5
分子式	C_7H_9N
分子量	107.15

2 理化性质

甲基苯胺是无色至红棕色油状易燃液体，溶于乙醇、乙醚、氯仿，微溶于水。放置渐变黄。呈弱碱性，与酸反应生成盐。容易与烷基化剂发生反应，得到 N-烷基衍生物。与亚硝酸反应生成亚硝基胺。在空气中逐渐变成褐色。甲基苯胺理化性质一览表见表 17-2。

表 17-2　甲基苯胺理化性质一览表

外观与性状	无色至红棕色油状液体
熔点/℃	−57
沸点/℃	196.2
相对密度(水＝1)	0.99
相对蒸气密度(空气＝1)	3.70
饱和蒸气压(36℃)/kPa	0.13
蒸发热(193.6℃)/(kJ/kg)	423.6
生成热(液体)/(kJ/mol)	32.19
燃烧热/(kJ/mol)	−4069.2
爆炸上限(体积分数)/%	7.4
爆炸下限(体积分数)/%	1.2
临界压力/MPa	5.2
辛醇/水分配系数的对数值	1.66
溶解性	微溶于水,溶于乙醇、乙醚、氯仿
闪点/℃	78.9
引燃温度/℃	511
稳定性	稳定

3　毒理学参数

（1）急性毒性　猫静脉注射 LDL_0：24mg/kg；兔子经口 LDL_0：280mg/kg；兔子静脉注射 LDL_0：24mg/kg；豚鼠经口 LDL_0：1200mg/kg；豚鼠皮下 LDL_0：1200mg/kg。

（2）代谢　均能经皮肤及呼吸道吸收，为强烈的高铁血红蛋白形成剂，表现为明显紫绀及血尿。有膀胱刺激症状，严重者可致肝脏损害，甚或多脏器功能损害而致死。

（3）刺激性　家兔经眼：20mg（24h），中度刺激。家兔经皮：500mg（24h），重度刺激。

（4）致癌性　有致癌性。

（5）生殖毒性　妊娠风险等级：D（德国，2007）。

（6）危险特性　遇明火、高热或与氧化剂接触，有引起燃烧爆炸的危险。受热分解放出有毒的氧化氮烟气。

（7）中毒机理　该物质可能对血液有影响，导致形成正铁血红蛋白。影响可能推迟显现。具有与苯胺大致相同的毒性。

4　对环境的影响

4.1　主要用途

甲基苯胺用作染料中间体。N-甲基苯胺既是杀虫剂噻嗪酮的原料，用于合成其中间体

N-氯甲基-*N*-苯基氨基甲酰氯，也是除草剂苯噻酰草胺的中间体，此外还较多地用于染料工业。该品用作有机合成的中间体、酸吸收剂和溶剂，染料工业中用于阳离子艳红 FG、阳离子桃红 B、活性黄棕 KGR 等的生产。

4.2 环境行为

20℃时，该物质蒸发相当快地达到空气中有害污染浓度。对生物降解的影响：水中含量 1mg/L 以下时，亚硝化毛杆菌氧化 NH_3 的能力被抑制约 50%，含量 100mg/L 时，抑制 90%。非生物降解性：空气中，当羟基自由基浓度为 $5.00×10^5$ 个/cm^3 时，降解半衰期（理论）为 8.8h。

4.3 人体健康危害

（1）暴露/侵入途径 吸入、食入、经皮吸收。

（2）健康危害 可形成高铁血红蛋白，造成组织缺氧；引起中枢神经系统及肝、肾损害。急性中毒：表现为口唇、指端、耳郭紫绀，出现恶心、呕吐、手指麻木、精神恍惚；重者皮肤、黏膜严重青紫，出现呼吸困难、抽搐等，甚至昏迷、休克。可出现溶血性黄疸、中毒性肝炎和肾损害。慢性中毒：患者有神经衰弱综合征表现，伴有轻度紫绀、贫血和肝脾肿大。可经皮肤吸收而中毒。急性症状为伤害神经，出现血尿等。慢性症状为膀胱黏膜变质。

4.4 接触控制标准

中国 MAC（mg/m^3）：5 ［皮］。
中国 PC-TWA（mg/m^3）：2.2。
中国 PC-STEL（mg/m^3）：7。
美国 TLV-TWA：OSHA 2ppm ［皮］；ACGIH 0.5ppm，2.2mg/m^3 ［皮］。
阈限值：0.5ppm（时间加权平均值）（经皮）；最高限值种类：Ⅱ（2）。
甲基苯胺生产及应用相关环境标准见表 17-3。

表 17-3　甲基苯胺生产及应用相关环境标准

标准编号	限制要求	标准值
工业企业设计卫生标准(TJ 36—1979)	车间空气最高允许排放浓度	5mg/m³

5　环境监测方法

5.1　现场应急监测方法

快速检测管法；便携式气相色谱法（《突发性环境污染事故应急监测与处理处置技术》，万本太主编）。

溶剂解吸-气相色谱法：工作场所空气有毒物质测定（GBZ/T 160.72—2004）芳香族胺类化合物。打开硅胶管或活性炭管两端，佩戴在采样对象的前胸上部，进气口尽量接近呼吸带，以 50mL/min 流量采集 1～4h（硅胶管）或 2～8h（活性炭管）空气样品。

气体速测管（德国德尔格公司产品）。

5.2 实验室监测方法

甲基苯胺的实验室监测方法见表17-4。

表 17-4　甲基苯胺的实验室监测方法

监测方法	来源	类别
气相色谱法	《空气中有害物质的测定方法》(第二版)，杭士平主编	空气
气相色谱法	《汽油中酯类和甲基苯胺类含量的测定》(DB34/T 2508—2015)	汽油
红外光谱法	《汽油中 N-甲基苯胺的测定》(DB51/T 1919—2014)	
比色法	《对氨基二甲基苯胺比色法测定硫化物》(DZ/T 0064.67—1993)	地下水

6　应急处理处置方法

6.1　泄漏应急处理

(1) 应急行为　迅速撤离泄漏污染区人员至安全区，并进行隔离，严格限制出入。切断火源。

(2) 应急人员防护　建议操作人员佩戴过滤式防毒面具，戴安全防护眼镜，穿防毒渗透工作服，戴橡胶耐油手套。

(3) 环保措施　不要直接接触泄漏物，尽可能切断泄漏源，防止进入下水道、排洪沟等限制性空间。

(4) 消除方法　小量泄漏：用砂土或其他不燃材料吸附或吸收。也可以用大量水冲洗，洗水稀释后放入废水系统。大量泄漏：构筑围堤或挖坑收容。用泡沫覆盖，降低蒸气灾害。用泵转移至槽车或专用收集器内，回收或运到废物处理场所处置。收容泄漏物，避免污染环境。防止泄漏物进入下水道、地表水和地下水。用泡沫覆盖，降低蒸气灾害。喷雾状水冷却和稀释蒸气，保护现场人员，把泄漏物稀释成不燃物。用防爆泵转移至槽车或专用收集器内，回收或运至废物处理场所处置。使用干粉、泡沫、二氧化碳、砂土等灭火。

6.2　个体防护措施

(1) 工程控制　严加密闭，提供充分的局部排风和全面通风。尽可能机械化、自动化。提供安全淋浴和洗眼设备。

(2) 呼吸系统防护　可能接触其蒸气时，佩戴过滤式防毒面具。紧急事态抢救或撤离时，佩戴隔离式呼吸器。

(3) 眼睛防护　戴化学安全防护眼镜。

(4) 身体防护　穿防毒物渗透工作服。

(5) 手防护　戴橡胶手套。

（6）其他：工作现场禁止吸烟、进食和饮水。工作完毕，彻底清洗。注意个人清洁卫生。工作现场禁止吸烟、进食和饮水，及时更换工作服等。工作前后不喝酒，用温水洗澡。注意检测毒物，要实行就业前和定期的体检。

6.3　急救措施

（1）皮肤接触　立即脱去被污染的衣着，用肥皂水和清水彻底冲洗皮肤。就医。

（2）眼睛接触　立即提起眼睑，用大量流动清水或生理盐水彻底冲洗至少 15min。就医。

（3）吸入　迅速脱离现场至空气新鲜处。保持呼吸道通畅。如呼吸困难，给输氧。如呼吸停止时，立即进行人工呼吸。就医。

（4）食入　误服者用水漱口，给饮牛奶或蛋清。就医。

（5）灭火方法　喷水冷却容器，可能的话将容器从火场移至空旷处。灭火剂：雾状水、泡沫、二氧化碳、干粉、砂土。

6.4　应急医疗

（1）诊断要点

① 急性中毒。表现为口唇、指端、耳郭紫绀，出现恶心、呕吐、手指麻木、精神恍惚；重者皮肤、黏膜严重青紫，出现呼吸困难、抽搐等，甚至昏迷、休克。可出现溶血性黄疸、中毒性肝炎和肾损害。

② 慢性中毒。患者有神经衰弱综合征表现，伴有轻度紫绀、贫血和肝脾肿大。可经皮肤吸收而中毒。急性症状为伤害神经，出现血尿等。慢性症状为膀胱黏膜变质。

（2）处理原则　吸入会导致嘴唇发青或指甲发青，皮肤发青，咳嗽，头晕，头痛，呼吸困难，咽喉痛。需及时给予新鲜空气，休息。给予医疗护理。皮肤接触后应脱去污染的衣服，冲洗，然后用水和肥皂清洗皮肤，给予医疗护理。误食该产品后可能出现腹部疼痛，嘴唇发青或指甲发青，皮肤发青，头晕，头痛，呼吸困难，恶心。用水冲服活性炭浆。给予医疗护理。

（3）预防措施　使用防爆型的通风系统和设备。防止蒸气泄漏到工作场所中。避免与氧化剂、酸类接触。搬运时要轻装轻卸，防止包装及容器损坏。配备相应品种和数量的消防器材来进行应急处理设备，倒空的容器可能残留有害物质。

7　储运注意事项

7.1　储存注意事项

储存于阴凉、通风的库房。远离火种、热源。保持容器密封。应与氧化剂、酸类、食用化学品分开存放，切忌混储。配备相应品种和数量的消防器材。储区应备有泄漏应急处理设备和合适的收容材料。

7.2　运输信息

危险货物编号：61756。

UN 编号：2294。

包装类别：Ⅲ。

包装方法：小开口钢桶；安瓿瓶外普通木箱；螺纹口玻璃瓶、铁盖压口玻璃瓶、塑料瓶或金属桶（罐）外普通木箱；螺纹口玻璃瓶、塑料瓶或镀锡薄钢板桶（罐）外满底板花格箱、纤维板箱或胶合板箱。不得与食品和饲料一起运输。

运输注意事项：运输前应先检查包装容器是否完整、密封，运输过程中要确保容器不泄漏、不倒塌、不坠落、不损坏。严禁与酸类、氧化剂、食品及食品添加剂混运。运输时运输车辆应配备相应品种和数量的消防器材及泄漏应急处理设备。运输途中应防曝晒、雨淋，防高温。公路运输时要按规定路线行驶。

7.3　废弃

（1）废弃处置方法　用控制焚烧法。焚烧炉排出的氮氧化物通过洗涤器或高温装置除去。

（2）废弃注意事项　处置前应参阅国家和地方有关法规。废物储存参见"储存注意事项"。

8　参考文献

［1］　徐华. N-甲基苯胺的生产与应用 [J].贵州化工，1997，（1）：53-55.

［2］　张茂林，李保定，张宇虹.分光光度法测定 N-甲基苯胺的研究 [J].河南工业大学学报：自然科学版，2000，21（2）：86-88.

［3］　杨保民，刘明泓，仓公敩，等.高效液相色谱法测定空气中 N-甲基苯胺的研究 [J].中国卫生检验杂志，2008，18（3）：401-402.

［4］　夏易君.甲基苯胺及其下游产物的合成研究 [D].太原：太原理工大学，2007.

［5］　彭梅琼.甲基苯胺急性中毒 6 例救治体会 [J].长江大学学报：自然科学版，2013，10（12）：82-83.

［6］　钟少芳，闻环，徐玲，等.气相色谱法测定车用汽油中的甲基苯胺类添加剂 [J].光谱实验室，2012，29（6）：3564-3567.

［7］　万本太.突发性环境污染事故应急监测与处理处置技术 [M].北京：中国环境科学出版社，2006.

甲基对硫磷

1 名称、编号、分子式

甲基对硫磷是一种白色结晶性粉末，又称甲基 1605。通常可用三氯硫磷法和五硫化二磷法制得。三氯硫磷法即将黄磷经氯化再与硫黄反应制得三氯硫磷，然后在低温下慢慢加入到过量甲醇中，反应生成 O-甲基硫代磷酰二氯，分离后再与过量甲醇混合，在低温下滴加液碱，生成 O,O-二甲基硫代磷酰氯，最后在溶剂中将其与对硝基苯酚在铜盐催化剂和纯碱的存在下进行缩合反应，制得甲基对硫磷原药。五硫化二磷法与三氯硫磷法的差异体现在得到 O,O-二甲基硫代磷酰氯的渠道不同。五硫化二磷法是将黄磷与硫黄反应制得五硫化二磷，再与甲醇反应生成二甲基二硫代磷酸，然后通氯得到 O,O-二甲基硫代磷酰氯。甲基对硫磷基本信息见表 18-1。

表 18-1 甲基对硫磷基本信息

中文名称	甲基对硫磷
中文别名	甲基 1605
英文名称	parathion-methyl
英文别名	metaphos；metron
UN 号	2783
CAS 号	298-00-0
ICSC 号	0626
RTECS 号	TG0175000
分子式	$C_8H_{10}NO_5PS$
分子量	263.13

2 理化性质

甲基对硫磷为无色结晶粉末，在中性或弱酸性介质中较稳定，但遇明火、高热可燃，并且受热分解。甲基对硫磷理化性质一览表见表 18-2。

表 18-2 甲基对硫磷理化性质一览表

外观与性状	纯品为白色结晶性粉末,工业品为黄棕色结晶或油状液体,有臭味
熔点/℃	35～36
沸点/℃	158

相对密度(水=1)	1.36
相对蒸气密度(空气=1)	9.1
饱和蒸气压(20℃)/kPa	1.29
辛醇/水分配系数的对数值	2~3
闪点/℃	2.86
引燃温度/℃	120
溶解性	微溶于石油醚,易溶于脂肪族和芳香族的卤素化合物中,难溶于水及石油
化学性质	遇明火、高热可燃;受热分解;在碱液中能迅速分解
稳定性	在中性或弱酸性介质中较稳定

3 毒理学参数

(1) 急性毒性 LD$_{50}$：14~42mg/kg（大鼠经口）；18.3~32.1mg/kg（小鼠经口）；300~400mg/kg（兔经皮）。LC$_{50}$：120mg/m^3，4h（大鼠吸入）；333ppm，4h（大鼠吸入）。

(2) 亚急性和慢性毒性 曾给5名志愿者口服甲基对硫磷约4周，发现甲基对硫磷的最小中毒剂量为每人每天30mg或者约0.43mg/(kg·d)。

(3) 代谢 可经胃肠道、呼吸道、皮肤和黏膜吸收。气态、雾态、气溶胶状态或粉状的易为呼吸道吸收，液态可经眼黏膜、皮肤或肠胃道吸收。呼吸道和消化道吸收有机磷的速度较皮肤吸收迅速而完全，但从防止农业使用时中毒着眼，皮肤吸收显得特别重要。有机磷进入体内后，迅速分布至全身各器官组织，并与组织蛋白牢固结合。有机磷在体内的分布特性很大程度上取决于其进入途径，在首先接触的组织中存留量较多。肝脏是主要生物转化代谢器官，其他组织，包括肺及脑也具有一定的转化代谢活性。本类物质经体内转化后排泄很快，主要通过肾脏排出，少量从粪便排出。

(4) 中毒机理 属剧毒类农药。甲基对硫磷可以抑制胆碱酯酶活性，造成神经生理功能紊乱。

(5) 致突变性 微生物致突变性：鼠伤寒沙门菌667μg/皿；大肠杆菌：10mmol/L。微核试验：大鼠腹腔注射2.5mg/kg，5d。

(6) 生殖毒性 小鼠腹腔注射最低中毒剂量（TDL$_0$）：60mg/kg（孕11d），引起死胎，颅面部、骨骼肌肉发育异常。大鼠腹腔注射最低中毒剂量（TDL$_0$）：15mg/kg（孕13d），引起胚胎发育迟缓。

(7) 致癌性 IARC致癌性评论：动物和人类均缺乏证据。大鼠经口最低中毒剂量（TDL$_0$）：650mg/kg（孕6~15d），对雌性生育指数有影响，可引起胚胎毒性，肌肉骨骼发育异常。

(8) 危险特性 遇明火、高热可燃。受热分解，放出磷、硫的氧化物等毒性气体。在碱液中能迅速分解。

4 对环境的影响

4.1 主要用途

甲基对硫磷具有触杀和胃毒作用，能抑制害虫神经系统中胆碱酯酶的活力而致死，杀虫谱广，常加工成乳油或粉剂（见农药剂型）使用，主要用途是防治多种农业害虫。

4.2 环境行为

(1) 代谢和降解 甲基对硫磷在各种环境中的代谢与对硫磷极为相似，只是更加易于分解。在普通土壤中，经过 7d 时间 95％ 被分解。

(2) 残留与蓄积 甲基对硫磷比对硫磷的稳定性差得多，在人与动物体内甲基对硫磷会很快降解并随尿排出。对水生生物的生物富集系数从鱼体内检出的结果看远比有机氯农药低，比它的同系物对硫磷也低得多。

(3) 迁移转化 由于甲基对硫磷代谢与降解速度很快，所以随食物链进行生态转移的可能性很小，更不会造成像有机氯农药那样的残留与蓄积。

4.3 人体健康危害

(1) 暴露/侵入途径 吸入、食入、经皮吸收。

(2) 健康危害 急性中毒：短期内接触（经口、吸入、皮肤、黏膜）大量接触引起急性中毒。表现有头痛、头昏、食欲减退、恶心、呕吐、腹痛、腹泻、流涎、瞳孔缩小、呼吸道分泌物增多、多汗、肌束震颤等。重者出现肺水肿、脑水肿、昏迷、呼吸麻痹。部分病例可有心、肝、肾损害。少数严重病例在意识恢复后数周或数月发生周围神经病。个别严重病例可发生迟发性猝死。血胆碱酯酶活性降低。

慢性中毒：尚有争论。有神经衰弱综合征、多汗、肌束震颤等。血胆碱酯酶活性降低。

4.4 接触控制标准

中国 MAC（mg/m³）：0.1。

前苏联 MAC（mg/m³）：0.1。

甲基对硫磷生产及应用相关环境标准见表 18-3。

表 18-3 甲基对硫磷生产及应用相关环境标准

标准编号	限制要求	标准值
中国(TJ 36—79)	车间空气中有害物质的最高容许浓度	0.1mg/m³［皮］
中国(GB 3097—1997)	海水水质标准	Ⅰ类：0.0005mg/L Ⅱ类：0.001mg/L Ⅲ类：0.001mg/L Ⅳ类：0.001mg/L
中国(TJ 36—79)	居住区大气中有害物质的最高容许浓度	0.01mg/m³(一次值)
中国(待颁布)	饮用水源中有害物质的最高容许浓度	0.02mg/L

标准编号	限制要求	标准值
中国(GB 11607—89)	渔业水质标准	0.0005mg/L
中国(GHZB 1—1999)	地表水环境质量标准(Ⅰ、Ⅱ、Ⅲ类水域)	0.0005mg/L
中国(GB 8978—1996)	污水综合排放标准	一级:不得检出 二级:1.0mg/L 三级:2.0mg/L
中国(GB 14874—94)	食品中有机磷农药的允许标准	0.1mg/kg(粮食)

5 环境监测方法

5.1 现场应急监测方法

(1) 植物酯酶法和底物法。

(2) 直接进水样气相色谱法:测定水和废水中的有机污染物具有很大的实用价值。直接取 1μL 注入气相色谱分析仪(如样品浑浊,需过滤后注入)。

5.2 实验室监测方法

甲基对硫磷的实验室监测方法见表 18-4。

表 18-4 甲基对硫磷的实验室监测方法

监测方法	来源	类别
气相色谱法	《空气中有害物质的测定方法》(第二版),杭士平主编	空气
气相色谱法;盐酸萘乙二胺分光光度法	《空气和废气监测分析方法》,国家环境保护总局编	空气和废气
酶-氯化铁比色法	《空气中有害物质的测定方法》(第二版),杭士平主编	空气
气相色谱法	《固体废弃物试验分析评价手册》中国环境监测总站等译	固体废物
气相色谱法	《农药残留量气相色谱法》,国家商检局编	农作物、水果、蔬菜
亚甲基蓝分光光度法	《土壤与沉积物 硫化物的测定 亚甲基蓝分光光度法》(HJ 833—2017)	固体废物

6 应急处理处置方法

6.1 泄漏应急处理

(1)应急行为 迅速撤离泄漏污染区人员至安全区,并进行隔离,严格限制出入。切断火源。

(2)应急人员防护 建议应急处理人员戴自给式呼吸器,穿化学防护服。不要直接接触泄漏物。

(3)环保措施 若是液体,尽可能切断泄漏源,防止流入下水道、排洪沟等限制性空间。小量泄漏:用砂土或其他不燃材料吸附或吸收。大量泄漏:构筑围堤或挖坑收容。若是固体，用洁净的铲子收集于干燥、洁净、有盖的容器中。若是大量，收集、回收或运至废物处理场所处置。

（4）消除方法 小量泄漏：用砂土或其他不燃材料吸附或吸收。大量泄漏：构筑围堤或挖坑收容。在专家指导下清除。若是固体，避免扬尘，用洁净的铲子收集于干燥、洁净、有盖的容器中。若大量泄漏，收集回收或运至废物处理场所处置。

6.2 个体防护措施

（1）工程控制 密闭操作，局部排风。操作人员必须经过专门培训，严格遵守操作规程。建议操作人员佩戴自吸过滤式防毒面具（全面罩），穿连衣式胶布防毒衣，戴橡胶手套。远离火种、热源，工作场所严禁吸烟。使用防爆型的通风系统和设备。防止烟雾或粉尘泄漏到工作场所空气中。避免与氧化剂接触。搬运时要轻装轻卸，防止包装及容器损坏。配备相应品种和数量的消防器材及泄漏应急处理设备。倒空的容器可能残留有害物。

（2）呼吸系统防护 生产操作或农业使用时，必须佩戴自吸过滤式防毒面具（全面罩）。紧急事态抢救或撤离时，佩戴空气呼吸器。

（3）眼睛防护 戴化学安全防护眼镜。

（4）身体防护 穿连衣式胶布防毒衣。

（5）手防护 戴防化学品手套。

（6）其他 工作现场禁止吸烟、进食和饮水。工作完毕，淋浴更衣。工作服不准带至非作业场所。单独存放被毒物污染的衣服，洗后备用。保持良好的卫生习惯。

6.3 急救措施

（1）皮肤接触 立即脱去被污染的衣着，用肥皂水及流动清水彻底冲洗污染的皮肤、头发、指甲等。就医。

（2）眼睛接触 立即提起眼睑，用大量流动清水冲洗 10min 或用 2%碳酸氢钠溶液冲洗，就医。

（3）吸入 迅速脱离现场至空气新鲜处。保持呼吸道通畅。如呼吸困难，给予输氧。如呼吸停止，立即进行人工呼吸。就医。同时服用阿托品或解磷毒（PAM）2～3 片（0.5～1mg）。

（4）食入 如误服应立即催吐，并口服 1%～2%苏打水洗胃，导泻可用硫酸钠。

（5）灭火方法 消防人员须佩戴防毒面具，穿全身消防服，在上风向灭火。

6.4 应急医疗

（1）诊断要点

① 呼吸系统。胸有压迫感、鼻黏膜充血，呼吸困难，紫绀，呼吸肌无力，肺部有啰音。

② 消化系统。恶心、呕吐、流涎、腹胀、腹痛。

③ 神经系统。头痛、头晕、肌肉痉挛、抽搐、牙关紧闭、语言障碍、乏力、失眠、烦躁不安、大汗等。

④ 其他。心跳迟缓、血压下降，水疱、红斑、面色苍白等皮肤症状，瞳孔缩小、眼球重压感。

（2）处理原则

① 吸入中毒者迅速脱离现场至空气新鲜处。保持呼吸道通畅。如呼吸困难，给予输氧。如呼吸停止，立即进行人工呼吸。就医。同时服用阿托品或解磷毒（PAM）2～3 片（0.5～1mg）。

② 误服者应立即催吐，并口服 1%～2% 苏打水洗胃，导泻可用硫酸钠。

③ 皮肤接触者立即脱去被污染的衣着，用肥皂水及流动清水彻底冲洗污染的皮肤、头发、指甲等。就医。

④ 对症治疗。

（3）预防措施　对生产、加工有机磷化合物的工厂、生产设备应密闭化，防止外溢；搬运、喷洒农药时应注意个人防护，工作时穿长袖衣裤，戴口罩、帽子及手套；农药盛具要专用、单独储放，禁与食品等混放，加强管理和教育。稻田使用时，要加强手部及小腿下 1/3 的皮肤保护，防止污染，并避免下风侧操作。用药后要等田水中含量下降至安全浓度以下才可下田，一般以 5d 左右为宜。此外，生活性中毒问题也应积极防止。国外规定农作物中最高容许残留量为 1ppm。该品残效期较长，故食用作物在收割期前 1 个月就应停止喷洒该品。在蔬菜类的短期农作物上不使用对硫磷。

7　储运注意事项

7.1　储存注意事项

储存于阴凉、通风的库房。远离火种、热源。库温不宜超过 30℃。包装密封。应与氧化剂、食用化学品分开存放，切忌混储。配备相应品种和数量的消防器材。储区应备有泄漏应急处理设备和合适的收容材料。应严格执行极毒物品"五双"管理制度。

7.2　运输信息

危险货物编号：61125。

UN 编号：2783。

包装类别：Ⅱ。

包装方法：塑料袋或两层牛皮纸袋外全开口或中开口钢桶（钢板厚 1.0mm，每桶净重不超过 150kg；钢板厚 0.75mm，每桶净重不超过 100kg）；螺纹口玻璃瓶、铁盖压口玻璃瓶、塑料瓶或金属桶（罐）外普通木箱。

运输注意事项：铁路运输时应严格按照铁道部《危险货物运输规则》中的危险货物配装表进行配装。运输前应先检查包装容器是否完整、密封，运输过程中要确保容器不泄漏、不倒塌、不坠落、不损坏。严禁与酸类、氧化剂、食品及食品添加剂混运。运输时运输车辆应配备相应品种和数量的消防器材及泄漏应急处理设备。运输途中应防曝晒、雨淋，防高温。公路运输时要按规定路线行驶，勿在居民区和人口稠密区停留。

7.3　废弃

（1）废弃处置方法　建议用焚烧法处置。焚烧炉排出的气体要通过洗涤器除去。

（2）废弃注意事项　处置前应参阅国家和地方有关法规。

8 参考文献

[1] 环境保护部.国家污染物环境健康风险名录（化学第一分册）［M］.北京：中国环境科学出版社，2011.

[2] 张寿林，等.急性中毒诊断与急救［M］.北京：化学工业出版社，1996.

[3] 高振宁，徐富春，刘庄，等.环境保护部部门应急平台技术研发与示范［Z］.国家科技成果.

[4] 王竹天，杨大进，鲁杰，等.食品卫生检验方法（理化部分）国家标准应用注解［Z］.国家科技成果.

[5] 吴永宁，李敬光，赵云峰，等.食品化学污染物限量标准和检测技术［Z］.国家科技成果.

[6] 王茂起，王竹天，冉陆，等.食物残留物的检测技术研究［Z］.国家科技成果.

[7] 王绪卿，朱家琦，陈君石，等.农药杀虫双代谢毒理学研究［Z］.国家科技成果.

[8] 王茂起，包大跃，丛黎明，等.中国城市街头食品卫生管理试点研究［Z］.国家科技成果.

[9] 包大跃，王茂起，樊永祥，等.食品企业 HACCP 实施指南研究［Z］.国家科技成果.

[10] 杭士平.空气中有害物质的测定方法［M］.北京：人民卫生出版社，1986.

[11] 国家环境保护总局空气和废气监测分析方法编委会.空气和废气监测分析方法［M］.第 4 版.北京：中国环境科学出版社，2003.

[12] 中国环境监测总站.固体废弃物试验分析评价手册［M］.北京：中国环境科学出版社，1992.

[13] 国家进出口商品检验局.农药残留量气相色谱法［M］.北京：中国对外经济贸易出版社，1986.

[14] 韩承辉，谷巍，王乃岩，等.快速测定水中有机磷农药方法的研究［J］.环境化学，2000，19（2）：187-189.

[15] 北京化工研究院环境保护所/计算中心.国际化学品安全卡（中文版）查询系统［DB］.2016.

甲　　烷

1　名称、编号、分子式

甲烷（methane）是最简单的有机物，是天然气、沼气、坑气等的主要成分，俗称瓦斯。也是碳含量最小（氢含量最大）的烃，也是天然气、沼气、油田气及煤矿坑道气的主要成分。它可用来作为燃料及制造氢气、炭黑、一氧化碳、乙炔、氢氰酸及甲醛等物质的原料。甲烷是一种可燃性气体，而且可以人工制造，所以，在石油用完之后，甲烷将会成为重要的能源。甲烷人工制法主要有以下几种：细菌分解法、合成法、实验室制法。甲烷基本信息见表 19-1。

表 19-1　甲烷基本信息

中文名称	甲烷
中文别名	甲基氢化物;沼气
英文名称	methane
英文别名	biogas;carbane
UN 号	1971
CAS 号	74-82-8
ICSC 号	0291
RTECS 号	PA1490000
EC 编号	200-812-7
分子式	CH_4
分子量	16.04
规格	工业级：一级≥99.0%;二级≥97.0%

2　理化性质

甲烷是没有颜色、没有气味的气体，比空气密度小，它是极难溶于水的可燃性气体。甲烷和空气形成适当比例的混合物，遇火花会发生爆炸。化学性质相当稳定，跟强酸、强碱或强氧化剂（如 $KMnO_4$）等一般不起反应。在适当条件下会发生氧化、热解及卤代等反应。甲烷理化性质一览表见表 19-2。

表 19-2　甲烷理化性质一览表

外观与性状	无色无味可燃性气体
熔点/℃	−182.6
沸点/℃	−161.4
相对密度（−164℃）（水=1）	0.42
相对蒸气密度（空气=1）	0.6
饱和蒸气压（−168.8℃）/kPa	53.32
燃烧热/(kJ/mol)	−890.8
临界温度/℃	−82.25
临界压力/MPa	4.59
辛醇/水分配系数的对数值	1.09
闪点/℃	−218
熔化热/(kJ/kg)	58.65
生成热（25℃，液体）/(kJ/mol)	−74.48
比热容（25℃）/[kJ/(kg·K)]	2.265（定压）;1.747（定容）
溶解性	微溶于水,溶于乙醇、乙醚、苯、甲苯等
化学性质	通常情况下,甲烷比较稳定,与高锰酸钾等强氧化剂不反应,与强酸、强碱也不反应。但是在特定条件下,甲烷也会发生某些反应。甲烷的卤化中,主要有氯化、溴化。甲烷与氟反应是大量放热的,一旦发生反应,大量的热难以移走,破坏生成的氟甲烷,只得到碳和氟化氢。因此直接的氟化反应难以实现,需用稀有气体稀释。碘与甲烷反应需要较高的活化能,反应难以进行

3　毒理学参数

(1) 急性毒性　急性毒性:小鼠吸入 42% 浓度,60min,麻醉作用;兔吸入 42% 浓度,60min,麻醉作用。空气中达到 25%～30% 时出现头昏、呼吸加速、运动失调。皮肤接触液化本品,可致冻伤。

(2) 亚急性和慢性毒性　属微毒类。允许气体安全地扩散到大气中或当作燃料使用。有单纯性窒息作用,在高浓度时因缺氧窒息而引起中毒。空气中达到 25%～30% 出现头昏、呼吸加速、运动失调。

(3) 中毒机理　空气中甲烷浓度过高时,氧含量明显降低,达到一定程度,可造成机体急性缺氧。当空气中甲烷浓度达 25%～30% 时可发生窒息前症状。高浓度甲烷对呼吸道黏膜有强烈刺激作用,可致化学性肺炎,严重者可发生急性肺水肿、脑水肿和脑损伤。

(4) 刺激性　皮肤接触液化本品,可致冻伤。高浓度的甲烷对空气中的氧分子会进行排挤或取代,在局限空间（或密闭空间）内,危险性较高。空气中氧含量正常为 20.96%,若低于 16% 则会引起缺氧和呼吸困难;低于 6% 可迅速导致惊厥和昏迷,甚至死亡。

(5) 致癌性　国际癌症研究机构（IARC）未被列入致癌物。

(6) 危险特性　空气中甲烷浓度过高,能使人窒息。当空气中甲烷达 25%～30% 时,可引起头痛、头晕、乏力、注意力不集中、呼吸和心跳加速、共济失调。若不及时脱离，可致窒息死亡。皮肤接触液化气体可致冻伤。

4 对环境的影响

4.1 主要用途

甲烷除作燃料外，大量用于合成氨、尿素和炭黑，还可用于生产甲醇、氢、乙炔、乙烯、甲醛、二硫化碳、硝基甲烷、氢氰酸和1,4-丁二醇等。甲烷氯化可得一氯甲烷、二氯甲烷、三氯甲烷及四氯化碳。

高纯甲烷可用于非晶硅太阳电池制造，用于大规模集成电路干法刻蚀或等离子刻蚀气的辅助添加气。也是制造氨、炭黑、甲基化合物、二硫化碳、氢氰酸等的原料。

工业上主要用于制造乙炔或经转化制取氢气、合成氨及有机合成的原料。

4.2 环境行为

(1) 代谢和降解 在水中和有氧土壤中半衰期为2h～70d。非生物降解性，空气中，当羟基自由基浓度为5.00×10^5个/cm^3时，降解半衰期为6年（理论）。应特别注意对地表水、土壤、大气和饮用水的污染。

(2) 残留与蓄积 由于甲烷密度小，在释放出来后，会迅速上升到大气层，长期蓄积会形成一个透明的保护罩，使得地球的温度逐渐增高，从而引起连锁性的气候问题。经专家计算，在未来100年内，每1t甲烷造成全球变暖的威力比同质量的二氧化碳高出25倍。若以20年时间衡量，其威力会超过二氧化碳80倍。

(3) 迁移转化 K_{oc}为90，提示在土壤中高度迁移性；亨利常数为$6.69\times10^4 Pa\cdot m^3/mol$，提示水中高度挥发性。

4.3 人体健康危害

(1) 暴露/侵入途径 吸入、接触。

(2) 健康危害 空气中甲烷浓度过高，能使人窒息。当空气中甲烷达25％～30％时，可引起头痛、头晕、乏力、注意力不集中、呼吸和心跳加速、共济失调。若不及时脱离，可致窒息死亡。皮肤接触液化气体可致冻伤。

4.4 接触控制标准

中国MAC（mg/m^3）：250。

美国TLV-TWA（mg/m^3）：1000（脂肪族C_1～C_4烷烃气体）。

甲烷生产及应用相关环境标准见表19-3。

表19-3 甲烷生产及应用相关环境标准

标准名称	限制要求	标准值
前苏联车间空气中有害物质排放标准	最高容许浓度	300mg/m^3

5 环境监测方法

5.1 现场应急监测方法

快速气体检测管法：使用测定气或水的检测管可以定性或半定量做出判断。

5.2 实验室监测方法

甲烷的实验室监测方法见表 19-4。

表 19-4 甲烷的实验室监测方法

监测方法	来源	类别
直接进样-气相色谱法	《环境空气 总烃、甲烷和非甲烷总烃的测定 直接进样-气相色谱法》(HJ 604—2017)	空气
气相色谱法	《空气中有害物质的测定方法》(第二版)，杭士平主编	

6 应急处理处置方法

6.1 泄漏应急处理

(1) 应急行为 迅速撤离泄漏污染区人员至上风处，并进行隔离，严格限制出入。切断火源。

(2) 应急人员防护 建议应急处理人员戴自给正压式呼吸器，穿防静电工作服。

(3) 环保措施 尽可能切断泄漏源。合理通风，加速扩散。喷雾状水稀释、溶解。构筑围堤或挖坑收容产生的大量废水。如有可能，将漏出气用排风机送至空旷地方或装设适当喷头烧掉。也可以将漏气的容器移至空旷处，注意通风。漏气容器要妥善处理，修复、检验后再用。

(4) 消除方法 使泄漏气体扩散到空气中被稀释溶解或装置适当喷头烧掉。

6.2 个体防护措施

(1) 呼吸系统防护 一般不需要特殊防护，但建议特殊情况下，佩戴过滤式防毒面具（半面罩）。

(2) 眼睛防护 一般不需要特殊防护，高浓度接触可戴化学安全防护眼镜。

(3) 身体防护 穿防静电工作服。

(4) 手防护 戴一般作业防护手套。

(5) 其他 工作现场禁止吸烟。避免长期反复接触。进入闲置空间或其他高浓度区作业，须有人监护。

6.3 急救措施

(1) 皮肤接触 脱去被污染的衣着，用肥皂水和清水彻底冲洗皮肤。

(2) 吸入 迅速脱离现场至空气新鲜处。保持呼吸道通畅。如呼吸困难，给输氧。如呼吸停止，立即进行人工呼吸。就医。

（3）灭火方法 切断气源。若不能立即切断气源，则不允许熄灭正在燃烧的气体。喷水冷却容器，可能的话将容器从火场移至空旷处。灭火剂：雾状水、泡沫、二氧化碳、干粉。

6.4 应急医疗

（1）诊断要点

① 急性中毒。吸入25%～30%的甲烷即可发生头晕、头痛、注意力不集中、气促、无力、共济失调、窒息等；浓度极高时出现猝死。严重者可有不同程度的中毒性脑病的临床表现。

② 冻伤。皮肤接触液体甲烷后可引起冻伤。

（2）处理原则

① 吸入中毒时，应迅速脱离现场至空气新鲜处，保持呼吸道通畅。如呼吸困难，给输氧。

② 呼吸心跳停止时立即进行复苏，注意观察意识、瞳孔、脉搏、血压及呼吸等各项生命体征，及时发现和处理可能出现的脑水肿，必要时进行高压氧治疗。

③ 忌用有抑制呼吸作用的吗啡和巴比妥类等药物。

④ 皮肤冻伤，按外科原则处理。若冻伤处仍未完全解冻，可先用42℃左右的温水浸洗，待皮肤复温后再做创面处理。

（3）预防措施 预防甲烷中毒，必须采取以下综合措施：改善矿井的通风设施，以防沼气蓄积，并定期检测矿井中沼气的浓度。进入沼气含量较高的下道或矿井作业时应佩戴有效的防毒面具。沼气池或化粪应严密盖紧、加固，以防小儿及成人不慎跌入。

7 储运注意事项

7.1 储存注意事项

钢瓶装本品储存于阴凉、通风的易燃气体专用库房。远离火种、热源。库温不宜超过30℃。应与氧化剂等分开存放，切忌混储。采用防爆型照明、通风设施。禁止使用易产生火花的机械设备和工具。储区应备有泄漏应急处理设备。

7.2 运输信息

危险货物编号：21007。

UN编号：1971。

包装类别：Ⅱ。

包装方法：钢制气瓶。

运输注意事项：采用钢瓶运输时必须戴好钢瓶上的安全帽。钢瓶一般平放，并应将瓶口朝同一方向，不可交叉；高度不得超过车辆的防护栏板，并用三角木垫卡牢，防止滚动。运输时运输车辆应配备相应品种和数量的消防器材。装运该物品的车辆排气管必须配备阻火装置，禁止使用易产生火花的机械设备和工具装卸。严禁与氧化剂等混装混运。夏季应早晚运输，防止日光曝晒。中途停留时应远离火种、热源。公路运输时要按规定路线行驶，勿在居民区和人口稠密区停留。铁路运输时要禁止溜放。

7.3　废弃

（1）废弃处置方法　建议用焚烧法处置。

（2）废弃注意事项　处置前应参阅国家和地方有关法规。把倒空的容器归还厂商或在规定场所掩埋。

8　参考文献

［1］杭士平.空气中有害物质的测定方法［M］.北京：人民卫生出版社，1986.

［2］张坚超，徐镱钦，陆雅海.陆地生态系统甲烷产生和氧化过程的微生物机理［J］.生态学报，2015，（35）20：6592-6603.

［3］北京化工研究院环境保护所/计算中心.国际化学品安全卡（中文版）查询系统［DB］.2016.

［4］方晓瑜，李家宝，芮俊鹏，李香真.产甲烷生化代谢途径研究进展［J］.应用与环境生物学报，2015，21（1）：1-9.

［5］冯小平，王义东，王博祺，王中良.盐分对湿地甲烷排放影响的研究进展［J］.生态学杂志，2015，34（1）：237-246.

［6］王洁，袁俊吉，刘德燕，等.滨海湿地甲烷产生途径和产甲烷菌研究进展［J］.应用生态学报，2016，27（3）：993-1001.

［7］邓湘雯，杨晶晶，陈槐，等.森林土壤氧化（吸收）甲烷研究进展［J］.生态环境学报，2012，21（3）：577-583.

联 苯 胺

1 名称、编号、分子式

联苯胺又称 4,4′-二氨基联苯，系联苯的衍生物之一，可由硝基苯还原生成氢化偶氮苯，再经重排而得。工业生产中，氢化偶氮苯重排经由联苯胺盐酸盐，再加浓硫酸得到联苯胺硫酸盐，也可由硝基苯在碱溶液用锌粉还原为对称二苯肼，再在盐酸介质中分子重排为盐酸联苯胺，然后加入液碱使其成游离基可形成联苯胺。联苯胺基本信息见表 20-1。

表 20-1 联苯胺基本信息

中文名称	联苯胺
中文别名	4,4′-二氨基联苯
英文名称	benzidine
英文别名	4,4-diaminobiphenyl
UN 号	1885
CAS 号	92-87-5
ICSC 号	0224
RTECS 号	DC96250000
分子式	$C_{12}H_{12}N_2$
分子量	184.23

2 理化性质

联苯胺是二元弱碱。一般常用的是联苯胺的盐类，工业上多用其硫酸盐，而实验室中多用盐酸盐和乙酸盐。联苯胺的化学性质与苯胺类似，可以与亚硝酸发生重氮化反应生成重氮盐，此盐与芳香胺或酚偶联，可得到多种染料。联苯胺会与氧化性的物质反应，生成醌型结构的衍生物，扩大了其中的共轭体系，吸收光谱呈现蓝色。联苯胺理化性质一览表见表 20-2。

表 20-2 联苯胺理化性质一览表

外观与性状	白色或浅粉红色结晶性粉末,商品呈褐色或深紫褐色
熔点/℃	128
沸点/℃	401.7

相对密度（水＝1）	1.25
辛醇/水分配系数的对数值	1.34
燃烧热/(kJ/mol)	6524.6
饱和蒸气压(128.7℃)/kPa	98.64
自燃温度	难以自燃
溶解性	难溶于冷水(12℃,400mg/L)、溶于热水(100℃,9.346g/L)、易溶于乙醇(200g/L)、乙醚(20g/L)
稳定性	稳定

3 毒理学参数

(1) 急性毒性 LD$_{50}$：309mg/kg（大鼠经口），214mg/kg（小鼠经口）。

(2) 亚急性和慢性毒性 联苯胺对大型溞慢性毒性最小作用浓度为 0.012mg/L。

(3) 致癌性 IARC 列为对人致癌化学物。途径为吸入或经皮。靶器官为膀胱。小鼠皮下最小中毒剂量 8mg/kg（35 周，间断）致癌阳性；大鼠经口最小中毒剂量 4500mg/kg（30d，间断）致癌阳性；人吸入最小中毒浓度 18mg/m^3（13 年，间断）致癌阳性。

(4) 代谢 从接触者尿中可检测到联苯胺及其代谢产物单乙酰联苯胺。当用 ^{14}C 标记的联苯胺经静脉注射（I. V.）方式给予试验动物后，其半衰期在老鼠体内为 65h，在狗体内为 88h。经腹腔注射（I. P.）或 I. V. 方式给予后，联苯胺主要存在于尿及粪便中。老鼠在 7d 内由粪便排出 70%经 I. V. 方式给予的联苯胺，而狗和猴子在同样情况下只排出 30%，而分别由尿中排出 67%和 50%。80%～90%的联苯胺以 3-羟基联苯胺代谢物的形式排出，尿中的联苯胺及其代谢产物可以作为毒物的接触指标。

(5) 中毒机理 N-羟化是许多芳香胺转化为终致癌物的主要步骤。氨基中的氮发生羟化，羟化后再与硫酸、葡萄糖醛酸、磷酸等结合形成水溶性很大的酯，通过转硫酶作用形成的硫酸酯是关键的终致癌物。硫酸酯基团随后裂解成带正电荷的芳酰胺离子。联苯胺接触者，80%～90%的联苯胺以 3-羟基联苯胺代谢物（通过偶联）的形式排出。从接触者尿中可检测到联苯胺及代谢产物单乙酰联苯胺。

不同种属动物芳香胺终致癌物的类型不尽相同，乙酰芳香胺脱乙酰酶系统与膀胱致癌物敏感性间存在相关。狗体内不能进行乙酰化作用，也不产生乙酰化芳香胺，故不能引发肝肿瘤，但可进行羟化作用，其终致癌物可能是 N-羟基芳香胺，主要诱发膀胱肿瘤。豚鼠缺乏氮羟化酶，故完全不致癌。大鼠虽然有这种酶，但氮转硫酸酯酶活性很低，不能进一步形成水溶性复合物进入尿中，则主要引发肝、肠等肿瘤。

(6) 吸收分布 主要经由皮肤吸收。联苯胺在器官中的分布次序为：肝＞肾＞脾＞心＞肺。

(7) 危险特性 遇明火、高热可燃。与强氧化剂可发生反应。受热分解放出有毒的氧化氮烟气。

4 对环境的影响

4.1 主要用途

联苯胺是重要的芳香族二胺化合物，主要用于生产服装、纸张和皮革制品等使用的染料。联苯胺是偶氮染料中间体，在许多类别染料的合成中都有所应用，尤其是在以前的直接染料合成中广泛应用。它也用作不溶性偶氮染料的显色剂。偶氮染料除常用于天然纤维（棉、毛、丝、麻）和合成纤维（尼龙、聚丙烯纤维等）及纺织品的染色外，在皮革、皮毛、纸张、塑料、地毯等的染色中也必不可少。此外，偶氮染料还用于油墨、墨水、颜料、涂料、木材染色剂以及化妆品等。

4.2 环境行为

（1）代谢和降解　空气中气态的联苯胺与光化学反应生成的羟基自由基反应的速率为 1.54×10^{-10} cm^3/(mol·s)(25℃)。相当于羟基自由基浓度为 5×10^5 个/cm^3 时联苯胺的半衰期为 2.5h。与颗粒结合的联苯胺不与羟基自由基反应，但可以直接吸收 290nm 以上的光而发生光降解反应，其清除比气态的缓慢。

联苯胺进入水中后可以很快被分解，其半衰期在 4d 左右，反应机制可能涉及过氧自由基，黏土矿物及腐殖质的吸附可能促进了联苯胺的清除。

土壤中的黏土矿物，尤其是其中的三价铁和三价铝能与联苯胺反应，使其降解。但是自然情况下由于三价铁和铝受羟基浓度的制约，上述降解作用微弱。有研究发现三种土壤培养 84d 后只有 2% 的联苯胺降解；另外的研究则显示了稍快的降解速度，添加 100g 联苯胺在 26.7℃下 4 周后，剩余未降解的联苯胺只有 20%。据估计联苯胺在土壤中的半衰期在 3～8 年。

活性污泥对联苯胺具有降解作用，较低浓度处理较长时间效果更好。浓度为 0.5mg/L 或 1mg/L 时处理 1 周即接近完全降解；浓度为 5mg/L 和 10mg/L 的样品处理 7 周后只有 94% 和 77% 被降解。

（2）残留与蓄积　联苯胺的生物富集效应不大，生物富集因子（BCF）分别是：鱼 110，蚊子 1180，蜗牛 370，藻类 160。42d 的标记试验显示大太阳鱼可食部分的富集系数是 44。

（3）迁移转化　以前联苯胺生产是在非密封场所进行的，会有联苯胺挥发进入大气。现在都在密封车间生产联苯胺，向空气中的挥发很少。垃圾焚烧会产生少量联苯胺进入大气。空气中的联苯胺有两种存在形式：气体形态及与悬浮颗粒结合态，大部分联苯胺通过干湿沉降返回地表，其余可被光化学降解，因此联苯胺通过大气传送的距离不远。

施用工厂污泥或含联苯胺及其他二胺染料的废弃物是联苯胺进入土壤的主要方式。联苯胺在环境中以游离态或硫酸盐、氯化盐等形式存在。进入土壤后可被土壤颗粒吸附，并与土壤中的阳离子如铁离子等作用，在酸性环境中吸附更强。

联苯胺的亨利常数为 5.74×10^{-6} Pa·m^3/mol，它一旦进入水体就难以再挥发进入大气。它的 K_{oc} 和 K_{ow} 值分别为 10.5 和 21.9，说明很难被土壤颗粒吸附，在水中很容易迁移。芝加哥就发生过废水排入土壤后导致地下水和地表水被污染的事件。由于联苯胺具弱碱性，在酸性条件下可以质子化，从而与土壤中的阳离子交换位点牢固结合，土壤黏粒含量高时吸附多。作为芳环胺类物质，联苯胺能与土壤有机质以共价键结合，形成亚胺键；它还能与土壤中的醌类以近乎不可逆的方式结合。

4.3 人体健康危害

(1) 暴露/侵入途径 吸入、摄入、经皮吸收。

(2) 健康危害 联苯胺可经呼吸道、胃肠道、皮肤进入人体。对皮肤可引起接触性皮炎；对黏膜有刺激作用；长期接触可引起出血性膀胱炎，膀胱复发性乳头状瘤和膀胱癌。

短期接触联苯胺对眼睛、皮肤、黏膜及呼吸道有刺激作用。眼睛受刺激后会发红、疼痛，甚至视物模糊。呼吸道受联苯胺刺激，会引起咳嗽、呼吸困难，咽喉疼痛。吸入本品粉尘可引起肺水肿。摄入本品可引起腹部痉挛，嘴唇或指甲及皮肤发青，有灼烧感、恶心、呕吐。本品形成高铁血红蛋白的作用较微弱。高浓度接触可导致死亡。反复接触联苯胺，可能致使肝、肾和骨髓机能障碍，人长期接触联苯胺可引起出血性膀胱炎、膀胱反复性乳头状瘤和膀胱癌。

4.4 接触控制标准

联苯胺生产及应用相关环境标准见表 20-3。

表 20-3 联苯胺生产及应用相关环境标准

标准编号	限制要求	标准值
中国(GB 3838—2002)	集中式生活饮用水地表水源地特定项目标准限值	0.0002mg/L
中国(GB 18401—2003)	纺织产品可分解芳香胺含量	20mg/kg
中国(GHZB 1—1999)	地面水环境质量标准(Ⅰ、Ⅱ、Ⅲ类水域)	0.0002mg/L

5 环境监测方法

5.1 现场应急监测方法

快速比色法（《化工企业空气中有害物质测定方法》，化学工业出版社）。

5.2 实验室监测方法

联苯胺的实验室监测方法见表 20-4。

表 20-4 联苯胺的实验室监测方法

监测方法	来源	类别
色谱/质谱法	《固体废弃物试验分析评价手册》，中国环境监测总站等译	固体废物
分光光度法	《水和废水标准检验法》15 版	水质
高效液相色谱法	《高效液相色谱法测定废水中的苯胺类化合物》，赵淑莉等	水质

6 应急处理处置方法

6.1 泄漏应急处理

（1）应急行为 迅速撤离泄漏污染区人员至安全区，并进行隔离，严格限制出入。周围设警告标志。

（2）应急人员防护 建议应急处理人员戴好防毒面具，穿化学防护服。不要直接接触泄漏物。

（3）环保措施 尽可能切断泄漏源，防止进入下水道、排洪沟等限制性空间。

（4）消除方法 避免扬尘，小心扫起，置于袋中转移至安全场所。若大量泄漏，用塑料布、帆布覆盖。收集回收或运至废物处理场所处置。

6.2 个体防护措施

（1）工程控制 生产过程密闭，全面通风。

（2）呼吸系统防护 可能接触其粉尘时，必须佩戴防尘面具（全面罩）。紧急事态抢救或撤离时，应该佩戴空气呼吸器。

（3）眼睛防护 呼吸系统防护中已做防护。

（4）身体防护 穿胶布防毒衣。

（5）手防护 戴防护手套。

（6）其他 工作现场禁止吸烟、进食和饮水，及时换洗工作服。工作前后不饮酒，用温水洗澡。实行就业前和定期的体检。保持良好的卫生习惯。

6.3 急救措施

（1）皮肤接触 立即脱去污染的衣服，用肥皂水及清水彻底冲洗。如果脸部、眼睛或皮肤发生肿胀，应立即就医。除污时，急救人员注意要有足够的防护设备。

（2）眼睛接触 摘下佩戴的任何镜片，立即提起眼睑，用大量流动清水或生理盐水冲洗。若有刺激感、疼痛感、肿胀感、流泪或畏光等情形发生，应请医生诊治。

（3）吸入 迅速脱离现场至空气新鲜处。呼吸困难时给输氧；呼吸停止时，立即进行人工呼吸；如有咳嗽、呼吸困难或其他任何症状发生（甚至在暴露后数小时才发生不适性情形），应立即寻求医疗救援。

（4）食入 对于摄入不明物质的病人，若产生抽搐或昏迷，不可以催吐，以免造成吸入呕吐物。确定误服联苯胺者给漱口，饮水，洗胃后口服活性炭，再给以导泻，并就医。

（5）灭火方法

① 小火时方法如下。

a. 使用化学干粉、二氧化碳、洒水或一般型泡沫来灭火。

b. 在无风险且可操作下，移离火场中的容器。

c. 对于暴露于火焰热辐射危害的容器壁，施以水雾冷却至火焰熄灭。

d. 保持最大距离来做灭火动作。

e. 对已喷出的消防废水，筑堤围堵收集，事后处理。

f. 勿将水喷入容器内。

② 大火时方法如下。

a. 使用化学干粉洒水、水雾或一般型泡沫来灭火。

b. 在无风险且可操作下，移离火场中的容器。

c. 对于暴露于火焰热辐射危害的容器壁，施以水雾冷却至火焰熄灭。

d. 保持最大距离来做灭火动作。

e. 若因火灾致使储槽安全阀声响大作或是槽壁变色，立即退出。

f. 对于装卸区的大火，应使用自动式遥控喷塔大量水雾冷却。

g. 勿将水喷入容器内。

h. 远离槽体的两端。

消防人员须戴好防毒面具，在安全距离以外，在上风向灭火。灭火剂：雾状水、泡沫、干粉、二氧化碳、砂土。

③ 后续处理如下。

a. 少量泄漏以砂土、木屑等撒在泄漏处待作用成为混合状时，即迅速将其清除干净。

b. 若无分散剂，可以细砂代替，待其吸收后，将污砂铲入桶中，依相关法规处理。

c. 事后应以清洁剂和水，彻底清洗灾区，产生的废水应导入废水处理场。

6.4 应急医疗

(1) 诊断要点 长期接触主要引起出血性膀胱炎、膀胱乳头状瘤和膀胱癌。对皮肤、黏膜有刺激作用，偶可引起接触性皮炎。形成高铁血红蛋白的作用较弱。

① 膀胱癌的临床诊断。40岁以上男性较多见。无痛和间歇性血尿为最早出现的症状，如合并感染可有尿频、尿急，如肿瘤生长在膀胱颈附近易发生阻塞而产生排尿困难。有时坏死肿瘤组织可从尿中排出。肿瘤如向膀胱周围组织浸润可感膀胱区疼痛。有肾盂积水及泌尿道上部感染时出现腰痛，严重时可致贫血，并发尿毒症。

尿脱落细胞学检查、膀胱镜检查和活组织检查以及膀胱造影对诊断均有益。

② 职业性膀胱癌的病理诊断。膀胱肿瘤中原发于上皮的占95%以上，细胞分型有4种，即移行上皮型、鳞状上皮型、单纯腺上皮型和未分化细胞型。不论职业性与非职业性，最常见的均是移行上皮癌，占膀胱癌的90%以上。膀胱肿瘤中乳头状瘤占3%～40%。乳头状瘤良、恶性的鉴别是病理学主要问题，一般认为，鉴别主要取决于有无上皮的异型增生，但也有人认为膀胱乳头瘤无良性，在临床上一律按膀胱癌处理。

③ 职业性膀胱癌的病因诊断。迄今为止，职业性膀胱癌尚无国家级诊断标准。上海市于1993年3月20日颁布了《上海市职业性联苯胺所致膀胱癌诊断标准及处理原则》，其中有关诊断原则的规定是："根据确认的职业性联苯胺接触史及明确的膀胱癌诊断依据，排除其他可能存在的病因学干扰，综合分析做出与职业因素有关的病因学诊断。"关于病因学诊断规定有两条：a. 确定的膀胱癌诊断依据。必须具备二级或相当于二级医院以上的泌尿科提供的膀胱癌诊断证明。b. 职业接触史的确认条件。最短累计接触期限：职业接触的化学品中联苯胺含量不小于5%者为0.5年，小于5%者为1年；最短潜隐期：接触联苯胺含量不小于5%者为10年，小于5%者为20年。

(2) 处理原则 与一般膀胱癌相同，治疗的目的是为了控制肿瘤和尽可能地保护膀胱功能。对浅表型肿瘤最常用的是经尿道内镜切除术，也可用激光。膀胱内治疗是常用的补充疗法。噻替派、阿霉素、丝裂霉素均为常用抗癌药。此外，膀胱内用卡介苗可能胜过上述药物。

对浅表型肿瘤施行膀胱切除术的指征存在不同看法，一般认为经一次或多次膀胱内治疗后，原位癌继续不断扩散者应切除膀胱。对深部肿瘤，由于已侵袭到肌层，而且存在转移的危险，可以根据病情选择经尿道切除、部分膀胱切除或膀胱根治手术。

（3）预防措施 除生产管道化、密闭化，减少环境污染，防止接触，加强个人防护，讲究个人卫生等一般预防原则外，对职业性膀胱癌高危人群进行定期医学监护是提高早期膀胱癌检出率，从而提高膀胱癌患者生存率的有效手段。用作常规筛检的方法主要是尿脱落细胞学及血尿检查。一般每年检查一次。尿细胞学诊断有巴氏分级标准，如出现Ⅱ级以上改变应缩短检查周期。Ⅱ级是指出现非典型性改变，应进行膀胱镜检查。血尿对无症状膀胱癌的筛检是有价值的。但由于血尿的间歇性，偶然一次检查易漏检。目前推荐应用一种试纸自我血尿检测方法，可大大提高间歇血尿的检出率。供细胞学检测的尿样不宜用晨尿，只需随机取样即可，初始尿或终端尿易获阳性结果。

7 储运注意事项

7.1 储存注意事项

储存于阴凉、通风仓间内。远离火种、热源。防止阳光直射。保持容器密封。应与氧化剂、酸类、食用化工原料分开存放。搬运时要轻装轻卸，防止包装及容器损坏。分装和搬运作业要注意个人防护。

7.2 运输信息

危险货物编号：61803。

包装类别：Ⅱ。

包装方法：塑料袋或两层牛皮纸袋外全开口或中开口钢桶；塑料袋或两层牛皮纸袋外纤维板桶、胶合板桶、硬纸板桶；塑料袋或两层牛皮纸袋外普通木箱；螺纹口玻璃瓶、铁盖压口玻璃瓶、塑料瓶或金属桶（罐）外普通木箱；螺纹口玻璃瓶、塑料瓶或镀锡薄钢板桶（罐）外满底板花格箱、纤维板箱或胶合板箱。

运输注意事项：铁路运输时应严格按照铁道部《危险货物运输规则》中的危险货物配装表进行配装。运输前应先检查包装容器是否完整、密封，运输过程中要确保容器不泄漏、不倒塌、不坠落、不损坏。严禁与酸类、氧化剂、食品及食品添加剂混运。运输途中应防曝晒、雨淋，防高温。

7.3 废弃

（1）废弃处置方法 焚烧法。焚烧炉排出的氮氧化物通过洗涤器除去。

（2）废弃注意事项 处置前应参阅国家和地方有关法规。

8 参考文献

［1］ 环境保护部.国家污染物环境健康风险名录（化学第一分册）［M］.北京：中国环境科学出版

社，2009.

　　[2]　万本太.突发性环境污染事故应急监测与处理处置技术 [M].北京：中国环境科学出版社，2006.

　　[3]　北京化工研究院环境保护所/计算中心.国际化学品安全卡（中文版）查询系统 [DB].2016.

　　[4]　犹学筠，等.联苯胺及其同类物衍生染料诱变性测试方法的研究 [J].中华劳动卫生职业病杂志，1987，5（3）：146.

　　[5]　吕鹏，杨华，李世荣，等.液相色谱法测定地表水中的苯胺、联苯胺 [J].中国西部科技，2011，10（19）：10-11.

　　[6]　《化工企业空气中有害物质测定方法》编写组.化工企业空气中有害物质测定方法 [M].北京：化学工业出版社，1983.

　　[7]　中国环境监测总站.固体废弃物试验分析评价手册 [M].北京：中国环境科学出版社，1992.

　　[8]　美国公共卫生协会，等.水和废水标准检验法 [M].第15版.北京：中国建筑工业出版社，1985.

　　[9]　赵淑莉，魏复盛，邹汉法，徐晓白.高效液相色谱法测定废水中的苯胺类化合物 [J].色谱，1997，15（6）：4.

邻二甲苯

1 名称、编号、分子式

邻二甲苯又称1,2-二甲基苯，无色透明的液体，主要用作化工原料和溶剂。将二甲苯在光催化下煮沸并通入氯气，生成氯代二甲苯；继续通氯时，两侧链上的氢可依次被氯取代；也可通过4-氯-1,2-二甲基苯与3-氯-邻-二甲苯在一定条件下反应生成邻二甲苯。邻二甲苯基本信息见表21-1。

表 21-1　邻二甲苯基本信息

中文名称	邻二甲苯
中文别名	1,2-二甲基苯;邻间二甲苯
英文名称	*o*-xylene
英文别名	1,2-dimethylbenzene
UN 号	1307
CAS 号	95-47-6
ICSC 号	0084
RTECS 号	ZE2450000
分子式	C_8H_{10}
分子量	106.17

2 理化性质

邻二甲苯为无色透明液体，有类似甲苯的气味，且易燃，禁止与强氧化剂或强酸混合。邻二甲苯理化性质一览表见表21-2。

表 21-2　邻二甲苯理化性质一览表

外观与性状	无色透明液体,有类似甲苯的气味
熔点/℃	−25.2
沸点/℃	144.5
相对密度(水＝1)	0.88
相对蒸气密度(空气＝1)	3.66

饱和蒸气压(25℃)/kPa	0.88
辛醇/水分配系数的对数值	3.12
闪点/℃	32
引燃温度/℃	463
爆炸极限(体积分数)/%	空气中 0.9~7.0
溶解性	水中的溶解度178mg/L(25℃)，可混溶于乙醇、乙醚、氯仿等有机溶剂
化学性质	遇明火、高热可燃;受热分解;在碱液中能迅速分解
稳定性	稳定、易燃

3 毒理学参数

(1) 急性毒性 LD_{50}：5000mg/kg(大鼠经口)、1.8mL/kg（小鼠经眼）；14100mg/kg（兔经皮）。LC_{50}：27.4~29g/m^3（大鼠吸入）。致死剂量：0.1mL/kg(人静脉注射)。

(2) 亚急性和慢性毒性 大鼠、兔吸入浓度 3000mg/m^3，每天 8h，每周 6d，共 130d，出现轻度白细胞减少，红细胞和血小板无变化。

(3) 代谢与降解 在人和动物体内，吸入的二甲苯除 3%~6% 被直接呼出外，二甲苯的三种异构体都代谢为相应的苯甲酸（60%的邻二甲苯、80%~90%的间二甲苯、对二甲苯），然后这些酸与葡萄糖醛酸和甘氨酸起反应。在这个过程中，大量邻苯甲酸与葡萄糖醛酸结合，而对苯甲酸几乎完全与甘氨酸结合生成相应的甲基马尿酸排出体外。与此同时，可能少量形成相应的二甲苯酚（酚类）与氢化 2-甲基-3-羟基苯甲酸（2%以下）。

(4) 残留与蓄积 在职业性接触中，二甲苯主要经呼吸道进入身体。对全部二甲苯的异构体而言，由肺吸收其蒸气的情况相同，总量达 60%~70%，在整个的接触时期中，这个吸收量比较恒定。二甲苯溶液可经完整皮肤以平均吸收率为 2.25μg/(cm^3 · min)［范围 0.7~4.3μg/(cm^3 · min)］被吸收，二甲苯蒸气的经皮吸收与直接接触液体相比是微不足道的。二甲苯的残留和蓄积并不严重，进入人体的二甲苯，可以在人体的 NADP（转酶Ⅱ）和 NAD（转酶Ⅰ）存在下生成甲基苯甲酸，然后与甘氨酸结合形成甲基马尿酸，在 18h 内几乎全部排出体外。即使是吸入后残留在肺部的 3%~6% 的二甲苯，也在接触后的 3h 内（半衰期为 0.5~1h）全部被呼出体外。

(5) 致畸性 大鼠孕后 7~14d 吸入最低中毒剂量（TCL_0）3000mg/m^3（24h），致肌肉骨骼系统发育畸形。

(6) 生殖毒性 大鼠吸入最低中毒浓度（TDL_0）：3000mg/m^3，24h（孕 7~4d），对胚泡植入前的死亡率、胎鼠肌肉骨骼形态有影响，有胚胎毒性。

(7) 致癌性 IARC 致癌性评论：G3，对人及动物致癌性证据不足。

(8) 刺激性 家兔经皮开放性刺激试验：10μg（24h），重度刺激。

(9) 危险特性 易燃，其蒸气与空气可形成爆炸性混合物。遇明火、高热能引起燃烧爆炸。与氧化剂能发生强烈反应。流速过快，容易产生和积聚静电。其蒸气比空气密度大，能在较低处扩散至相当远的地方，遇明火会引着回燃。

4 对环境的影响

4.1 主要用途

邻二甲苯主要用作化工原料和溶剂。可用于生产苯酐、染料、杀虫剂和药物，如维生素等；也可用作航空汽油添加剂，也用于颜料、涂料等的稀释剂，印刷、橡胶、皮革工业的溶剂；作为清洁剂和去油污剂，航空燃料的一种成分，化学工厂和合成纤维工业的原材料和中间物质，以及织物和纸张的涂料和浸渍料。

4.2 环境行为

(1) 代谢和降解 邻二甲苯在空气中可被羟基自由基迅速氧化，据估算如果大气中羟基自由基浓度为 $500000/cm^3$，那么其半衰期只有 $8\sim14h$，降解的最终产物是 CO_2 和 H_2O。邻二甲苯与 O_3 或 NO_3 自由基反应的速率较慢，半衰期分别为 $3\sim78$ 年和 $80\sim220d$。邻二甲苯不吸收波长大于 $290nm$ 的光，因此直接光降解很难发生。在 NO 存在时光降解的主要产物有对甲基苯甲醛和 2,5-二甲基苯酚，乙二醛和甲基乙二醛可能占产物的 $30\%\sim50\%$。

地表水中的邻二甲苯主要通过挥发作用脱离水体，光降解和生物降解的速度相对很慢，因此不是主要的清除途径。在地下水中邻二甲苯的挥发受到限制，在一个采煤形成的条状水池里，改善营养供应时其生物降解的半衰期为 $2.6h$。在一个通气的活性污泥反应器中，进口处污水的间二甲苯和/或邻二甲苯清除率大于 78%。

(2) 残留与蓄积 邻二甲苯的饱和蒸气压较高，易于挥发，在石油的生产、加工和运输过程中大量挥发进入大气，有机溶剂的使用过程中也有大量邻二甲苯进入大气，此外作为汽车尾气的组分、汽油的运输和分装等以及化工工业中的通风排入大气。垃圾填埋场和污水处理厂也向空气中释放较多的二甲苯。空气里的二甲苯主要存在于气相中，转化迅速，存留时间短，长距离运输数量较少。

邻二甲苯可随废水进入水体，美国 2002 年直接以 O-二甲苯形式排入地表水 $30kg$，还排入混合二甲苯 $12000kg$。垃圾填埋场渗出液、原油和汽油泄漏等也使之进入水体。邻二甲苯的亨利常数为 $5.25\times10^2Pa\cdot m^3/mol$，因此水体和土壤表层的邻二甲苯可迅速挥发大气，可以认为其在地表水中不是持久性有机污染物。

邻二甲苯的正辛醇/水分配系数的对数值 lgK_{ow} 为 3.12，但是由于其氧化分解速度很快，因此生物富集效应弱。藻类、蛤、虾、鳗鱼等的生物富集因子约为 45，在美国环境署的分类中属于低富集（equivocal，$20\sim100$）。

二甲苯还有一部分直接排放进入表层或深层土壤，邻二甲苯的土壤有机碳吸附系数的对数值 lgK_{oc} 为 2.11，虽然随有机质含量升高吸附量提高，但是总体上被土壤吸附的能力微弱，在土壤中的移动性强，因此土壤表层的邻二甲苯很容易离开土体进入大气。在较干燥的土壤中二甲苯的移动速度比水等极性溶剂高得多，其扩散系数比水高 $4\sim1000$ 倍。所以当邻二甲苯泄漏进入下层土壤时（如储油罐破漏），它也有可能进入地下水中。二甲苯在地下水中的半衰期为 $25\sim287d$。

(3) 迁移转化 二甲苯主要由原油在石油化工过程中制造，它广泛用于颜料、涂料等的稀释剂，印刷、橡胶、皮革工业的溶剂。作为清洁剂和去油污剂，航空燃料的一种成分，化学工厂和合成纤维工业的原材料和中间物质，以及织物和纸张的涂料和浸渍料。二甲苯可通过机械排风和通风设备排入大气而造成污染。一座精炼油厂排放入大气的二甲苯高达 13.18～1145g/h，二甲苯可随其生产和使用单位所排入的废水进入水体，生产 1t 二甲苯，一般排出含二甲苯 300～1000mg/L 的废水 2m^3。由于二甲苯在水溶液中挥发的趋势较强，因此可以认为其在地表水中不是持久性的污染物。二甲苯在环境中也可以生物降解，但这种过程的速度比挥发过程的速度低得多。挥发到空中的二甲苯也可能被光解，这是它的主要迁移转化过程。

4.3　人体健康危害

(1) 暴露/侵入途径　吸入、食入、经皮吸收。

(2) 健康危害　二甲苯对眼及上呼吸道有刺激作用，高浓度时对中枢神经系统有麻醉作用。

① 急性中毒。短期内吸入较高浓度蒸气可出现眼及上呼吸道明显的刺激症状、眼结膜及咽充血、头晕、恶心、呕吐、胸闷、四肢无力、意识模糊、步态蹒跚。重者可有躁动、抽搐或昏迷，有的有癔病样发作。

② 慢性影响。长期接触有神经衰弱综合征，女工有月经异常，工人常发生皮肤干燥、皲裂、皮炎。

4.4　接触控制标准

中国 MAC(mg/m^3)：100。
前苏联 MAC(mg/m^3)：50。
美国 TWA：OSHA 100mg/kg，434mg/m^3；ACGIH 100mg/kg，434mg/m^3。
美国 STEL：ACGIH 150mg/kg，651mg/m^3。
邻二甲苯生产及应用相关环境标准见表 21-3。

表 21-3　邻二甲苯生产及应用相关环境标准

标准编号	限制要求	标准值
中国（TJ 36—79）	车间空气中有害物质的最高容许浓度	100mg/m^3（二甲苯）
中国（TJ 36—79）	居住区大气中有害物质的最高容许浓度	0.30mg/m^3（一次值，二甲苯）
中国（GB 16297—1996）	大气污染物综合排放标准（二甲苯）	最高允许排放浓度： 70mg/m^3；90mg/m^3 最高允许排放速率： 二级 1.0～10kg/h；1.2～12kg/h； 三级 1.5～15kg/h；1.8～18kg/h 无组织排放监控浓度限值： 1.2mg/m^3；1.5mg/m^3
中国（待颁布）	饮用水源中有害物质的最高容许浓度	0.5mg/L（二甲苯）
中国（GHZB 1—1999）	地表水环境质量标准（Ⅰ、Ⅱ、Ⅲ类水域特定值）	0.5mg/L（二甲苯）
中国（GB 8978—1996）	污水综合排放标准	一级：0.4mg/L 二级：0.6mg/L 三级：1.0mg/L

5 环境监测方法

5.1 现场应急监测方法

气体检测管法；便携式气相色谱法；水质检测管法。

快速检测管法（《突发性环境污染事故应急监测与处理处置技术》，万本太主编）。

气体速测管（北京劳保所产品、德国德尔格公司产品）。

5.2 实验室监测方法

邻二甲苯的实验室监测方法见表 21-4。

表 21-4　邻二甲苯的实验室监测方法

监测方法	来源	类别
气相色谱法	《水质苯系物的测定气相色谱法》(GB 11890—89)	水质
气相色谱法	《空气质量　甲苯、二甲苯、苯乙烯的测定　气相色谱法》(GB/T 14677—93)	空气
无泵型采样气相色谱法	《作业场所空气中二甲苯的无泵型采样气相色谱测定方法》(WS/T 153—1999)	作业场所空气
气相色谱法	《固体废弃物试验与分析评价手册》，中国环境监测总站等译	固体废物
色谱/质谱法	美国 EPA524.2 方法[①]	水质
气相色谱法	《空气中有害物质的测定方法》(第二版)，杭士平主编	空气

① EPA524.2(4.1 版)是为配合实施美国国家饮用水的 EPA 标准而制定的，该方法采用吹脱捕集装置，用 GC/MS 检测低浓度的被分析物质。在实际监测中，优先执行我国国家标准。

6 应急处理处置方法

6.1 泄漏应急处理

（1）应急行为　迅速撤离泄漏污染区人员至安全区，并进行隔离，严格限制出入。切断火源。

（2）应急人员防护　建议应急处理人员戴自给式呼吸器，消防防护服。不要直接接触泄漏物。

（3）环保措施　尽可能切断泄漏源，防止进入下水道、排洪沟等限制性空间。

（4）消除方法　小量泄漏：用活性炭或其他惰性材料吸收。也可以用不燃性分散剂制成的乳液刷洗，洗液稀释后放入废水系统。大量泄漏：构筑围堤或挖坑收容；用泡沫覆盖，抑制蒸发。用防爆泵转移至槽车或专用收集器内，回收或运至废物处理场所处置。迅速将被二甲苯污染的土壤收集起来，转移到安全地带。对污染地带沿地面加强通风，蒸发残液，排除蒸气。迅速筑坝，切断受污染水体的流动，并用围栏等限制水面二甲苯的扩散。

6.2 个体防护措施

（1）工程控制　密闭操作，局部排风。操作人员必须经过专门培训，严格遵守操作规程。提供安全淋浴和洗眼设备。

（2）**呼吸系统防护**　空气中浓度较高时，佩戴过滤式防毒面具（半面罩）。紧急事态抢救或撤离时，建议佩戴空气呼吸器。

（3）**眼睛防护**　戴化学安全防护眼镜。

（4）**身体防护**　穿防毒物渗透工作服。

（5）**手防护**　戴橡胶手套。

（6）**其他**　工作现场禁止吸烟、进食和饮水。工作完毕，淋浴更衣。注意个人清洁卫生。

6.3　急救措施

（1）**皮肤接触**　脱去被污染的衣着，用肥皂水和清水彻底冲洗皮肤。

（2）**眼睛接触**　提起眼睑，用流动清水或生理盐水冲洗，立刻就医。

（3）**吸入**　迅速脱离现场至空气新鲜处。保持呼吸道通畅。如呼吸困难，给予输氧。如呼吸停止，立即进行人工呼吸，并就医。

（4）**食入**　饮足量水，催吐，立即就医。

（5）**灭火方法**　喷水冷却容器，可能的话将容器从火场移至空旷处。灭火剂：泡沫、二氧化碳、干粉、砂土。

6.4　应急医疗

（1）**诊断要点**

① 轻度中毒，表现头晕、头痛、胸闷、无力、颜面潮红、结膜充血、步态不稳、兴奋、酩酊状态，或有意识障碍伴情绪反应。

② 重度中毒，在轻度中毒的基础上，出现恶心、呕吐、定向力障碍、意识模糊以致抽搐、昏迷等。

③ 呼吸系统损伤，可出现化学性支气管炎、肺炎、肺水肿、肺出血。

④ 心脏损伤，可致传导阻滞或心肌损害、心电图出现 ST-T 改变，一次大剂量吸入可引起致命的心室纤颤或完全性房室传导阻滞而致猝死。

⑤ 急性中毒后，可引起中毒性肝病，出现消化道症状、黄疸、肝大、肝功能的异常。

⑥ 急性中毒后发生典型的少尿型或非少尿型急性肾衰竭或远端肾小管酸中毒，多伴有肌坏死。

⑦ 眼接触后，轻者可致角膜上皮脱落，重者可致疱性角膜炎、结膜下出血。

⑧ 对皮肤和黏膜有明显的刺激作用，可出现皮肤潮红、瘙痒或烧灼感，并出现局部红斑、红肿，甚至水疱。

⑨ 呼气二甲苯、血二甲苯、甲基马尿酸的测定结果，有助于诊断和鉴别诊断。

（2）**处理原则**

① 对污染皮肤进行彻底清洗。

② 无特效解毒药，给葡萄糖醛酸，以促进毒物的排出。

③ 监护和保护重要脏器，积极救治被损伤的脏器，对症治疗。

（3）**预防措施**　对接触本品的作业工人进行定期健康检查，及时发现就业禁忌证和早期发现中毒病人并给予及时处理。

7 储运注意事项

7.1 储存注意事项

储存于阴凉、通风的库房。远离火种、热源。库温不宜超过 30℃。保持容器密封。应与氧化剂分开存放，切忌混储。采用防爆型照明、通风设施。禁止使用易产生火花的机械设备和工具。储区应备有泄漏应急处理设备和合适的收容材料。

7.2 运输信息

危险货物编号：33535。

包装类别：Ⅲ。

包装方法：小开口钢桶；螺纹口玻璃瓶、铁盖压口玻璃瓶、塑料瓶或金属桶外木板箱。

运输注意事项：本品铁路运输时限使用钢制企业自备罐车装运，装运前需报有关部门批准。运输时运输车辆应配备相应品种和数量的消防器材及泄漏应急处理设备。夏季最好早晚运输。运输时所用的槽（罐）车应有接地链，槽内可设孔隔板以减少振荡产生静电。严禁与氧化剂、食用化学品等混装、混运。运输途中应防曝晒、雨淋，防高温。中途停留时应远离火种、热源、高温区。装运该物品的车辆排气管必须配备阻火装置，禁止使用易产生火花的机械设备和工具装卸。公路运输时要按规定路线行驶，勿在居民区和人口稠密区停留。铁路运输时要禁止溜放。严禁用木船、水泥船散装运输。

7.3 废弃

（1）废弃处置方法 建议用焚烧法处置。焚烧炉排出的气体要通过洗涤器除去。

（2）废弃注意事项 处置前应参阅国家和地方有关法规。

8 参考文献

［1］ 环境保护部.国家污染物环境健康风险名录（化学第一分册）［M］.北京：中国环境科学出版社，2009.

［2］ 北京化工研究院环境保护所/计算中心.国际化学品安全卡（中文版）查询系统［DB］.2016.

［3］ 陈迪云，Huang H W.三氯苯、二甲苯在土壤有机质中的等温吸附［J］.中国环境科学，2003，23（4）：371-375.

［4］ 陈锦，邓丽霞，郑覆康.苯、甲苯、二甲苯及其联合作用对暴露工人的遗传毒性［J］.中国工业医学杂志，1997，10（4）：217-219.

［5］ 侯爱平，王斌.曲阜市25户居室装修后室内空气中苯、甲苯和二甲苯浓度的检测［J］.职业与健康，2006，22（7）：528.

［6］ 黄检阅，张红，钱友明，等.一起急性二甲苯中毒调查［J］.浙江预防医学，2006，18（6）：40.

［7］ 姜玉珠，董路，柴连飞，等.职业性接触苯、甲苯、二甲苯对子代行为影响的初步探讨［J］.中国工业医学，1997，10（3）：133-138.

［8］ 刘力，冯坚持，张桥，等.苯、甲苯、二甲苯暴露人群遗传毒性生物标志物的研究［J］.中华劳动卫生职业病，1996，14（1）：1-3.

[9] 刘志敏，王春华，刘志勇，等.苯、甲苯和二甲苯作业女工对月经及生殖结局的影响 [J].天津医学院学报，1994，18（6）：3-4.

[10] 吕丹瑜，刘雅琼，刘宁，等.二甲苯对妊娠小鼠及胚胎发育的毒性作用 [J].解剖学报，2006，37（3）：354-359.

[11] 逯越，于新宇，赵东利，等.二甲苯染毒小鼠肝和肺的形态学观察 [J].中国职业医学，2006，33（3）：239.

氯 化 苄

1 名称、编号、分子式

氯化苄属致癌物质，具有刺激性气味，是一种重要的化工、医药中间体。主要由液相或气相干燥不含铁质的甲苯与氯在光照或在催化剂存在下侧链自由基氯化制得。氯化苄基本信息见表 22-1。

表 22-1 氯化苄基本信息

中文名称	氯化苄
中文别名	苄氯;氯苄;苄基氯;氯甲苯;氯甲基苯;氯苯甲烷;苯氯甲烷;一氯甲苯;一氯化苄;α-氯甲苯;甲苯基氯
英文名称	benzyl chloride
英文别名	alpha-chlorotoluene;(chloromethyl)benzene; tolyl chloride
UN 号	1738
CAS 号	100-44-7
ICSC 号	0016
RTECS 号	XS8925000
EC 编号	602-037-00-3
分子式	$C_7H_7Cl/C_6H_5CH_2Cl$
分子量	126.6

2 理化性质

氯化苄在通常情况下为无色或微黄色有强烈刺激性气味的液体，有催泪性。与氯仿、乙醇、乙醚等有机溶剂混溶。不溶于水，但可以与水蒸气一起挥发。水解生成苯甲醇。在铁存在下加热迅速分解。有毒、可燃，可与空气形成爆炸性混合物。遇明火、高温或与氧化剂接触有爆炸燃烧的危险。氯化苄理化性质一览表见表 22-2。

表 22-2 氯化苄理化性质一览表

外观与性状	无色液体,有不愉快的刺激性气味
熔点/℃	-39.2
沸点/℃	179.4

相对密度（水＝1）	1.10
相对蒸气密度（空气＝1）	4.36
饱和蒸气压（78℃）/kPa	2.93
燃烧热/(kJ/mol)	3705.2
辛醇/水分配系数的对数值	2.3
闪点/℃	67
引燃温度/℃	585
爆炸下限（体积分数）/%	1.1
溶解性	不溶于水，可混溶于乙醇、氯仿等多数有机溶剂
化学性质	受高热分解放出有毒的腐蚀性烟气。与铜、铝、镁、锌及锡等接触放出热量及氯化氢气体。燃烧（分解）产物为一氧化碳、二氧化碳、氯化氢
稳定性	稳定

3 毒理学参数

(1) 急性毒性 LD$_{50}$：1231mg/kg（大鼠经口）；LC$_{50}$：778mg/m^3，2h（大鼠吸入）。

(2) 中毒机理 对黏膜特别是眼结膜有刺激作用。

(3) 致突变性 微生物致突变：鼠伤寒沙门菌 600μmol/皿；大肠杆菌 10mg/L。

(4) 致癌性 IARC 致癌性评论：动物为阳性反应，人为不肯定反应。

(5) 生态毒性 对环境有危害。

(6) 刺激性 苄基氯浓度在 40mg/m^3 时，10s 内引起轻度眼刺激；160mg/m^3 时，引起难以忍受的眼刺激。皮肤接触可引起红斑、大疱，或发生湿疹。口服引起胃肠道刺激反应、头痛、头晕、恶心、呕吐及中枢神经系统抑制。

(7) 危险特性 受高热分解放出有毒的腐蚀性烟气。与铜、铝、镁、锌及锡等接触放出热量及氯化氢气体。

4 对环境的影响

4.1 主要用途

氯化苄是一种重要的有机合成中间体，也是制造染料、香料、药物、合成鞣剂、合成树脂等的原料。

4.2 环境行为

在环境中稳定存在，无环境行为。

4.3 人体健康危害

(1) 暴露/侵入途径 吸入、食入、经皮吸收。

（2）健康危害

① 急性中毒。持续吸入高浓度蒸气可出现呼吸道炎症，甚至发生肺水肿。蒸气对眼有刺激性，液体溅入眼内引起结膜和角膜蛋白变性。皮肤接触可引起红斑、大疱，或发生湿疹。口服引起胃肠道刺激反应、头痛、头晕、恶心、呕吐及中枢神经系统抑制。

② 慢性影响。肝肾损害。

4.4　接触控制标准

前苏联 MAC（mg/m^3）：0.5。

TLVTN：OSHA 1ppm，5.2mg/m^3；ACGIH 1ppm，5.2mg/m^3。

5　环境监测方法

5.1　现场应急监测方法

无。

5.2　实验室监测方法

氯化苄的实验室监测方法见表 22-3。

表 22-3　氯化苄的实验室监测方法

监测方法	来源	类别
吸附管采样-热脱附/气相色谱-质谱法	《环境空气　挥发性有机物的测定　吸附管采样-热脱附/气相色谱-质谱法》(HJ 644—2013)	环境空气
活性炭吸附-二硫化碳解吸/气相色谱法	《环境空气　挥发性卤代烃的测定　活性炭吸附-二硫化碳解吸/气相色谱法》(HJ 645—2013)	环境空气

6　应急处理处置方法

6.1　泄漏应急处理

（1）应急行为　迅速撤离泄漏污染区人员至安全处，并进行隔离，严格限制出入。切断火源。

（2）应急人员防护　戴自给正压式呼吸器，穿防毒服。

（3）环保措施　不要直接接触泄漏物。尽可能切断泄漏源，防止进入下水道、排洪沟等限制性空间。小量泄漏：用砂土、干燥石灰或苏打灰混合。大量泄漏：构筑围堤或挖坑收容；用泡沫覆盖，降低蒸气灾害。

（4）消除方法　用泵转移至槽车或专用收集器内，回收或运至废物处理所处置。

6.2　个体防护措施

（1）工程控制　严加密闭，提供充分的局部排风。提供安全淋浴和洗眼设备。

（2）呼吸系统防护　可能接触毒物时，佩戴自吸过滤式防毒面具（半面罩）。紧急事态抢救或撤离时，应该佩戴自给式呼吸器。

（3）眼睛防护　戴化学安全防护眼镜。

（4）身体防护　穿透气型防毒服。

（5）手防护　戴橡胶耐油手套。

（6）其他　工作现场禁止吸烟、进食和饮水。工作完毕，淋浴更衣。单独存放被毒物污染的衣服，洗后备用。保持良好的卫生习惯。

6.3　急救措施

（1）皮肤接触　脱去污染的衣着，用肥皂水和清水彻底冲洗皮肤。就医。

（2）眼睛接触　立即提起眼睑，用大量流动清水或生理盐水彻底冲洗至少 15min。就医。

（3）吸入　迅速脱离现场至空气新鲜处。保持呼吸道通畅。如呼吸困难，给输氧。如呼吸停止，立即进行人工呼吸。就医。

（4）食入　饮足量温水，催吐。洗胃。就医。

（5）灭火方法　消防人员须佩戴防毒面具、穿全身消防服，在上风向灭火。灭火剂：雾状水、泡沫、干粉、二氧化碳。

6.4　应急医疗

（1）诊断要点

① 急性中毒。持续吸入高浓度蒸气可出现呼吸道炎症，甚至发生肺水肿。蒸气对眼有刺激性，液体溅入眼内引起结膜和角膜蛋白变性。皮肤接触可引起红斑、大疱，或发生湿疹。口服引起胃肠道刺激反应、头痛、头晕、恶心、呕吐及中枢神经系统抑制。

② 慢性影响。肝肾损害。

（2）处理原则　对中毒患者，立即给予 2％苏打水含漱、洗眼及氢化可的松眼药水点眼，口服维生素 B_1、维生素 C，呕吐者静脉补液，个别给 654-2、激素等处理。

（3）预防措施　对接触本品的作业工人进行定期健康检查，及时发现就业禁忌证和早期发现中毒病人并给予及时处理。

7　储运注意事项

7.1　储存注意事项

储存于阴凉、干燥、通风良好的库房。远离火种、热源。库温不超过30℃，相对湿度不超过70％。包装必须密封，切勿受潮。应与氧化剂、金属粉末、醇类、食用化学品分开存放，切忌混储。配备相应品种和数量的消防器材。储区应备有泄漏应急处理设备和合适的收容材料。应严格执行极毒物品"五双"管理制度。

7.2　运输信息

危险货物编号：61063。

UN 编号：1738。

包装类别：Ⅱ。

包装方法：钢塑复合桶；螺纹口玻璃瓶、铁盖压口玻璃瓶、塑料瓶或金属桶（罐）外木板箱。

运输注意事项：铁路运输时应严格按照铁道部《危险货物运输规则》中的危险货物配装表进行配装。运输前应先检查包装容器是否完整、密封，运输过程中要确保容器不泄漏、不倒塌、不坠落、不损坏。严禁与酸类、氧化剂、食品及食品添加剂混运。运输时运输车辆应配备相应品种和数量的消防器材及泄漏应急处理设备。运输途中应防曝晒、雨淋，防高温。公路运输时要按规定路线行驶，勿在居民区和人口稠密区停留。

7.3 废弃

（1）废弃处置方法　用焚烧法处置。溶于易燃溶剂或与燃料混合后，再焚烧。焚烧炉排出的气体要经过洗涤器除去。

（2）废弃注意事项　燃烧过程中要喷入蒸汽或甲烷，以减少氯气生成。处置前应参阅国家和地方有关法规。或与厂商或制造商联系，确定处置方法。

8 参考文献

［1］董华模.化学物的毒性及其环境保护参数手册［M］.北京：人民卫生出版社，1988.

［2］国家环境保护局有毒化学品管理办公室.化学品毒性、法规、环境数据手册［M］.北京：中国环境科学出版社，1992.

［3］周国泰.危险化学品安全技术全书［M］.北京：化学工业出版社，1997.

［4］卢伟.工作场所有害因素危害特性实用手册［M］.北京：化学工业出版社，2008.

［5］王林宏.危险化学品速查手册［M］.北京：中国纺织出版社，2007.

［6］环境保护部.国家污染物环境健康风险名录（化学第一分册）［M］.北京：中国环境科学出版社，2011.

［7］天津市固体废物及有毒化学品管理中心.危险化学品环境数据手册［M］.天津：天津市固体废物及有毒化学品管理中心，2005.

［8］张莘民，徐朝，李爱强，等.气相色谱法测定环境空气中氯化苄和甲苯［J］.环境监测管理与技术，2000，（3）：33-34.

［9］王家振，徐树楷，张桂媛.106例急性氯化苄中毒的临床分析［J］.铁路节能环保与安全卫生，1984，（1）：25-26.

［10］北京化工研究院环境保护所/计算中心.国际化学品安全卡（中文版）查询系统［DB］.2016.

硫酸二甲酯

1 名称、编号、分子式

硫酸二甲酯为无色或微黄色，略有葱头气味的油状可燃性液体。硫酸二甲酯的合成方法很多，如钠盐法、无水硫酸与甲醇直接反应法、二甲醚与三氧化硫合成法、氯磺酸合成法、硫酸氢甲酯法等。工业上主要采用二甲醚和三氧化硫反应来生产硫酸二甲酯。硫酸二甲酯基本信息见表 23-1。

表 23-1　硫酸二甲酯基本信息

中文名称	硫酸二甲酯
中文别名	硫酸甲酯
英文名称	dimethyl sulfate
英文别名	methyl sulfate；sulfuric acid dimethyl ester
UN 号	1595
CAS 号	77-78-1
ICSC 号	0148
RTECS 号	WSB225000
EC 编号	016-023-00-4
分子式	$C_2H_6O_4S$
分子量	126.14

2 理化性质

硫酸二甲酯为无色或浅黄色透明液体。溶于乙醇和乙醚，在水中溶解度为 2.8g/100mL。在 50℃水或者碱水中易迅速水解成硫酸和甲醇。在冷水中分解缓慢。遇热、明火或氧化剂可燃。硫酸二甲酯理化性质一览表见表 23-2。

表 23-2　硫酸二甲酯理化性质一览表

外观与性状	无色或浅黄色透明液体
熔点/℃	−31.8
沸点/℃	188

相对密度(20℃/4℃)(水＝1)	1.3322
相对蒸气密度(空气＝1)	4.35
饱和蒸气压(76℃)/kPa	2.00
闪点/℃	28.52
自燃温度/℃	187.78
溶解性	溶于乙醇和乙醚,在水中溶解度 2.8g/100mL
化学性质	在 18℃易迅速水解成硫酸和甲醇。在冷水中分解缓慢。遇热、明火或氧化剂可燃。与空气接触形成爆炸性混合物。与强氧化剂、强酸、强碱、浓氨水溶液不能配伍。腐蚀某些塑料、橡胶和涂料。遇湿腐蚀金属

3 毒理学参数

(1) 急性毒性　人吸入 LCL_0：97ppm(10mol/L)。

大鼠经口 LD_{50}：205mg/kg；吸入 LC_{50}：45mg/m^3（4h）。

小鼠经口 LD_{50}：140mg/kg；吸入 LC_{50}：280mg/m^3。

(2) 亚急性和慢性毒性　大鼠吸入 0.5ppm，6h/周，2 周，无影响；17mg/m^3，18 周，MLC（最小致死浓度）。

(3) 中毒机理　硫酸二甲酯属高毒类，作用与芥子气相似，急性毒性类似光气，比氯气大 15 倍。硫酸二甲酯遇水可缓慢水解为甲醇、硫酸及硫酸氢钾质。硫酸对局部黏膜产生强烈的刺激与腐蚀作用，引起呼吸道炎症、肺水肿。吸收剂入体内可影响氧化还原酶系统中甲基化反应，引起中枢神经系统及肝、肾、心肌损害等全身中毒表现。具有变态反应性损害作用，可导致对机体的迟发性作用，包括眼、口腔、呼吸道炎症及全身性迟发性病变等。

(4) 刺激性　有一过性的眼结膜及上呼吸道刺激症状，肺部无阳性体征。

(5) 致癌性　用大鼠进行试验还证实有致癌作用。IARC 致癌性评论：对人大概致癌。

(6) 致突变性　DNA 损伤：人淋巴细胞 1mmol/L。姊妹染色单体交换：人成纤维细胞 1μmol/L。国外动物试验报告，急性硫酸二甲酯中毒后可引起染色体畸变。

(7) 危险特性：遇明火、高热、氧化剂接触，有燃烧爆炸的危险。若遇高热可发生剧烈反应，引起容器破裂或爆炸事故。

遇明火、高热、氧化剂接触，有燃烧爆炸的危险。若遇高热可发生剧烈反应，引起容器破裂或爆炸事故。与氢氧化铵反应剧烈。对环境可能有危害，建议不要让其进入环境。

4 对环境的影响

4.1 主要用途

硫酸二甲酯用于制造染料及作为胺类和醇类的甲基化剂。用作测定煤焦油类的分析试剂。还用于溶剂。因其蒸气毒性强，曾用作战争毒气。

4.2 环境行为

硫酸二甲酯泄漏会污染土壤、地表水、地下水环境，在土壤、地表水、地下水环境不易被降解，但在碱性条件的水中可被中和。水体中硫酸二甲酯的自净过程还要受水温、水的曝气程度（搅动）、pH 值、水面大小及深度等因素影响。

4.3 人体健康危害

(1) 暴露/侵入途径 在工业中制造染料、香料、药物、农药及有机合成时硫酸二甲酯作为良好的甲基化剂，还可用作提取芳烃类的溶剂。在上述生产或搬运过程中，由于生产设备的跑、冒、滴、漏或违反操作规程，是发生急性中毒的主要原因。主要经呼吸道吸入，也可经皮肤吸收。

(2) 健康危害 对眼、上呼吸道有强烈刺激作用，对皮肤有强腐蚀作用。可引起结膜充血、水肿、角膜上皮脱落，气管、支气管上皮细胞部分坏死、穿破，导致纵隔或皮下气肿。此外，还可损害肝、肾及心肌等，皮肤接触后可引起灼伤、水疱及深度坏死。

作用机理尚不完全明了，多数学者认为是由于该物质的甲基性质，它在体内水解成甲醇和硫酸而引起毒作用，这已由动物试验和死亡病例的血液和内脏中检测甲醇证实。Ghringhelli 认为对眼和皮肤的局部作用，部分是由于硫酸所致，而全身和神经系统的影响以及肺水肿是由于硫酸二甲酯分子本身的毒性作用，因它能使体内某些重要基团甲基化所致。

硫酸二甲酯对皮肤的损害，除其腐蚀作用外，还可能引起接触性过敏性皮炎。

中毒时受损的主要靶器官是眼和呼吸系统，表现为急性结膜炎、角膜炎、咽喉炎、气管支气管炎或支气管周围炎，重症表现为肺炎、肺水肿。吸入后至出现中毒症状有 30min～48h 的潜伏期。

(3) 急性中毒 短期内大量吸入，初始仅有眼和上呼吸道刺激症状，经数小时至 24h，刺激症状加重，可有畏光、流泪、结膜充血，眼睑水肿或痉挛，咳嗽，胸闷，气急，紫绀；可发生喉头水肿或支气管黏膜脱落致窒息，肺水肿，成人呼吸窘迫综合征；并可并发皮下气肿、气胸、纵隔气肿。误服灼伤消化道；可致眼、皮肤灼伤。重度中毒时则咯大量白色或粉红色泡沫痰，明显呼吸困难，紫绀，两肺散在湿性啰音；胸部 X 射线表现为边缘模糊、密度均匀、大小不等的片状阴影，多分布于两肺中下野，少数呈蝶翼状阴影，符合弥漫性肺泡性肺水肿。同时还可伴发窒息，气胸、纵隔气肿、皮下气肿。严重者出现成人呼吸窘迫综合征。

(4) 慢性中毒 长期接触低浓度，可刺激眼和上呼吸道。轻度中毒时有明显的眼及呼吸道黏膜刺激症状，表现为畏明、流泪、结膜充血、咳嗽、咳痰、胸闷，两肺可闻及散在的干啰音或少量湿性啰音；胸部 X 射线表现为肺纹理增多、增粗，边缘模糊，两肺下野较明显，符合支气管炎或支气管周围炎。中度中毒时表现为明显咳嗽、咳痰，气急，伴有胸闷及轻度紫绀，两肺散在干啰音或伴有局部湿性啰音或两肺散在喘鸣音；胸部 X 射线表现为肺纹理增多，增粗，两肺中下野可见斑片状阴影或肺野透过度降低，符合支气管肺炎、间质性肺水肿或局限性肺泡性肺水肿。

4.4 接触控制标准

中国 MAC(mg/m^3)：0.5 [皮] (1996)。

美国 ACGIH：TLV-TWA 0.1ppm，0.52mg/m^3；皮肤；可疑致癌物。

美国 MSHA STANDARD-air：TWA 1ppm，5mg/m^3［皮］。

美国 OSHA PEL（所有行业）：8H TWA 1ppm，5mg/m^3［皮］。

澳大利亚：TWA 0.1ppm，0.5mg/m^3；皮肤；致癌物。

比利时：TWA 0.1ppm，0.52mg/m^3；皮肤；致癌物。

丹麦：TWA 0.01ppm，0.05mg/m^3；皮肤。

芬兰：STEL 0.01ppm，0.05mg/m^3；皮肤致癌物。

法国：TWA 0.1ppm，0.5mg/m^3；致癌物。

德国：皮肤；致癌物。

匈牙利：STEL 0.1mg/m^3；皮肤；致癌物。

日本：TWA 0.1ppm，0.52mg/m^3；皮肤；致癌物。

荷兰：TWA 1ppm，0.5mg/m^3；皮肤。

俄罗斯：TWA 0.1ppm；STEL 0.1mg/m^3；皮肤。

瑞典：致癌物。

瑞士：TWA 0.02ppm，0.1mg/m^3；皮肤；致癌物。

土耳其：TWA 0.1ppm，0.5mg/m^3；皮肤。

英国：TWA 0.1ppm，0.5mg/m^3；STEL 0.1ppm；皮肤。

硫酸二甲酯生产及应用相关环境标准见表 23-3。

表 23-3　硫酸二甲酯生产及应用相关环境标准

标准编号	限制要求	标准值
GB 16246—1996	车间空气卫生标准	0.5mg/m^3［皮］
GB 11507—89	职业性急性硫酸二甲酯中毒诊断标准及处理原则	症状分类

5　环境监测方法

5.1　现场应急监测方法

气体检测管法、气体速测管。

5.2　实验室监测方法

硫酸二甲酯的实验室监测方法见表 23-4。

表 23-4　硫酸二甲酯的实验室监测方法

监测方法	来源	类别
1,2-萘醌-4-磺酸钠比色法	《化工企业空气中有害物质测定方法》,化学工业出版社	气体
气相色谱法	《空气中有害物质的测定方法》,(第二版),杭士平主编	气体

6 应急处理处置方法

6.1 泄漏应急处理

(1) 应急行为 迅速撤离泄漏污染区人员至安全处，与污染区隔离 150m，严格限制出入。切断火源。用砂土吸收，倒至空旷地方掩埋。

(2) 应急人员防护 戴自给正压式呼吸器，穿防毒服。

(3) 环保措施 不要直接接触泄漏物。尽可能切断泄漏源，防止进入下水道、排洪沟等限制性空间。小量泄漏：用砂土、蛭石或其他惰性材料吸收。大量泄漏：构筑围堤或挖坑收容；用泡沫覆盖，降低蒸气灾害。

(4) 消除方法 用泵转移至槽车或专用收集器内，回收或运至废物处理所处置。

6.2 个体防护措施

(1) 工程控制 严加密闭，提供充分的局部排风。尽可能机械化、自动化。提供安全淋浴和洗眼设备。

(2) 呼吸系统防护 可能接触其蒸气时，应该佩戴自吸过滤式防毒面具（半面罩）。紧急事态抢救或撤离时，佩戴氧气呼吸器。

(3) 眼睛防护 戴防护眼镜。

(4) 手防护 戴手套。

(5) 其他 安装喷淋设备，以便于冲洗眼部及灼伤皮肤。

6.3 急救措施

迅速脱离现场。对刺激反应者需观察 24～48h。中毒患者应绝对卧床休息，保持安静，严密观察病情，急救治疗包括合理吸氧，给予支气管舒缓剂和止咳祛痰剂。肾上腺糖皮质激素的应用要早期、适量、短程；早期给予抗生素，必要时可给予镇静剂。

(1) 皮肤接触 立刻脱去被污染的衣着，用大量流动清水冲洗至少 15min。就医。

(2) 眼睛接触 立刻提起眼睑，用大量流动清水或生理盐水彻底冲洗至少 15min。就医。

(3) 吸入 迅速脱离现场至空气新鲜处。保持呼吸道通畅。如呼吸困难，给输氧。如停止呼吸，立即进行人工呼吸。就医。

(4) 食入 用水漱口，饮牛奶或蛋清。就医。

(5) 灭火方法 用雾状水、泡沫、二氧化碳、砂土灭火。消防人员须穿戴防毒面具和防护服。

6.4 应急医疗

(1) 诊断要点 中毒时受损的主要靶器官是眼和呼吸系统，表现为急性结膜炎、角膜炎、咽喉炎、气管支气管炎或支气管周围炎，重症表现为肺炎、肺水肿。

(2) 处理原则 首先迅速将中毒病人救移至空气新鲜处，脱去污染衣服，彻底清洗皮肤，对刺激反应者至少观察 24～48h，及时吸氧，给予镇静、祛痰及解痉药物等对症治疗，眼部受污染时现场及早用生理盐水或清水彻底冲洗，再用5％～10％碳酸氢钠溶液冲洗，再用可的松与抗生素眼药水交替滴眼，早期、适量、短程的糖皮质激素疗法可有效防治肺水肿。皮肤灼伤采用抗感染及暴露或脱敏疗法。要时刻警惕迟发性中毒效应的发生。

中毒患者应绝对卧床休息，保持安静，严密观察病情，急救治疗包括合理吸氧，给予支气管舒缓剂和止咳祛痰剂。肾上腺糖皮质激素的应用要早期、适量、短程；早期给予抗生素，必要时可给予镇静剂。

（3）预防措施　定期对职业接触的人员进行体格检查，早期发现症状，并对患者进行脱离接触或必要的解毒处理。但定期体检，以期及早发现与确诊是十分重要的。加强环境监测及一般防护措施，其原则与预防办法与防护其他职业病相同。对可疑的致癌因素，要进行周密的调查研究与人群调查，以便确定需要采取怎样的防护措施。

7　储运注意事项

7.1　储存注意事项

储存于阴凉通风的仓库内，远离火种、热源。与氧化剂、氨、食品添加剂分开存放。防止阳光直射。按规定的技术要求储存。保持容器密封。应与氧化剂、食用化学品分开存放。不可混储混运。

7.2　运输信息

危险货物编号：61116。

UN编号：1595。

包装类别：Ⅰ。

包装方法：铁桶包装或玻璃瓶外木箱内衬不燃材料。小开口钢桶；螺纹口玻璃瓶、铁盖压口玻璃瓶、塑料瓶或金属桶（罐）外木板箱。

运输注意事项：搬运时轻装轻卸，防止包装破损。分装和搬运作业要注意个人防护。运输前应先检查包装容器是否完整、密封，运输过程中要确保容器不泄漏、不倒塌、不坠落、不损坏。运输时运输车辆应配备泄漏应急处理设备。运输途中应防曝晒、雨淋，防高温。公路运输时要按照规定路线行驶，勿在居民区和人口稠密区停留。铁路运输时应严格按照铁道部《危险货物运输规则》中的危险货物配备表进行装配。

7.3　废弃

（1）废弃处置方法　处置前应参阅国家和地方有关法规，一般用焚烧法进行处理。

（2）废弃注意事项　处置前应参阅国家和地方有关法规。或与厂家或制造商联系，确定处置方法。废物储存参见"储存注意事项"。

8　参考文献

　［1］　天津市固体废物及有毒化学品管理中心.危险化学品环境数据手册［M］.天津：天津市固体废物及有毒化学品管理中心，2005：219-221.

　［2］《化工企业空气中有害物质测定方法》编写组.化工企业空气中有害物质测定方法［M］.北京：化

学工业出版社，1983.

［3］ 杭士平.空气中有害物质的测定方法［M］.北京：人民卫生出版社，1986.

［4］ 陈明，王道尚，张丙珍.硫酸二甲酯泄漏事件案例分析［J］.城市与减灾，2010，(6)：20-24.

［5］ 苏首勋，王全锋，张艳玲，等.7例硫酸二甲酯急性中毒事故分析［J］.中国职业医学，2011，38(5)：449-450.

［6］ 倪为民，周都宏，冯玉妹.硫酸二甲酯急性中毒及其八年随访观察［J］.工业卫生与职业病，1988，(1)：32-34.

［7］ 乔玉兰，付晓宽.急性硫酸二甲酯中毒7例报告［J］.职业与健康，1998，(6)：25-26.

［8］ 金芳.急性硫酸二甲酯中毒的救治［J］.中华急诊医学杂志，1998，(4)：247-248.

［9］ 北京化工研究院环境保护所/计算中心.国际化学品安全卡（中文版）查询系统［DB］.2016.

铍及其化合物

1 名称、编号、分子式

铍是一种灰白色的碱土金属，铍及其化合物都有剧毒。铍既能溶于酸也能溶于碱液，是两性金属，铍主要用于制备合金。2017 年 10 月 27 日，世界卫生组织国际癌症研究机构公布的致癌物清单初步整理参考，铍在 1 类致癌物清单中。铍基本信息见表 24-1。

表 24-1 铍基本信息

中文名称	铍
中文别名	铍粉
英文名称	beryllium
英文别名	berylliumatom；glucinium
CAS 号	7440-41-7
ICSC 号	0226
RTECS 号	DS1750000
UN 号	1567
EC 编号	004-001-00-7
分子式	Be
分子量	9.01

2 理化性质

铍为灰白色轻金属。难溶于水，可溶于酸，易燃。细微粉末遇强酸反应，放出氢气。铍蒸气在空气中易被氧化为很轻的氧化铍粉尘，在自然界中铍主要存在于绿柱石（$3BeO \cdot Al_2O_3 \cdot 6SiO_2$）中，常见铍化合物有氧化铍、氢氧化铍、氟化铍、硫酸铍等。铍理化性质一览表见表 24-2。

表 24-2 铍理化性质一览表

外观与性状	钢灰色轻金属,质硬而有展性
熔点/℃	1278
沸点/℃	2970
相对密度(水＝1)	1.85

引燃温度/℃	647
稳定性和反应活性	稳定
危险标记	14(剧毒品),35(易燃固体)
溶解性	不溶于冷水,微溶于热水,溶于稀盐酸、稀硫酸

3 毒理学参数

(1) 急性毒性 LD_{50}：50mg/kg（大鼠经口），320mg/kg（兔经皮）；LC_{50}：6000mg/m^3，2h（小鼠吸入）。

(2) 亚急性和慢性毒性 含铍的荧光粉及高温炼制的氧化铍则多引起慢性铍中毒。除在动物肺脏可见肉芽肿结节外，肝脏普遍出现肝细胞肿胀变性、脂肪变性及小灶性肝细胞坏死等。铍含量不高的各种铍合金仍可引起铍尘着病。

(3) 代谢 可溶性铍化合物（如硫酸铍、氟化铍）吸收后主要蓄积在骨骼，其次是肝脏。不溶性铍化合物（如氧化铍）主要滞留在上呼吸道和肺脏，主要由尿排出，排泄缓慢。可溶性铍化合物毒性较大，以氟化铍和氧化铍的毒性最大。

(4) 中毒机理 铍作为半抗原在肺中与一些未知蛋白质结合，致敏辅助 T 淋巴细胞（TCD^+），TCD^+ 启动巨噬细胞，并加速其分化，成为上皮样细胞。由于铍很少被排泄，这种免疫反应持续，形成肉芽肿。由肉芽肿中上皮样细胞和淋巴细胞产生的纤维基因因子产生胶原，最后结疤、萎缩，导致肺功能障碍。铍致皮炎也具有变态反应性质。

(5) 刺激性 家兔经眼：20mg（24h），重度刺激。家兔经皮：500mg（24h），中度刺激。

(6) 生殖毒性 未见经口染毒对生殖毒性、胚胎毒性和致畸性的研究报道。有一些研究都是通过胃肠外染毒以观察铍的生殖毒性和胚胎毒性。通过静脉注射染毒小鼠，发现铍不易穿过胎盘。在小鼠妊娠期腹腔注射硫酸铍，发现染毒小鼠的后代出现行为改变。

(7) 致突变性 DNA 损伤：大肠杆菌 30μmol/L，人 HeLa 细胞 30μmol/L 阳性。

(8) 致癌性 G1（确认人类致癌物），铍能诱发某些动物的恶性肿瘤，如兔的骨肉瘤、大鼠的肺瘤，甚至个别猴的肺癌等。但至今尚未证实铍对人有致癌作用。流行病学调查结果表明，职业性铍暴露引起肺癌超额危险度的增加，但这些结果受到了抨击，目前尚不能下结论。国际癌症研究机构（IARC）依据动物试验资料，把铍及其化合物放入 2A 组，属于人类的可能致癌物。

(9) 危险特性 微细粉末遇强酸反应，放出氢气。与四氯化碳混合遇火花或闪火能燃烧。能与锂、磷剧烈反应。细小的铍粉和尘埃能与空气形成爆炸性混合物，易燃的程度与粒子大小有关，超细铍粉接触空气时易自燃。

4 对环境的影响

4.1 主要用途

铍和铍的化合物主要用途有：原子能反应堆的中子减速剂，反射体材料和中子源；作为散热、隔热和吸热的轻金属材料，用于宇宙航空工业；铍合金如铍铜、铍铝合金，用于制造各种精密电子仪表等的零件；制作耐高温陶瓷制品；用作 X 射线球管的透光片和光学镜体材料。

4.2 环境行为

（1）代谢和降解 将废水调整 pH 值，经絮凝、澄清、过滤后，通过活性炭柱进行吸附，加石灰、氯化铁和铝钒均可有效除去微量铍。

（2）残留蓄积 开采化石燃料的地区，铍本身并不挥发，而是直接聚积在煤灰里。在产生的废弃物中铍的散布极不均匀。在煤燃烧后，大部分铍以牢固的结合态残留于煤渣中。

铍是显著的亲石元素之一，在风化和底质的形成过程中，铍的经历和铝相似，和铝一道富集于黏土、铝矾土、深海沉积物和其他水解沉积底质中。

当河水流动时，河水中部分溶解的铍发生凝固，集聚于有机物的表面，被原生物吸附，于藻类体内蓄积，而后沉于河底的底泥中。例如，在奥斯陆地地区的河流底泥中铍含量达 2.3μg/kg。在亚速夫海底泥中测得的指标更高，达到 10～30μg/kg。在淡水水体的底泥中，铍的含量也可能很高。例如，南伊利瑙河的底泥铍含量为 1.4～7.5μg/kg。

部分铍从土壤、大气、淡水和海水进入植物和作物体内，被各种生物蓄积，然后沿食物链进入动物和人体内。根据 W. Griffist 等的材料，树叶内的铍含量比树枝和果实内的高。澳大利亚人食物中铍含量变动很大，在土豆中为每 1kg 灰分 0.078mg，大豆中为 0.065mg，西红柿中为 0.105mg，蛋中为 0.078mg，牛奶中为 0.083mg，肉和鱼中为 0.57mg/kg。

（3）迁移转化 陆地上流水的 pH 值基本上是 4.5～8.5。在这种 pH 值下，铍可能以溶解态存在，也可变成沉淀物下沉。在 pH 值为 5.7 时，开始从稀溶液中沉淀成氢氧化铍。

4.3 人体健康危害

（1）暴露/侵入途径 吸入、食入。

（2）健康危害 短期大量接触可引起急性铍病，主要表现为急性化学性支气管炎或肺炎。肝脏往往肿大，有压痛，甚至出现黄疸。长期接触小量铍可发生慢性铍病。除无力、消瘦、食欲不振外，常有胸闷、胸痛、气短和咳嗽。X 射线肺部检查分为三型：颗粒型、网织型和结节型。晚期可发生右心衰竭。皮肤病变有皮炎、溃疡及皮肤肉芽肿。

铍化合物可产生全身中毒，多经呼吸道侵入人体，主要积蓄于肺、肝、胃、骨及淋巴结等处，易在身体内积蓄，排除缓慢，引起咳嗽、气喘、呼吸困难、胸痛及体重减轻等症状。直接接触铍尘或蒸气可发生皮炎和鸡眼状溃疡，长期接触可引起贫血、颗粒性白细胞减少等症状。铍中毒的初步（临床）判断方法是：急性中毒的初期表现为全身酸痛、疲乏无力、头晕、头疼、咽痛，可伴有心悸和低热。轻度和中度中毒时，可产生化学性肺炎，有明显气短和咳嗽，常有血痰，伴有胸痛，体温高达 39℃左右。

4.4 接触控制标准

中国 MAC（mg/m³）：0.001。
前苏联 MAC（mg/m³）：0.001［皮］。
TLVTN：OSHA 0.002mg［皮］/m³；ACGIH 0.002mg/m³。
铍生产及应用相关环境标准见表 24-3。

表 24-3　铍生产及应用相关环境标准

标准编号	限制要求	标准值
中国(GBZ 2—2002)	时间加权平均允许浓度(TWA)	0.0005mg/m³
中国(GBZ 2—2002)	短时间接触允许浓度(STEL)	0.001mg/m³
中国(GB 8978—1996)	污水综合排放标准	0.005mg/L
中国(GB 5749—2006)	生活饮用水卫生标准	0.002mg/L
中国(CJ 3020—1993)	生活饮用水水源水质标准	0.0002mg/L
中国(GB 3838—2002)	地表水环境质量标准	0.002mg/L
中国(GB 16297—1996)	大气污染物综合排放标准	现有污染源:0.015mg/m³ 新污染源:0.012mg/m³
中国(GB/T 14848—1993)	地下水质量标准	一类:≤0.00002mg/L 二类:≤0.0001mg/L 三类:≤0.0002mg/L 四类:≤0.001mg/L 五类:>0.001mg/L
前苏联(1975)	饮用水中有机物最大允许浓度	0.0002mg/L

5　环境监测方法

5.1　现场应急监测方法

无。

5.2　实验室监测方法

铍的实验室监测方法见表 24-4。

表 24-4　铍的实验室监测方法

监测方法	来源	类别
亚甲基蓝分光光度法	《水质　硫化物的测定　亚甲基蓝分光光度法》(GB 16489—1996)	水质
直接显色分光光度法	《水质　硫化物的测定　直接显色分光光度法》(GB/T 17133—1997)	水质
活性炭吸附-铬天菁 S 光度法	《水和废水监测分析方法》(第三版)	水和废水
羊毛铬花菁 R 分光光度法;原子吸收法	《空气和废气监测分析方法》,国家环境保护总局编	空气和废气
原子吸收法	《固体废弃物试验分析评价手册》,中国环境监测总站等译	固体废物

6　应急处理处置方法

6.1　泄漏应急处理

（1）**应急行为**　迅速撤离泄漏污染区人员至安全区，隔离泄漏污染区，限制出入。不要直接接触泄漏物。避免扬尘，小心扫起，转移回收。

（2）**应急人员防护**　建议应急处理人员戴自给正压式呼吸器，穿防毒服。

（3）**环保措施**　对受铍污染的水体，可投加石灰乳中和，调 pH 值至 8.5～9.5，使可

溶性铍生成 $Be(OH)_2$ 沉淀；加聚合氯化铝可提高沉淀效率。处理后的水铍含量可降至 10～20μg/L。进一步采用吸附或离子交换深度处理后可接近或达到环境水质标准。对受铍污染的土壤可采用焚烧处理的方法，以使铍转化为不溶性和具有化学惰性的铍氧化物质。焚烧后的残渣可在混凝土中封装填埋。

（4）消除方法 小心将泄漏物收集到容器中。如果适当先润湿防止扬尘，然后转移到安全场所。不要让该化学品进入环境。化学防护服包括自给式呼吸器。

6.2 个体防护措施

（1）工程控制 密闭操作，局部排风。最好采用湿式操作。尽可能机械化、自动化。提供安全淋浴和洗眼设备。

（2）呼吸系统防护 可能接触其粉尘时，作业工人应该佩戴头罩型电动送风过滤式防尘呼吸器。必要时，佩戴隔离式呼吸器。

（3）眼睛防护 呼吸系统防护中已做防护。

（4）身体防护 穿连衣式胶布防毒衣。

（5）手防护 戴橡胶手套。

（6）其他防护 工作现场禁止吸烟、进食和饮水。工作完毕，淋浴更衣。单独存放被毒物污染的衣服，洗后备用。实行就业前和定期的体检。

6.3 急救措施

（1）皮肤接触 脱去被污染的衣着，用肥皂水和清水彻底冲洗皮肤。

（2）眼睛接触 提起眼睑，用流动清水或生理盐水冲洗。就医。

（3）吸入 迅速脱离现场至空气新鲜处。保持呼吸道通畅。如呼吸困难，给输氧。如呼吸停止立即进行人工呼吸。就医。

（4）食入 饮足量温水，催吐，就医。

（5）灭火方法 消防人员必须佩戴过滤式防毒面具（全面罩）或隔离式呼吸器、穿全身防火防毒服，在上风处灭火。灭火剂：砂土、二氧化碳。

6.4 应急医疗

（1）诊断要点

① 急性铍中毒。主要依据高浓度铍的接触史，急性或亚急性发病。轻症患者具有咳嗽、咳痰、呼吸困难等呼吸道刺激症状，肺部 X 射线仅见肺纹理增强紊乱；重症患者的主要指征为中毒性肺炎、肺水肿，并伴明显的全身中毒或内脏损害症状；X 射线胸片可见片絮状或大片状阴影。实验室检查可见外周血白细胞数升高，核左移，可伴嗜酸粒细胞增多，血沉增快。肝功能试验异常，血清 ALT 明显升高，有黄疸者血胆红素升高，尿胆红素强阳性。尿及血浆中铍含量明显升高。正常参考值尿铍为 $(0.04\pm0.01)\mu mol/L$；血浆铍为 $(0.017\pm0.007)\mu mol/L$（参考欧共体联合研究中心数值，1990）。皮肤斑贴试验可协助诊断。

② 慢性铍病。主要诊断依据为：确实的铍接触史；有进行性的呼吸系统症状及全身消耗症状；肺 X 射线有弥漫的颗粒状、结节状或密网状阴影；肺功能有限制型或气体弥散功能障碍；以铍为抗原的免疫学试验如皮肤斑贴试验、淋巴细胞转化试验、白细胞移动抑制试验以及活性玫瑰花试验等阳性；肺活组织病理符合铍肉芽肿表现，且其中含有铍。尿铍测

定，正常为阴性，慢性中毒者可为 $0\sim5\mu g/L$。尚有血清 γ 球蛋白、免疫球蛋白（IgG、IgA）增高等。

（2）处理原则

① 立即停止接触铍作业。清除体表及衣物上污染的毒物。有接触皮炎者可用炉甘石洗剂或用 2% 硼酸液湿敷，再用皮炎平或氟轻松霜（肤轻松霜）涂擦；铍溃疡清洗后敷氢化可的松软膏，皮肤肉芽肿应予切除。眼部污染用 2% 硼酸水流水冲洗。

② 对症治疗。起病时可给解热止痛剂，呼吸系症状用镇咳、祛痰剂，有缺氧表现者应予吸氧；疑合并感染者，适当选用抗生素。肝损害按中毒性肝病做保肝治疗。

③ 激素疗法。糖皮质激素既可降低机体敏感性，减少肺部炎性渗出，减轻中毒症状，又可降低铍引起的细胞和纤维组织反应，是急性铍病的主要疗法，可选用泼尼松每日 $30\sim60mg$，分 $3\sim4$ 次经口，症状缓解后逐步减量，也可每日静脉点滴氢化可的松 $200\sim400mg$ 或地塞米松 $10\sim20mg$，用 $3\sim5d$ 后，再改用泼尼松经口，并逐步减量，疗程一般不超过 30d。

④ 急性铍中毒经积极治疗，症状可逐步减轻，1 个月左右基本消失。但肺部浸润病灶吸收缓慢，恢复期阴影界限逐渐清楚，常需 $1\sim4$ 个月才能完全吸收，但也有个别病例肺部可长期残留点状或索条状阴影，甚至可转变为慢性肉芽肿。

（3）预防措施 对铍及铍化合物作业工人进行上岗前和定期健康检查，及时发现就业禁忌证和早期发现铍中毒病人及时处理。密闭操作，局部排风。操作人员必须经过专门培训，严格遵守操作规程。建议操作人员佩戴头罩型电动送风过滤式防尘呼吸器，穿连衣式胶布防毒衣，戴橡胶手套。远离火种、热源，工作场所严禁吸烟。使用防爆型的通风系统和设备。避免与酸类、碱类、卤素接触。搬运时要轻装轻卸，防止包装及容器损坏。配备相应品种和数量的消防器材及泄漏应急处理设备。倒空的容器可能残留有害物。

7 储运注意事项

7.1 储存注意事项

储存于阴凉、通风的库房。远离火种、热源。包装密封。应与酸类、碱类、卤素、食用化学品分开存放，切忌混储。采用防爆型照明、通风设施。禁止使用易产生火花的机械设备和工具。储区应备有合适的材料收容泄漏物。应严格执行极毒物品"五双"管理制度。

7.2 运输信息

危险货物编号：61024。

UN 编号：1567。

包装类别：Ⅱ。

包装方法：螺纹口玻璃瓶、铁盖压口玻璃瓶、塑料瓶或金属桶（罐）外木板箱；螺纹口玻璃瓶、塑料瓶、镀锡薄钢板桶（罐）外满底板花格箱；螺纹口玻璃瓶、塑料瓶或塑料袋再装入金属桶（罐）或塑料桶（罐）外木板箱。

运输注意事项：铁路运输时应严格按照铁道部《危险货物运输规则》中的危险货物配装表进行配装。运输前应先检查包装容器是否完整、密封，运输过程中要确保容器不泄漏、不倒塌、不坠落、不损坏。严禁与酸类、氧化剂、食品及食品添加剂混运。运输时运输车辆应配备相应品种和数量的消防器材及泄漏应急处理设备。运输途中应防曝晒、雨淋，防高温。

7.3 废弃

（1）废弃处置方法 经焚烧炉和灰尘收集设备后，转化为惰性的氧化物进行填埋。或恢复材料原状态，以便重新使用。

（2）废弃注意事项 处置前应参阅国家和地方有关法规。或与厂家或制造商联系，确定处置方法。废物储存参见"储存注意事项"。

8 参考文献

［1］ 国家环境保护局有毒化学品管理办公室.化学品毒性、法规、环境数据手册［M］.北京：中国环境科学出版社，1992.

［2］ 周国泰.危险化学品安全技术全书［M］.北京：化学工业出版社，1997.

［3］ 天津市固体废物及有毒化学品管理中心.危险化学品环境数据手册［M］.天津：天津市固体废物及有毒化学品管理中心，2005.

［4］ 环境保护部.国家污染物环境健康风险名录（化学第一分册）［M］.北京：中国环境科学出版社，2011.

［5］ 胡望钧.常见有毒化学品环境事故应急处置技术与监测方法［M］.北京：中国环境科学出版社，1993.

［6］ 魏复盛.水和废水监测分析方法［M］.第 3 版.北京：中国环境科学出版社，1989.

［7］ 国家环境保护总局空气和废气监测分析方法编委会.空气和废气监测分析方法［M］.第 4 版.北京：中国环境科学出版社，2003.

［8］ 中国环境监测总站.固体废弃物试验分析评价手册［M］.北京：中国环境科学出版社，1992.

［9］ 江苏省环境监测中心.突发性污染事故中危险品档案库［DB］.

［10］ 俞永庆.谈谈环境中的铍［J］.环境保护，1983，（3）：20-22.

［11］ Бугрыщев П Ф，曰杉.环境中的铍［J］.农业环境与发展，1986，（4）：38-40.

［12］ 骆金俊，李进，郁春辉.铍的致癌性和遗传毒性［J］.微量元素与健康研究，2013，30（5）：68-70.

［13］ 北京化工研究院环境保护所/计算中心.国际化学品安全卡（中文版）查询系统［DB］.2016.

氰 化 物

1 名称、编号、分子式

氰化物是人们所知的最强烈、作用最快的有毒药物之一。广泛存在于自然界,尤其是生物界,氰化物可由某些细菌、真菌或藻类制造,并存在于相当多的食物与植物中。氰化物基本信息见表 25-1。

表 25-1 氰化物基本信息

中文名称	氰化物
英文名称	cyanide
UN 号	1680
CAS 号	74-90-8
ICSC 号	0429
RTECS 号	MW6825000
EC 编号	006-006-00-X
分子式	HCN;KCN;NaCN
分子量	27.03(HCN);65.11(KCN);49.02(NaCN)

2 理化性质

氰化物是无色气体或液体,有苦杏仁味。可溶于水、醇、醚等。氰化物理化性质一览表见表 25-2。

表 25-2 氰化物理化性质一览表

外观与性状	无色气体或液体,有苦杏仁味
熔点/℃	-13.2
沸点/℃	25.7
相对密度(水=1)	0.69
相对蒸气密度(空气=1)	0.93
饱和蒸气压(9.8℃)/kPa	53.32
闪点/℃	-27.7

爆炸上限（体积分数）/%	40.0
爆炸下限（体积分数）/%	5.6
溶解性	溶于水、醇、醚等
化学性质	稳定

3　毒理学参数

（1）急性毒性　从中毒病人的临床资料看，氰化物对人体的致死量每个人的耐受力相差很大，耐受力小者 0.5mg/kg 即可致死，耐受力大者达 3.5mg/kg 即可致死。人经口氰化钠的致死剂量为 150～250mg/L，氰化钾为 200～250mg/L，氢氰酸（氰化氢）为 50～100mg/L。氢氰酸的毒性作用可由致死浓时积（LC_t）值表示，在暴露时间固定时，液体氢氰酸经口中毒的 LD_{50} 为 0.9mg/kg，液态氢氰酸经皮肤吸收的 LD_{50} 约为 100mg/kg。

（2）亚急性和慢性毒性　在氰化物的慢性作用下，组织供氧不足，可引起一系列反射性改变，如红细胞血红蛋白代谢性增高、血压下降、甲状腺机能低下、甲状腺组织增生肿大。氰化物慢性中毒的发生与机体的营养状况有关，如维生素 B_{12} 缺乏，蛋白质营养不良，尤其是含硫氨基酸的缺乏可使机体用于 CN^- 解毒的 $S_2O_3^{2-}$、S^{2-} 及—SH 减少，这些因素均可使摄入体内的 CN^{-1} 毒性增加，从而导致一系列慢性中毒的症状和体征出现。

（3）代谢　非致死剂量的氰化物进入人体后，在体内能逐渐被解毒。其机理为体内的 β-巯基丙酮酸在断裂酶的作用下释放出的硫，被体内代谢产生的亚硫酸根结合，生成硫代硫酸盐，硫代硫酸盐与氰离子在硫氰生成酶的催化下生成无毒的硫氰酸盐，从肾脏通过尿液排至体外，这是氰化物在体内的主要解毒途径。大约 90% 的硫氰酸盐是通过这种途径排出的，解毒能力的强弱与体内供硫的多少有关，解毒速度的快慢由组织中含硫氰生成酶的量决定。人对氰化物的敏感程度也与体内硫氰生成酶的含量多少有关，含硫氰生成酶少的人对氰化物就敏感，由此可见人体的个体差异很大。

此外，体内的氰离子还能与胱氨酸结合形成 2-亚氨基噻唑烷-4-羧酸，从肾脏排出；氰离子与羟钴维生素作用生成氰钴维生素，也从肾脏排出；氰离子也可以氧化成氰酸，再经水解生成二氧化碳和氨，由肺呼出；氰离子氧化生成甲酸，一部分参与单碳代谢，另一部分由肾脏排出；氰化氢也可以直接从呼吸道呼出一部分。

氰化物在体内解毒是有限的，如摄入的氰化物超过了解毒的负荷，达到中毒的浓度便会引起中毒甚至死亡。

游离氰基（CN^-）在体内主要代谢途径是在硫氰化酶（或 β-巯基丙酮酸转硫酶）的催化作用下，与硫起加成反应，转变成毒性很低的 SCN^-（只有 CN^- 毒性的 1/200），然后由尿、唾液、汗液等排出体外。游离氰基还可与体内含钴的化合物如羟钴胺（维生素 B_{12}）结合形成无毒的氰钴化合物。因此，临床上用羟钴胺或依地酸二钴抢救 CN^- 急性中毒的报告。氰离子与人体内的硫、钴、葡萄糖醛酸也能结合，这些结合都是可逆的，其结合的程度取决于人体内的氰离子浓度。氰离子与硫结合成为低毒的硫氰酸盐，与钴盐结合成低毒的氰高钴酸盐，在肝脏中与葡萄糖醛酸结合成微毒的腈类化合物，这些生成低毒物质的反应对含铁细胞色素氧化酶实际起到了天然的保护作用，缓冲中毒的程度。

（4）中毒机理 氢氰酸及其盐类在体内的分布因中毒途径而异，除直接接触的组织氰含量较高外，CN⁻易与红细胞结合，故血液氰含量最高，依次为脑和心脏，其他组织则较少。

（5）刺激性 有较强烈刺激性，氢氰酸气体具有特有的气味，不易误食。

（6）致癌性 动物证明丙烯腈等有机氰有致癌作用，对人尚未证实。

（7）致突变性 动物证明丙烯腈等有机氰有致突变作用，对人尚未证实。

（8）生殖毒性 最近动物试验证明，长期经口摄入微量氰化钾对小鼠繁殖有影响，动物的子代死亡率升高，妊娠次数明显下降、死胎可增多。

（9）危险特性 长期暴露在氰化物后，维生素 B_{12} 与氰化物反应，使得体内维生素 B_{12} 的含量降低。

4 对环境的影响

4.1 主要用途

氰化物在电镀、炼金、热处理、煤气、焦化、制革、有机玻璃、苯、甲苯、二甲苯、照相以及农药等的工业生产过程中都被广泛地应用。在采矿业方面，氰化物被大量用于黄金开采中，因为金单质在氰离子的络合作用下降低了其氧化电位，从而能在碱性条件下被空气中的氧气氧化生成可溶性的金酸盐而溶解，由此可以有效地将金从矿渣中分离出来，然后再用活泼金属比如锌块经过置换反应把金从溶液中还原为金属。在有机合成方面，氰化物常用来在分子中引入一个氰基，生成有机氰化物，即腈。例如纺织品中常见的腈纶，它的化学名称是聚丙烯腈。腈通过水解可以生成羧酸；通过还原可以生成胺等。可以衍生出其他许多的官能团来。此外，氰化物在医药、农药、染料、食品和饲料添加剂及其合成助剂等方面具有极广泛的用途。

4.2 环境行为

（1）代谢和降解 氰化氢和简单氰化物在地面水中很不稳定，氰化氢易逸入空气中；或当水的 pH 值大于 7 和有氧存在的条件下，也可被氧化而生成碳酸盐与氨。简单氰化物在水中很易水解而形成氰化氢。水中如含无机酸，即使是二氧化碳溶于水中生成的碳酸（弱酸），也可加速此分解过程。

地面水中存在着能够分解利用氰化物的微生物，也可将氰化物经生物氧化作用转化为碳酸盐与氨。因此，氰化物在地面水中的自净过程相当迅速，但水体中氰化物的自净过程还要受水温、水的曝气程度（搅动）、pH 值、水面大小及深度等因素影响。

在土壤微生物作用下，可以生成氰化物和酚化物，因此，土壤中氰化物的本底含量与其有机质的含量密切相关。

土壤对氰化物表现出很强的净化能力。进入土壤中的氰化物，除逸散至空气外，一部分被植物吸收，在植物体内被同化或氧化分解。存留于土壤中并部分在微生物的作用下，可被转化为碳酸盐、氨和甲酸盐。当氰化物持续污染时，土壤微生物可经驯化产生相适应的微生物群，对氰化物的净化起着巨大作用。因此，有些低浓度含氰工业废水长期进行污水灌溉的地区，土壤中的氰含量几乎没有积累。

自然界对氰化物的污染有很强的净化作用，因此，一般来说外源氰化物不易在环境和机体中积累。只有在特定条件下（事故排放、高浓度持续污染），当氰化物的污染量超过环境的净化能力时，才能在环境中残留、蓄积，从而构成对人和生物的潜在危害。

（2）残留与蓄积　氰化物广泛地存在于自然界中。动植物体内都含有一些氰类物质，有些植物如苦杏仁、白果、果仁、木薯、高粱等含有相当量的含氰糖苷。它水解后释放出游离的氰化氢，在一些普通粮食、蔬菜中，也可检出微量氰化物。

腐殖质是一类复杂的有机化合物，其核心由多元酚聚合而成，并含有一定数量的氮化合物。

（3）迁移转化　土壤中也普遍含有氰化物，并随土壤深度的增加而递减，其含量为 0.003～0.130mg/kg。氰化氢极易挥发，多数氰化物易溶于水，因此排入自然环境中的氰化物易被水（或大气）淋溶稀释、扩散，迁移能力强。

4.3　人体健康危害

（1）暴露/侵入途径　吸入、摄入、经皮吸收。

氰化物进入人体的途径主要有三种。

① 从呼吸道吸入氰化氢气体或含氰化物的粉尘。

② 通过口腔黏膜和胃肠道吸收进入胃中。

③ 通过破损的皮肤与氰化物接触直接进入血液，潮湿的皮肤与高浓度的氰化物接触时，也会吸收氰化物导致中毒。

（2）健康危害　抑制呼吸酶，造成细胞内窒息。氰化物进入体内后，析出 CN 可抑制体内 42 种酶的活性。它与氧化型细胞色素氧化酶的 Fe^{3+} 结合，阻止了氧化酶中 Fe^{3+} 的还原，使细胞色素失去了传递电子能力，结果使呼吸链中断，组织不能摄取和利用氧，形成细胞内窒息，引起组织缺氧而致中毒。氰化物对人体的危害分为急性中毒和慢性影响两方面。氰化物侵入人体后，能否引起中毒，取决于侵入人体的速度与体内解毒作用及排泄的速度。氰化物中毒时，血气变化明显，氧利用率降低，静脉血氧饱和度显著增高，动静脉血氧分压差缩小，静脉血呈鲜红色。中毒早期因呼吸加强，换气过度，血液中二氧化碳分压下降，呈现呼吸性碱中毒。细胞窒息严重时，无氧代谢加强，大量氧化不全产物积蓄、血液乳酸含量高于正常 5～8 倍，酸碱平衡代偿失调，碱储备减少，出现代谢性酸中毒。此外，血糖升高 3～4 倍。无机磷酸盐明显增加。血液氧化型谷胱甘肽含量急剧减少、谷胱甘肽总量却增加；凝血酶原和凝血第Ⅶ因子缺乏，使血液凝固性降低；血液和尿中硫氰酸盐含量明显增加，体温也因中毒剂量增加而下降。氰离子还能抑制其他含高铁血红蛋白的酶，如与过氧化氢酶、过氧化物酶（peroxidase）、细胞色素 C 过氧化物酶等形成复合物。一些非血红蛋白含金属酶，如酪氨酸酶、抗坏血酸氧化酶、黄嘌呤氧化酶、氨基酸氧化酶等与氰离子形成复合物，浓度高至 $10^{-3}～10^{-2}$ mol/L 时才呈现不同程度的抑制作用。

① 急性中毒。可经呼吸道、皮肤或消化道吸收，产生急性症状。氰化物所致的急性中毒分为轻、中、重三级。轻度中毒表现为眼及上呼吸道刺激症状，有苦杏仁味，口唇及咽部麻木，继而可出现恶心、呕吐、震颤等。中度中毒表现为叹息样呼吸，皮肤、黏膜常呈鲜红色，其他症状加重。人在 2～3min 内就会出现初期症状，大多数情况下，在 1h 内死亡，有时也有在 24h 后才出现死亡的。重度中毒表现为意识丧失，出现强直性和阵发性抽搐，直至角弓反张，血压下降，尿、便失禁，常伴发脑水肿和呼吸衰竭。

a.口服者，口内有苦辣味及烧灼感，继之咽喉部有束紧感及麻木感，口涎增多及恶心，吸入中毒早期有咽喉烧灼感，发痒、流泪、眼痛。

b. 精神过虑、神志恍惚，头痛晕眩，且常感下颌运动不灵，有僵直感觉。

c. 呼吸困难及快速。呼出气体及呕吐物有苦杏仁味道。

d. 在中毒早期，血管运动神经的张力增加引起反射性的心律变慢及血压升高，以后发生麻痹作用，血压下降及心跳无力，心律不规则。

e. 神志丧失、猛烈抽搐、大小便失禁，紧跟着进入麻痹状态，全身大汗、眼球突出、瞳孔放大、口吐血色泡沫、皮肤潮红、呼吸严重困难，最后，呼吸心跳停止。

② 慢性中毒。在氰化物的慢性作用下，组织供氧不足，可引起一系列反射性改变，详述见"毒理学参数"。

a. 神经系统。由于 CN^- 可使神经纤维脱髓鞘现象和脑组织坏死及空泡变性等退行性病变发生，所以可出现头痛、眩晕、注意力分散、健忘、无力、睡眠障碍、视力减退，并出现五彩视、皮肤感觉异常、性功能减退，还可发生热带性神经病变、弥漫性神经退行性疾病症候群，由于视神经萎缩、神经性耳聋及影响骨髓感觉神经而引起共济失调等，如患烟草性弱视神经萎缩等疾病。

b. 呼吸和消化系统。咳嗽、呼吸急促、有窒息感。嗅觉和味觉改变，恶心、呕吐、胃灼热感及胸腹部有压迫感。

c. 心血管系统。心动过速或过缓、心悸、心前区疼痛、血管紧张力降低及血循环变慢，心音低钝，血压普遍降低，并出现心电图变化。

d. 肌肉和皮肤。以运动肌为主，大多以腰背两侧开始，出现全身肌肉酸痛、强直、僵硬、动作不灵活，最后活动受限等。皮肤常可出现皮疹（斑疹、血疹、疱疹）或溃疡并瘙痒。

4.4 接触控制标准

氰化物生产及应用相关环境标准见表 25-3。

表 25-3 氰化物生产及应用相关环境标准

标准编号	限制要求	标准值
中国（TJ 36—1979）	车间空气中有害物质的最高允许浓度	$0.3mg/m^3$（HCN）[皮]
中国（GB 5749—2006）	生活饮用水水质标准	0.05mg/L（氰化物）
中国（GB 5084—92）	农田灌溉水质标准	水作、旱作蔬菜：0.5mg/L（氰化物）
中国（GB/T 14848—1993）	地下水质量标准	Ⅰ类、Ⅱ类、Ⅲ类、Ⅳ类、Ⅴ类：0.001mg/L、0.01mg/L、0.05mg/L、0.1mg/L、>0.1mg/L
中国（GB 11607—1998）	渔业水质标准	0.005mg/L（氰化物）
中国（GB 3838—2002）	地表水环境质量标准（总氰化物）	Ⅰ类、Ⅱ类、Ⅲ类、Ⅳ类、Ⅴ类：0.005mg/L、0.05mg/L、0.2mg/L、0.2mg/L、0.2mg/L
中国（GB 3097—1997）	海水水质标准（氰化物）	Ⅰ类、Ⅱ类、Ⅲ类、Ⅳ类：0.005mg/L、0.005mg/L、0.1mg/L、0.2mg/L
中国（GB 5058—1996）	固体废物浸出毒性鉴别标准值	1.0mg/L（氰化物）

5 环境监测方法

5.1 现场应急监测方法

试纸法；速测管法；化学试剂测试组法；分光光度法；离子选择电极法。

《突发性环境污染事故应急监测与处理处置技术》，万本太主编；（氰化物）气体速测管（氰化物）（德国德尔格公司产品）。

5.2 实验室监测方法

氰化物的实验室监测方法见表 25-4。

表 25-4 氰化物的实验室监测方法

监测方法	来源	类别
电极法	USEPA OIA—1677，美国环境保护署	地面水
	《水和废水监测分析方法》，国家环境保护总局编	地面水
	《水和废水监测分析方法指南》，国家环境保护总局编	地面水
火焰原子吸收分光光度法	《用原子吸收光谱法测定氰化物溶液中金的试验方法》（ASTM E 1600—2002）	矿石
比色法	《地表水环境质量标准》（GB 3838—2002）	地表水
	《水和废水监测分析方法》，国家环境保护总局编	地面水
	《水和废水监测分析方法指南》，国家环境保护总局编	地面水
	《蒸馏酒及配制酒》（GB/T 5009.48—2003）	地面水
异烟酸-吡唑酮分光光度法	《食品中水分的测定》（GB/T 5009.3—2003）	食品
	《生活饮用水卫生规范》，中华人民共和国卫生部卫生法制与监督司编	生活饮用水
异烟酸-巴比妥酸分光光度法	《水质 氰化物的测定 第一部分：总氰化物的测定》（GB 7486—1987）	生活饮用水、农田灌溉水质
	《生活饮用水卫生规范》，中华人民共和国卫生部卫生法制与监督司编	生活饮用水
木质活性炭试验方法	《饲料中氰化物的测定》（GB/T 13084—2006）	饲料

6 应急处理处置方法

6.1 泄漏应急处理

（1）应急行为 小量泄漏：对泄漏物处理必须戴好防毒面具与手套，扫起，倒至大量水中。污染区用过量 NaClO 溶液或漂白粉浸泡 24h 后，用大量水冲洗，洗水放入废水系统统一处理。对 HCN 则应将气体送至通风橱或将气体导入碳酸钠溶液中，加等量的 NaClO，以 6mol/L NaOH 中和，污水放入废水系统做统一处理。

大量泄漏：隔离泄漏污染区，限制出入。泄漏物应急处理人员必须戴好防毒面具（全面罩）与手套，穿防毒服。不要直接接触泄漏物。用塑料布、帆布覆盖。然后收集回收或运至废物处理场所处置。

（2）应急人员防护 应急处理人员必须戴好防毒面具（全面罩）与手套，穿防毒服。不要直接接触泄漏物。

（3）环保措施 冲洗污染区的水应放入废水系统统一处理。对 HCN 则应将气体送至通风橱或将气体导入碳酸钠溶液中，加等量的 NaClO，以 6mol/L NaOH 中和，污水放入废水系统做统一处理。

(4) 消除方法　用塑料布、帆布覆盖泄漏的氰化物。然后收集回收或运至废物处理场所处置。

6.2　个体防护措施

(1) 工程控制

① 生产过程应尽量采用机械化、密闭化、自动化、连续化的设备进行，并有良好的通风设施，尤其是车间内空气流通差或不流通的死角。

② 生产过程必须有全套切实要行的安全操作规程，有专人负责检查安全操作规程的执行、安全设备及防护设备的使用情况。

③ 进入有高或中等浓度氰化物的场所工作时必须佩戴有效的防护用具，同时必须有专人负责进行监护，必要时提前半小时再服用抗氰预防片，可维持 5h。

④ 含氰化物的废水，必须经过处理后再排放，排水必须与酸性废水分开，以免引起氰化氢气体逸出使人中毒。

⑤ 各生产车间都须设有急性中毒急救箱，备有抗氰预防片、抗氰急救针或亚硝酸异戊酯等。操作工人应尽量做到人人会现场抢救，每天定人负责值班。

(2) 呼吸系统防护　可能接触毒物时，必须佩戴头罩型电动送风过滤式防尘呼吸器。可能接触其粉尘时，应该佩戴隔离式呼吸器。

(3) 眼睛防护　呼吸系统防护中已做防护。

(4) 身体防护　穿连衣式胶布防毒衣。

(5) 手防护　戴橡胶手套。

(6) 饮食　工作现场禁止吸烟、进食和饮水。

(7) 其他　工作完毕，彻底清洗。车间应配备急救设备及药品。单独存放被毒物污染的衣服，洗后备用。作业人员应学会自救互救。

6.3　急救措施

(1) 皮肤接触　立即脱去污染的衣着，用流动清水或 5％硫代硫酸钠溶液彻底冲洗至少 20min。就医。

(2) 眼睛接触　立即提起眼睑，用大量流动清水或生理盐水彻底冲洗至少 15 min。就医。

(3) 吸入　迅速脱离现场至空气新鲜处。保持呼吸道通畅。如呼吸困难，给输氧。呼吸心跳停止时，立即进行人工呼吸（勿用口对口）和胸外心脏按压术。给吸入亚硝酸异戊酯。就医。

(4) 食入　饮足量温水，催吐。用 1：5000 高锰酸钾或 5％硫代硫酸钠溶液洗胃。给吸入亚硝酸异戊酯。就医。

(5) 灭火方法　消防人员须佩戴防毒面具。灭火剂：抗溶性泡沫、干粉、砂土。

6.4　应急医疗

(1) 诊断要点

① 有氰化物的吸入史或食入史。

② 急骤发生的意识障碍伴中枢神经抑制。

③ 口唇及指甲无发绀现象，皮肤及黏膜呈鲜红色。

④ 呼气和口腔内有杏仁味。

⑤ 尿中硫氰酸盐含量显著增加。

氰化物与其他毒物中毒鉴别诊断表见表 25-5。

表 25-5　氰化物与其他毒物中毒鉴别诊断表

鉴别项目	氰化物	有机磷农药	一氧化碳
接触史	有	有	有
气味	苦杏仁味	水果香味或特殊气味	无味
中毒症状	严重中毒有四个期的中毒表现，皮肤黏膜呈红色	有毒蕈碱样、烟碱样和中枢神经系统症状	昏迷无惊厥，皮肤淡红或苍白
化验检查	血中检出氰离子尿中硫氰酸盐增多	血中胆碱酯酶活力下降	血碳氧血红蛋白升高
对抗毒药	对高铁血红蛋白形成剂硫代硫酸钠等治疗有效	对解胆碱能药重活化剂（酶复能剂）等有效	没有特效治疗药物，用对症治疗处理

（2）处理原则

① 脱离中毒环境、催吐、洗胃等。洗胃溶液量不应少于 10000mL，洗胃后可灌入活性炭 25g、硫酸钠 25g。

② 患者尽早吸氧，但吸入高浓度（＞60％）持续时间应不超过 24h，以免发生氧中毒。

③ 解毒治疗：亚硝酸钠-硫代硫酸钠疗法，即静脉注射 3％亚硝酸钠 10mL（缓注 1～2mL/min），再注射 20％硫代硫酸钠 75～100mL（缓注 10mL/min）。

④ 对症支持治疗。重度中毒病人可出现呼吸停止，出现心律失常、心力衰竭、肺水肿并发症，应密切监护和早期防范。

（3）预防措施　定期做预防性的体格检查。凡患有肾脏、呼吸道、皮肤、甲状腺等慢性疾病，以及精神抑郁和嗅觉不灵者均不宜从事氰化物工作。

7　储运注意事项

7.1　储存注意事项

储存于阴凉、通风的库房。远离火种、热源。库温不宜超过 30℃。保持容器密封。储区应备有泄漏应急处理设备和合适的收容材料。

7.2　运输信息

危险货物编号：61001。

UN 编号：1680。

包装类别：Ⅱ。

包装方法：钢瓶。

运输注意事项：停车检修时对于那些可能积聚氰化氢气体的容器等，应先通风并测定氰化氢的含量，当氰化氢的含量低于 0.3mg/m³ 时方可进。尤其是含氰化物的液体和矿浆，停车时，空气中的二氧化碳与水中的碱发生中和反应，使液体的 pH 值逐渐降低，产生的氰化氢不断地逸入气相，其浓度很高，如果不采取通气排气措施，将使进入该场所的人在数十秒至数分钟内昏迷、死亡。

7.3 废弃

（1）废弃处置方法　处置前应参阅国家和地方有关法规，一般用焚烧法处置。

（2）废弃注意事项　处置前应参阅国家和地方有关法规。或与厂家或制造商联系，确定处置方法。废物储存参见"储存注意事项"。

8 参考文献

［1］ 刘易斯 R J. 工作场所危险化学品速查手册 ［M］. 原著第 4 版. 王绵珍，王治明等译. 北京：化学工业出版社，2008.

［2］ 卢伟. 工作场所有害因素危害特性实用手册 ［M］. 北京：化学工业出版社，2008.

［3］ 魏复盛. 水和废水监测分析方法 ［M］. 第 4 版. 北京：中国环境科学出版社，2002.

［4］ 中华人民共和国卫生部卫生法制与监督司. 生活饮用水卫生规范 ［S］. 2001.

［5］ 陈志周，等. 急性中毒 ［M］. 北京：人民卫生出版社，1976.

［6］ 胡望钧. 常见有毒化学品环境事故应急处置技术与监测方法 ［M］. 北京：中国环境科学出版社，1993.

［7］ 环境保护部. 国家污染物环境健康风险名录（化学第一分册） ［M］. 北京：中国环境科学出版社，2009.

［8］ 《"绿十字"安全生产教育培训丛书》编写组. 危险化学品安全知识 ［M］. 北京：中国劳动社会保障出版社，2008.

［9］ 国家安全生产监督管理总局. 杭州市萧山区组织开展氰化物使用单位安全专项检查 ［Z］. 国家安全生产监督管理总局.

［10］ 北京化工研究院环境保护所/计算中心. 国际化学品安全卡（中文版）查询系统 ［DB］. 2016.

铅及其化合物

1 名称、编号、分子式

铅是柔软和延展性强的弱金属，有毒，也是重金属。铅原本的颜色为青白色，在空气中表面很快被一层暗灰色的氧化物覆盖。可用于建筑、铅酸蓄电池、弹头、炮弹、焊接物料、钓鱼用具、渔业用具、防辐射物料、奖杯和部分合金，例如电子焊接用的铅锡合金。铅是一种金属元素，可用作耐硫酸腐蚀、防电离辐射、蓄电池等的材料。其合金可用作铅字、轴承、电缆包皮等，还可用作体育运动器材铅球。铅基本信息见表 26-1。

表 26-1 铅基本信息

中文名称	铅
中文别名	铅金属;铅粉
英文名称	lead
英文别名	lead flake
CAS 号	7439-92-1
ICSC 号	0052
RTECS 号	OF7525000
分子式	Pb
分子量	207.2

2 理化性质

铅在空气中能迅速生成氧化膜。加热至 400℃ 以上时就有大量铅蒸气逸出，在空气中氧化并凝结成铅烟。铅的化合物有 2 价和 4 价，2 价者比 4 价稳定。化合物中以砷酸铅、乙酸铅毒性较大。铅理化性质一览表见表 26-2

表 26-2 铅理化性质一览表

外观与性状	灰白色质软的粉末,切削面有光泽,延性弱,展性强
熔点/℃	327
沸点/℃	1620
相对密度(20℃)(水=1)	11.34

饱和蒸气压(970℃)/kPa	0.13
引燃温度(粉)/℃	790
溶解性	甲体(α体)不溶于水,溶于苯和氯仿;乙体(β体)的溶解性同甲体;丙体(γ体)在室温水中的溶解度为10ppm,微溶于石油,溶于丙酮、芳烃和氯代烃
化学性质	不溶于水,溶于硝酸、热浓硫酸、碱液,不溶于稀盐酸
稳定性	稳定

3 毒理学参数

(1) 急性毒性 LD$_{50}$：70mg/kg（大鼠经静脉）。

(2) 亚急性毒性 10μg/m^3，大鼠接触30~40d，红细胞胆色素原合酶（ALAD）活性减少80%~90%，血铅浓度高达150~200μg/100mL。出现明显中毒症状。10μg/m^3，大鼠吸入3~12个月后，从肺部洗脱下来的巨噬细胞减少了60%，多种中毒症状。0.01mg/m^3，人职业接触，泌尿系统炎症，血压变化，妇女、胎儿死亡。

(3) 慢性毒性 长期接触铅及其化合物会导致心悸，易激动，血象红细胞增多。铅侵犯神经系统后，出现失眠、多梦、记忆减退、疲乏，进而发展为狂躁、失明、神志模糊、昏迷，最后因脑血管缺氧而死亡。

(4) 代谢 铅对人体的毒害是积累性的，人体吸入的铅25%沉积在肺里，部分通过水的溶解作用进入血液。若一个人持续接触的空气中含铅1μg/m^3，则人体血液中的铅的含量水平为1~2μg/100mL。从食物和饮料中摄入的铅约有10%被吸收。若每天从食物中摄入10μg铅，则血中含铅量为6~18μg/100mL，这些铅的化合物小部分可以通过消化系统排出，其中主要通过尿（约76%）和肠道（约16%），其余通过不大为人们所知道的各种途径，如通过出汗、脱皮和脱毛发以代谢的最终产物排出体外。

(5) 中毒机理 卟啉代谢障碍是铅中毒较为严重和早期变化之一。铅对血液系统的作用是由于它抑制卟啉代谢过程中所必需的一系列含巯基的酶，导致血红蛋白合成障碍。铅主要抑制δ-氨基-γ-酮戊酸脱水酶（ALAD）、粪卟啉原氧化酶和亚铁络合酶，还可抑制δ-氨基-γ-酮戊酸脱水酶（ALAS）和粪卟啉原脱羧酶等。ALAD受抑制后，δ-氨基-γ-酮戊酸（ALA）形成卟胆原的过程受阻，血中ALA增加并由尿排出。粪卟啉原氧化酶受抑制，则阻碍粪卟啉原Ⅲ氧化为原卟啉Ⅸ，而使血和尿中粪卟啉增多。亚铁络合酶受抑制后，原卟啉Ⅸ不能与二价铁结合形成血红蛋白。同时红细胞游离原卟啉（FEP）增加，后者可与红细胞线粒体内的锌结合，形成锌原卟啉（ZPP），红细胞锌原卟啉（ZPP）也增加。由于血红蛋白合成障碍，导致骨髓内幼红细胞代偿性增生。

铅对神经系统的毒性作用除了其直接作用外，还由于血液中增多的ALA可通过血脑屏障进入脑组织，与γ-氨基丁酸（GABA）竞争突触后膜上的GABA受体，产生竞争性抑制作用。GABA存在于中枢神经突触前及突触后的线粒体中，因GABA的抑制而干扰神经系统功能，出现意识、行为及神经效应等改变。铅还能影响脑内儿茶酚胺代谢，使脑内和尿中高香草酸（HVA）和香草扁桃酸（VMA）显著增高，最终导致中毒性脑病和周围神经病。铅可抑制肠壁碱性磷酸酶和ATP酶的活性，使肠壁或小动脉壁平滑肌痉挛收缩，肠道缺血引起腹绞痛。

铅可影响肾小管上皮线粒体的功能，抑制 ATP 酶的活性，引起肾小管功能障碍甚至损伤，造成肾小管重吸收功能降低，同时还影响肾小球滤过率。

（6）致突变性　用含 1‰的乙酸铅饲料喂小鼠，白细胞培养的染色体裂隙-断裂型畸变的数目增加，这些改变涉及单个染色体，表明 DNA 复制受到损伤。

（7）致癌性　铅的无机化合物的动物试验表明可能引发癌症。另据文献记载，铅是一种慢性和积累性毒物，不同的个体敏感性很不相同，对人来说铅是一种潜在性泌尿系统致癌物质。

（8）致畸性　没有足够的动物试验能够提供证据表明铅及其化合物有致畸作用。

（9）危险特性　粉体在受热、遇明火或接触氧化剂时会引起燃烧爆炸。

4　对环境的影响

4.1　主要用途

铅主要用于制造铅蓄电池；铅合金可用于铸铅字，做焊锡；铅还用来制造放射性辐射、X 射线的防护设备。铅被用作建筑材料，用在乙酸铅电池中，用作枪弹和炮弹，焊锡、奖杯和一些合金中也含铅。经煅烧的硫酸铅及氧化铅，再还原即得金属铅。

铅的化合物，如氧化铅（又称黄丹、密陀僧）、四氧化三铅（又称红丹）、二氧化铅、三氧化二铅、硫化铅、硫酸铅、铬酸铅（又称铬黄）、硝酸铅、硅酸铅、乙酸铅、碱式碳酸铅、二碱式磷酸铅、三碱式硫酸铅等分别用于涂料、颜料、橡胶、玻璃、陶瓷、釉料、药物、塑料、炸药等行业。我国铅的主要消费领域有蓄电池、电缆护套、氧化铅和铅材。蓄电池行业是消费大户，年用铅量大于 6×10^5 t，占总消费量的 80％左右。

4.2　环境行为

（1）代谢和降解　环境中的无机铅及其化合物十分稳定，不易代谢和降解。

（2）残留与蓄积　大气中铅尘因重力作用或雨水夹带返回地面水体或土壤。在最大落地范围内距离污染源越近，铅浓度越高。土壤中铅的化学形态以稳定的结合形态存在，以可交换态和碳酸盐结合态存在的铅仅为 6％，总铅量随土壤深度的增加而减少。火电厂等工业生产过程中的铅在干灰中的含量较高，主要富集在细灰粒中，干灰和炉渣中铅均主要以稳定的残渣态存在，在环境中表现出高的稳定性。与其他重金属相比，铅的迁移性较差，进入土壤中的铅绝大部分将残留于表层土壤中。铅的水溶态、可交换态含量基本不变，环境稳定性较高。

铅是一种积累性毒物，人类通过食物链摄取铅，也能从被污染的空气中摄取铅，美国人肺中的含铅量比非洲、近东和远东地区都高，这是由于美国大气中铅污染比这些地区严重造成的。从人体解剖的结果证明，侵入人体的铅 70％～90％最后以磷酸铅（$PbHPO_4$）形式沉积并附着在骨骼组织上，现代美国人骨骼中的含铅量和古代人相比高 100 倍。这一部分铅的含量终生逐渐增加，而蓄积在人体软组织，包括血液中的铅达到一定程度（人的成年初期）后，然后几乎不再变化，多余部分会自行排出体外（如上所述），表现出明显的周转率。鱼类对铅有很强的富集作用。

（3）迁移转化　铅在全球环境中的转移情况是：每年从空气到土壤 1.5×10^5 t，从空气

转移到海洋 2.5×10^5 t，从土壤到海洋 4.16×10^5 t。每年从海水转移到底泥 $(4.0\sim6.0)\times$ 10^5 t。据加拿大渥太华国立研究理事会 1978 年对铅在全世界环境中迁移研究报道，全世界海水中铅的浓度均值为 $0.03\mu g/L$，淡水 $0.5\mu g/L$。全世界乡村大气中含铅量均值 $0.1\mu g/m^3$，城市大气中铅的浓度范围 $1\sim10\mu g/m^3$。世界土壤和岩石中铅的本底值平均为 $13mg/kg$。铅在世界土壤的环境转归情况是：每年从空气到土壤 1.5×10^5 t，从空气转移到海洋 2.5×10^5 t，从土壤到海洋 4.16×10^5 t。每年从海水转移到底泥 $(4.0\sim6.0)\times10^5$ t。由于水体、土壤、空气中的铅被生物吸收而向生物体转移，造成全世界各种植物性食物中含铅量均值范围（干重）为 $0.1\sim1mg/kg$，食物制品中的含铅量均值为 $2.5mg/kg$，鱼体含铅均值范围 $0.2\sim0.6mg/kg$，部分沿海受污染地区甲壳动物和软体动物体内含铅量甚至高达 $3000mg/kg$ 以上。

4.3 人体健康危害

(1) 暴露/侵入途径 吸入、食入。

(2) 健康危害 损害造血、神经、消化系统及肾脏。职业中毒主要为慢性。神经系统主要表现为神经衰弱综合征、周围神经病（以运动功能受累较明显），重者出现铅中毒性脑病。消化系统表现有齿龈铅线、食欲不振、恶心、腹胀、腹泻或便秘，腹绞痛见于中等及较重病例。造血系统损害出现卟啉代谢障碍、贫血等。短时接触大剂量可发生急性或亚急性铅中毒，表现类似重症慢性铅中毒。

铅以无机物或粉尘形式吸入人体或通过水、食物经消化道侵入人体后，积蓄于骨髓、肝、肾、脾和大脑等处"储存库"，以后慢慢放出，进入血液，引起慢性中毒（急性中毒较少见）。铅对全身都有毒性作用，但以神经系统、血液和心血管系统为甚。烷基铅类化合物为易燃液体，为神经性毒物，剧毒。急性中毒时可引起兴奋、肌肉震颤、痉挛及四肢麻痹。

4.4 接触控制标准

中国 MAC（mg/m^3）：0.03［烟］，0.05［尘］。

前苏联 MAC（mg/m^3）：0.01。

TLVTN：ACGIH $0.05mg/m^3$［粉尘和烟］。

铅生产及应用相关环境标准见表 26-3。

表 26-3 铅生产及应用相关环境标准

标准编号	限制要求	标准值
中国（GB 3092—1996）	环境空气质量标准	季平均：$1.50\mu g/m^3$ 年平均：$1.00\mu g/m^3$
中国（GB 16297—1996）	大气污染物综合排放标准（铅及其化合物）	最高允许排放浓度： $0.70\sim0.90mg/m^3$ 最高允许排放速率： 二级 $0.005\sim0.39kg/h$；三级 $0.007\sim0.60kg/h$（现有）；二级 $0.004\sim0.33kg/h$；三级 $0.006\sim0.51kg/h$（新增） 无组织排放监控浓度限值： $0.0060mg/m^3$（现有）；$0.0075mg/m^3$（新增）

标准编号	限制要求	标准值
中国(GB 5749—2006)	生活饮用水水质标准	0.01mg/L
中国(CJ/T 206—2005)	城市供水水质标准	0.01mg/L
中国(GB 3838—2002)	地表水环境质量标准	Ⅰ类 0.01mg/L；Ⅱ类 0.01mg/L；Ⅲ类 0.05mg/L；Ⅳ类 0.05mg/L；Ⅴ类 0.1mg/L
中国（GB/T 14848—1993）	地下水质量标准	Ⅰ类 0.005mg/L；Ⅱ类 0.01mg/L；Ⅲ类 0.05mg/L；Ⅳ类 0.1mg/L；Ⅴ类>0.1mg/L
中国(GB 3097—1997)	海水水质标准	Ⅰ类 0.001mg/L；Ⅱ类 0.005mg/L；Ⅲ类 0.010mg/L；Ⅳ类 0.050mg/L
中国(GB 5048—1992)	农田灌溉水质标准	0.1mg/L(水作、旱作、蔬菜)
中国(GB 11607—1989)	渔业水质标准	0.05mg/L
中国(GB 8978—1996)	污水综合排放标准	1.0mg/L
中国(GB 15618—1995)	土壤环境质量标准	一级：35mg/kg；二级：250～350mg/kg；三级：500mg/kg
中国(GB 5058.3—1996)	固体废物浸出毒性鉴别标准值	3mg/L
中国(GWKB 3—2000)	生活垃圾焚烧污染控制标准	焚烧炉大气污染物排放限值：1.6mg/m³(测定均值)
中国(GBZ37—2002)	职业性慢性铅中毒诊断标准	
中国〔卫生部文件卫妇社发[2006]51号〕	《儿童高铅血症和铅中毒预防指南》及《儿童高铅血症和铅中毒分级和处理原则(试行)》	

5 环境监测方法

5.1 现场应急监测方法

四羧醌试纸比色法（《空气中有害物质的测定方法》，杭士平主编）。

速测仪法；分光光度法；阳极溶出伏安法（《突发性环境污染事故应急监测与处理处置技术》，万本太主编）。

5.2 实验室监测方法

铅的实验室监测方法见表26-4。

表 26-4 铅的实验室监测方法

监测方法	来源	类别
原子吸收法	《水质　铜、锌、铅、镉的测定　原子吸收分光光度法》(GB 7475—87)	水质
meso-四(对磺基苯)卟啉光度法		作业场所空气
氢化物发生-原子吸收法	《作业场所空气中铅的氢化物发生-原子吸收光谱测定方法》(WS/T 127—1999)	作业场所空气
原子吸收法	《固体废物　铜、锌、铅、镉的测定　原子吸收分光光度法》(GB/T 15555.2—95)	固体废物浸出液
石墨炉原子吸收法	《土壤质量　铅、镉的测定　石墨炉原子吸收分光光度法》(GB/T 17141—1997)	土壤

监测方法	来源	类别
火焰原子吸收法	《土壤质量 铅、镉的测定 KI-MIBK 萃取火焰原子吸收分光光度法》（GB/T 17140—1997）	土壤
火焰原子吸收法	GB/T 15264—94	空气质量
原子吸收法	CJ/T 101—99	城市生活垃圾
原子吸收法	《固体废弃物试验分析评价手册》，中国环境监测总站等译	固体废物

6 应急处理处置方法

6.1 泄漏应急处理

（1）应急行为 切断火源。戴好防毒面具，穿好一般消防防护服。用洁净的铲子收集于干燥、洁净、有盖的容器中，用水泥、沥青或适当的热塑性材料固化处理再废弃。如大量泄漏，收集回收或无害处理后废弃。

（2）应急人员防护 建议应急处理人员戴防尘面具（全面罩），穿防毒服。

（3）环保措施 当水体受到污染时，可采用中和法处理，即投加石灰乳调节 pH 值到 7.5，使铅以氢氧化铅形式沉淀而从水中转入污泥中。用机械搅拌可加速澄清，净化效果为 $80\%\sim96\%$，处理后的水铅浓度为 $0.37\sim0.40mg/L$。而污泥再做进一步的无害化处理。对于受铅污染的土壤，可加石灰、磷肥等改良剂，降低土壤中铅的活性，减少作物对铅的吸收。

（4）消除方法

① 对于泄漏的 $PbCl_4$ 和 $Pb(ClO_4)_2$，应戴好防毒面具等全部防护用品。用干砂土混合，分小批倒至大量水中，经稀释的污水放入废水系统。

② 对于泄漏的 PbO、四甲（乙）基铅和 Pb_3O_4，应戴好防毒面具等全部防护用品。用干砂土混合后倒至空旷地掩埋；污染地面用肥皂或洗涤剂刷洗，经稀释的污水放入废水系统。

③ 对于泄漏的 PbF_2，应戴好防毒面具等全部防护用品。在泄漏物上撒上纯碱；被污染的地面用水冲洗，经稀释的污水放入废水系统。

④ 对于泄漏的 $Pb(BrO_3)_2$、PbO_2 和 $Pb(NO_3)_2$，应戴好防毒面具等全部防护用品。污染地面用水冲洗，经稀释的污水放入废水系统。

⑤ 对于泄漏的烷基铅，用不燃性分散剂制成乳液刷洗。如无分散剂可用砂土吸收，倒至空旷地方掩埋；污染地面用肥皂或洗涤剂刷洗，经稀释的污水放入废水系统。

6.2 个体防护措施

（1）工程控制 一般不需要特殊防护，但需防止烟尘危害。

（2）呼吸系统防护 空气中粉尘浓度超标时，建议佩戴自吸过滤式防尘口罩。紧急事态抢救或撤离时，应该佩戴空气呼吸器。

（3）眼睛防护 戴化学安全防护眼镜。

（4）身体防护　穿防毒物渗透工作服。

（5）手防护　戴乳胶手套。

（6）其他　工作现场禁止吸烟、进食和饮水。工作完毕，淋浴更衣。实行就业前和定期的体检。保持良好的卫生习惯。

6.3　急救措施

（1）皮肤接触　脱去污染的衣着，用肥皂水及流动清水彻底冲洗。

（2）眼睛接触　立即翻开上下眼睑，用流动清水或生理盐水冲洗。就医。

（3）吸入　迅速脱离现场至空气新鲜处。保持呼吸道通畅。呼吸困难时给输氧。呼吸停止时，立即进行人工呼吸。就医。

（4）食入　给饮足量温水，催吐，就医。

（5）灭火方法　干粉、砂土。

6.4　应急医疗

（1）诊断要点

① 职业性慢性铅中毒。

a. 诊断标准（GBZ 37—2002）。职业性慢性铅中毒是由于接触铅烟或铅尘所致的以神经、消化、造血系统障碍为主的全身性疾病。此标准适用于职业性慢性铅中毒的诊断及处理，非职业性慢性铅中毒的诊断和处理也可参照使用。

b. 诊断原则。根据确切的职业史及以神经、消化、造血系统为主的临床表现与有关实验室检查，参考作业环境调查，进行综合分析，排除其他原因引起的类似疾病，方可诊断。

c. 观察对象。有密切铅接触史，无铅中毒的临床表现，具有下列表现之一者：尿铅 $\geqslant$ 0.34μmol/L（0.07mg/L、70μg/L）或 0.48μmol/24h（0.1mg/24h、100μg/24h）；血铅 $\geqslant$ 1.9μmol/L（0.4mg/L、400μg/L）；诊断性驱铅试验后尿铅 $\geqslant$ 1.45μmol/L（0.3mg/L、300μg/L）而＜3.86μmol/L（0.8mg/L）者。

d. 诊断与分级标准。

（a）轻度中毒。血铅 $\geqslant$ 2.9μmol/L（0.6mg/L、600μg/L）或尿铅 $\geqslant$ 0.58μmol/L（0.12mg/L、120μg/L）；且具有下列一项表现者，可诊断为轻度中毒：尿 δ-氨基-γ-酮戊酸 $\geqslant$ 61.0μmol/L（8mg/L、8000μg/L）者；血红细胞游离原卟啉（EP）$\geqslant$ 3.56μmol/L（2mg/L、2000μg/L）；红细胞锌原卟啉（ZPP）$\geqslant$ 2.91μmol/L（13.0μg/g）；有腹部隐痛、腹胀、便秘等症状。

诊断性驱铅试验，尿铅 $\geqslant$ 3.86μmol/L（0.8mg/L、800μg/L）或 4.82μmol/24h（1mg/24h、1000μg/d）者，可诊断为轻度铅中毒。

（b）中度中毒。在轻度中毒的基础上，具有下列一项表现者：腹绞痛；贫血；轻度中毒性周围神经病。

（c）重度中毒。具有下列一项表现者：铅麻痹；中毒性脑病。

② 儿童高铅血症和铅中毒。诊断与分级（卫生部文件-卫妇社发［2006］51号）：儿童高铅血症和铅中毒要依据儿童静脉血铅水平进行诊断。

a. 高铅血症。连续两次静脉血铅水平为 100～199mg/L。

铅实验室检测指标值见表 26-5。

表 26-5　铅实验室检测指标值

指　　标	职业接触限值	诊断值
血锌原卟啉(ZPP)/[μmol/L(μg/g)]	—	2.91(13.0)
血原卟啉(EP)/[μmol/L(μg/L)]	—	3.56(2000)
血铅(PbB)/[μmol/L(μg/L)]	1.9(400)	2.9(600)
尿铅(PbB)/[μmol/L(μg/L)]	0.34(70)	0.58(120)
尿 δ-氨基-γ-酮戊酸(ALA)/[μmol/L(μg/L)]	—	61.0(8000)

b. 铅中毒。连续两次静脉血铅水平等于或高于 200mg/L；并依据血铅水平分为轻、中、重度铅中毒。

c. 轻度铅中毒。血铅水平为 200～249mg/L。

d. 中度铅中毒。血铅水平为 250～449mg/L。

e. 重度铅中毒。血铅水平等于或高于 450mg/L。

儿童铅中毒可伴有某些非特异的临床症状，如腹隐痛、便秘、贫血、多动、易冲动等；血铅等于或高于 700mg/L 时，可伴有昏迷、惊厥等铅中毒脑病表现。

(2) 处理原则

① 急性铅中毒。经消化道中毒者应立即用 1% 硫酸镁或硫酸钠洗胃，并给予硫酸镁导泻。腹绞痛可给予 10% 葡萄糖酸钙 10～20mL 静脉注射或阿托品 0.5mg 肌肉注射，还可口服钙剂及维生素 C 等。驱铅可用依地酸二钠钙（CaNa$_2$-EDTA）0.5～1.0g 加入 10% 葡萄糖溶液 250～500mL 静脉滴注，每日 1 次，3～4d 为 1 疗程。

② 职业性慢性铅中毒。治疗原则：中毒患者应根据具体情况，使用金属络合剂驱铅治疗，如依地酸二钠钙、二巯丁二酸钠等注射，或二巯丁二酸口服，辅以对症治疗。观察对象也可酌情进行驱铅治疗。其他处理如下。

a. 观察对象。可继续原工作，3～6 个月复查一次或进行驱铅试验明确是否为轻度铅中毒。

b. 轻度、中度中毒。治愈后可恢复原工作，不必调离铅作业。

c. 重度中毒。必须调离铅作业，并根据病情给予治疗和休息。如需劳动能力鉴定者按 GB/T 16180 处理。

③ 儿童高铅血症和铅中毒。处理原则：儿童高铅血症及铅中毒的处理应在有条件的医疗卫生机构中进行。医务人员应在处理过程中遵循环境干预、健康教育和驱铅治疗的基本原则，帮助寻找铅污染源，并告知儿童监护人尽快脱离铅污染源；应针对不同情况进行卫生指导，提出营养干预意见；对铅中毒儿童应及时予以恰当驱铅治疗。

a. 脱离铅污染源。排查和脱离铅污染源是处理儿童高铅血症和铅中毒的根本办法。儿童脱离铅污染源后血铅水平可显著下降。当儿童血铅水平在 100mg/L 以上时，应仔细询问生活环境污染状况，家庭成员及同伴有否长期铅接触史和铅中毒病史。血铅水平在 100～199mg/L 时，往往很难发现明确的铅污染来源，但仍应积极寻找，力求切断铅污染的来源和途径；血铅水平在 200mg/L 以上时，往往可以寻找到比较明确的铅污染来源，应积极帮助寻找特定的铅污染源，并尽快脱离。

b. 进行卫生指导。通过开展儿童铅中毒防治知识的健康教育与卫生指导，使广大群众知晓铅对健康的危害，避免和减少儿童接触铅污染源。同时教育儿童养成良好的卫生习惯，纠正不良行为。

c.实施营养干预。高铅血症和铅中毒可以影响机体对铁、锌、钙等元素的吸收，当这些元素缺乏时机体又对铅毒性作用的易感性增强。因此，对高铅血症和铅中毒的儿童应及时进行营养干预，补充蛋白质、维生素和微量元素，纠正营养不良和铁、钙、锌的缺乏。

d.驱铅治疗。驱铅治疗是通过驱铅药物与体内铅结合并排泄，以达到阻止铅对机体产生毒性作用。驱铅治疗只用于血铅水平在中度及以上铅中毒。

④ 职业性急性四乙基铅中毒处理原则。

a.治疗原则。

（a）现场处理。立即离开中毒现场，脱去污染的衣服、鞋帽，用肥皂水或清水彻底冲洗污染的皮肤、指甲、毛发等处，注意保温。

（b）接触反应。密切观察神经、精神变化，给予必要的检查及对症处理。

（c）轻度中毒。密切观察病情变化，对症处理。

（d）重度中毒。除采取支持和对症疗法外，积极防治脑水肿。出现精神运动性兴奋或癫痫样发作时，分别给予安定剂或抗癫痫剂，以防过度兴奋而衰竭，同时加强护理，防止意外事故发生。

b.其他处理。

（a）轻度中毒治疗后，经短期休息，可安排原工作。

（b）重度中毒应调离有毒作业，并根据病情恢复情况决定休息或适当工作。

（c）重度中毒后如需进行劳动能力鉴定者按 GB/T 16180 的有关条款处理。

c.预防措施。对铅作业工人进行上岗前和定期健康检查，及时发现就业禁忌征和早期发现铅中毒病人及时处理。操作人员必须经过专门培训，严格遵守操作规程。建议操作人员佩戴自吸过滤式防尘口罩，戴化学安全防护眼镜，穿防毒物渗透工作服，戴乳胶手套。远离火种、热源，工作场所严禁吸烟。使用防爆型的通风系统和设备。避免产生粉尘。避免与酸类接触。搬运时要轻装轻卸，防止包装及容器损坏。配备相应品种和数量的消防器材及泄漏应急处理设备。倒空的容器可能残留有害物。

儿童铅中毒是一个全球性的问题。铅中毒对儿童身心健康造成很大的危害，近年来社会各界和广大群众对此十分关注。我国从 20 世纪 80 年代起在部分地区开展了儿童铅中毒的研究和防治工作，并借鉴国外经验，进行了有益的探索，对降低我国儿童铅中毒患病率起到了积极的作用。为切实做好儿童铅中毒的防治工作，结合我国实际，规范儿童铅中毒的预防、诊断分级及治疗原则，卫生部组织制定了《儿童高铅血症和铅中毒预防指南》及《儿童高铅血症和铅中毒分级和处理原则（试行）》——卫生部文件（卫妇社发［2006］51 号）。

7 储运注意事项

7.1 储存注意事项

储存于阴凉、通风的库房。远离火种、热源。应与酸类分开存放，切忌混储。配备相应品种和数量的消防器材。储区应备有合适的材料收容泄漏物。

7.2 运输信息

危险货物编号：43014。

UN 编号：3077。

运输注意事项：起运时包装要完整，装载应稳妥。运输过程中要确保容器不泄漏、不倒塌、不坠落、不损坏。严禁与酸类等混装混运。运输途中应防曝晒、雨淋，防高温。

7.3 废弃

（1）废弃处置方法 若可能，回收使用。

（2）废弃注意事项 处置前应参阅国家和地方有关法规。废物储存参见"储存注意事项"。

8 参考文献

［1］ 国家环境保护局有毒化学品管理办公室.化学品毒性、法规、环境数据手册［M］.北京：中国环境科学出版社，1992.

［2］ 周国泰.危险化学品安全技术全书［M］.北京：化学工业出版社，1997.

［3］ 胡望钧.常见有毒化学品环境事故应急处置技术与监测方法［M］.北京：中国环境科学出版社，1993.

［4］ 卢伟.工作场所有害因素危害特性实用手册［M］.北京：化学工业出版社，2008.

［5］ 天津市固体废物及有毒化学品管理中心.危险化学品环境数据手册［M］.天津：天津市固体废物及有毒化学品管理中心，2005.

［6］ 环境保护部.国家污染物环境健康风险名录（化学第一分册）［M］.北京：中国环境科学出版社，2011.

［7］ 杭士平.空气中有害物质的测定方法［M］.北京：人民卫生出版社，1986.

［8］ 万本太.突发性环境污染事故应急监测与处理处置技术［M］.北京：中国环境科学出版社，1996.

［9］ 中国环境监测总站.固体废弃物试验分析评价手册［M］.北京：中国环境科学出版社，1992.

［10］ 江苏省环境监测中心.突发性污染事故中危险品档案库［DB］.

［11］ 杨金燕，杨肖娥，何振立，等.土壤中铅的吸附-解吸行为研究进展［J］.生态环境学报，2005，14（1）：102-107.

［12］ 杨金燕，杨肖娥，何振立.土壤中铅的来源及生物有效性［J］.土壤通报，2005，36（5）：765-772.

砷

1 名称、编号、分子式

砷是一种化学元素，是一种类金属元素。砷在地壳中的含量约 0.0005%，主要以硫化物的形式存在，有三种同素异形体：黄砷、黑砷、灰砷。砷主要与铜、铅及其他金属形成合金；三氧化二砷、砷酸盐可作杀虫剂，木材防腐剂；高纯砷还用于半导体和激光技术中。砷基本信息见表 27-1。

表 27-1　砷基本信息

中文名称	砷
中文别名	黄砷、黑砷、灰砷
英文名称	arsenic
英文别名	arsenic hydride
UN 号	1558
CAS 号	7440-38-2
ICSC 号	0013
RTECS 号	CG0525000
分子式	As
分子量	74.92

2 理化性质

砷及其化合物有剧毒，且无臭无味。砷的化学性质与和他同一族的元素磷相近。就像磷一样，它可以化合出无色、无臭、结晶型的氧化物三氧化二砷与五氧化二砷，这两种化合物皆可潮解且在水中的溶解度极高并生成酸性化合物。砷理化性质一览表见表 27-2。

表 27-2　砷理化性质一览表

外观与性状	无气味,易碎的灰色金属晶体
熔点/℃	814
沸点/℃	613(升华)
相对密度(水=1)	5.73

饱和蒸气压(372℃)/kPa	0.13
密度/(g/cm³)	5.727
爆炸极限	遇明火、氯气、硝酸、钾＋氨会爆炸
溶解性	不溶于水、碱液、多数有机溶剂,溶于硝酸、热碱液
稳定性	稳定

3　毒理学参数

(1) 急性毒性　半致死剂量（LD$_{50}$）：大鼠经口 763mg/kg；小鼠经口 145mg/kg。早期常见消化道症状，如口及咽喉部有干、痛、烧灼、紧缩感，声嘶、恶心、呕吐、咽下困难、腹痛和腹泻等。呕吐物先是胃内容物及米泔水样，继之混有血液、黏液和胆汁，有时杂有未吸收的砷化物小块；呕吐物可有蒜样气味。重症极似霍乱，开始排大量水样粪便，以后变为血性，或为米泔水样混有血丝，很快发生脱水、酸中毒以至休克。同时可有头痛、眩晕、烦躁、谵妄、中毒性心肌炎、多发性神经炎等。少数有鼻衄及皮肤出血。严重者可于中毒后24h 至数日发生呼吸、循环、肝、肾等功能衰竭及中枢神经病变，出现呼吸困难、惊厥、昏迷等危重征象，少数病人可在中毒后 20min～48h 内出现休克，甚至死亡，而胃肠道症状并不显著。病儿可有血卟啉病发作，尿卟胆原强阳性。

(2) 亚急性和慢性毒性　出现多发性神经炎的症状，四肢感觉异常，先是疼痛、麻木、继而无力、衰弱，直至完全麻痹或不全麻痹，出现腕垂、足垂及腱反射消失等；或有咽下困难，发音及呼吸障碍。由于血管舒缩功能障碍，有时发生皮肤潮红或红斑。慢性砷中毒多表现为衰弱，食欲不振，偶有恶心，呕吐，便秘或腹泻等。尚可出现白细胞和血小板减少，贫血，红细胞和骨髓细胞生成障碍，脱发，口炎，鼻炎，鼻中隔溃疡、穿孔，皮肤色素沉着，可有剥脱性皮炎。手掌及足趾皮肤过度角化，指甲失去光泽和平整状态，变薄且脆，出现白色横纹，并有肝脏及心肌损害。中毒患者发砷、尿砷和指（趾）甲砷含量增高。口服大量砷的病儿，在做腹部 X 射线检查时，可发现其胃肠道中有 X 射线不能穿透的物质。

(3) 肠胃道、肝脏、肾脏毒性　肠胃道症状通常是在食入砷或经由其他途径大量吸收砷之后发生。肠胃道血管的通透率增加，造成体液的流失以及低血压。肠胃道的黏膜可能会进一步发炎、坏死造成胃穿孔、出血性肠胃炎、带血腹泻。砷的暴露会观察到肝脏酵素的上升。慢性砷食入可能会造成非肝硬化引起的门脉高血压。急性且大量砷暴露除了其他毒性可能也会发现急性肾小管坏死、肾丝球坏死从而发生蛋白尿。

(4) 心血管系统毒性　因自杀而食入大量砷的人会因为全身血管的破坏，造成血管扩张，大量体液渗出，进而血压过低或休克，过一段时间后可能会发现心肌病变，在心电图上可以观察到 QRS 较宽，QT interval 较长，ST 段下降，T 波变得平缓，及非典型的多发性心室频脉。至于流行病学研究显示慢性砷暴露会造成血管痉挛及周边血液供应不足，进而造成四肢的坏疽，或称为乌脚病，在中国台湾饮用水含量为 10～1820ppb 的一些地区曾有此疾病盛行。患乌脚的人之后患皮肤癌的机会也较高，不过研究也显示这些饮用水中也有其他造成血管病变的物质，应该也是引起疾病的一部分原因。在智利的 Antotagasta 曾经发现饮用水中的砷含量高到 20～400ppb，同时也有许多人因此而有雷诺氏现象及手足发钳，解剖发现小血管及中等大小的血管已纤维化并增厚以及心肌肥大。

（5）神经系统毒性 砷在急性中毒 24～72h 或慢性中毒时常会发生周边神经轴突的伤害，主要是末端的感觉运动神经，异常部位为类似手套或袜子的分布。中等程度的砷中毒在早期主要影响感觉神经可观察到疼痛、感觉迟钝，而严重的砷中毒则会影响运动神经，可观察到无力、瘫痪（由脚往上），然而，就算是很严重的砷中毒也少有波及颅神经，但有可能造成脑病变，有一些很慢性中毒较轻微没有临床症状，但是做神经传导速度检查有发现神经传导速度变慢。慢性砷中毒引起的神经病变需要花也许长达数年的时间来恢复，而且也很少会完全恢复。追踪长期引用砷污染的牛奶的儿童发现其发生严重失聪、心智发育迟缓、癫痫等脑部伤害的概率比没有暴露砷的小朋友高（但失聪并没有在其他砷中毒的研究中发现）。

（6）皮肤毒性 砷暴露的人最常看到的皮肤症状是皮肤颜色变深，角质层增厚，皮肤癌。全身出现一块块色素沉积是慢性砷暴露的指标（曾在长期饮用＞400ppb 砷的水的人身上发现），较常发生在眼睑、颞、腋下、颈、乳头、阴部，严重砷中毒的人可能在胸、背及腹部都会发现，这种深棕色上散布白点的病变有人描述为"落在泥泞小径的雨滴"。

砷引起的过度角质化通常发生在手掌及脚掌，看起来像小粒玉米般突起，直径 0.4～1cm。在大部分砷中毒的人皮肤上的过度角质化的皮肤病变可以数十年都没有癌化的变化，但是有少部分人的过度角质化病灶会转变为癌症前期病灶，跟原位性皮肤癌难以区分。

（7）呼吸系统毒性 极少见暴露于高浓度砷粉尘的精炼工厂工人会发现其呼吸道的黏膜发炎且溃疡甚至鼻中隔穿孔。研究显示这些精炼工厂工人和暴露于含砷农药杀虫剂的工人有得肺癌概率升高的情形。

血液系统毒性：不管是急性或慢性砷暴露都会影响到血液系统，可能会发现骨髓造血功能被压抑且有全血细胞数目下降的情形，常见白细胞、红细胞、血小板下降，而嗜酸性粒细胞数上升的情形。红细胞的大小可能是正常或较大，可能会发现嗜碱性斑点。

（8）生殖毒性 大鼠经口最低中毒剂量（TDL$_0$）：605μg/kg（雌性交配前用药 35 周），胚泡植入前后死亡率升高。砷会透过胎盘，研究人员发现脐带血中砷的浓度和母体内砷的浓度是一致的。曾有一个怀孕末期服用砷的个案报告，马上生产，而新生儿在 12h 内就死去，解剖发现肺泡内出血，脑中、肝脏、肾脏中含砷浓度都很高。针对住在附近或在铜精炼厂工作的妇女做的研究发现她们体内的砷浓度都有升高，而她们发生流产及生产后发现先天畸形的机会都较高，先天畸形是一般人的 2 倍，而多次生产皆发现先天畸形的机会是一般人的 5 倍，不过因为这些妇女还暴露于铅、镉、二氧化硫，所以不能排除是其他化学物质引起的。中国科学院城市环境研究所完成的一项研究发现，在日常生活环境中，低剂量暴露的砷可能影响男性精子质量，并因此造成男性不育。

（9）致癌性 在动物试验中并没有发现癌症增加的情形。

（10）致突变性 细胞遗传学分析：人经口 0.211mg/L（15 年）。姐妹染色单体交换：人经口 0.211mg/L（15 年）。DNA 损伤：人肺 5μmol/L。

（11）致畸性 雌性大鼠交配前 30 周，孕后 1～20d 经口给予最低中毒剂量（TDL$_0$）580μg/kg，致肌肉骨骼系统发育畸形。小鼠孕后 8～18d 经口给予 187mg/kg，致肝胆管系统发育畸形。

（12）皮肤癌 在长期食用含无机砷的药物、水以及工作场所暴露砷的人的研究中常常会发现皮肤癌。通常是全身的，但是在躯干、手掌、脚掌这些比较没有接触阳光的地方有较高的发生率。而一个病人有可能会发现数种皮肤癌，发生的频率由高到低为原位性皮肤癌、上皮细胞癌、基底细胞癌以及混合型。在中国台湾乌脚病发生的地区有 72% 发生皮肤癌的病人也同时发现皮肤过度角质化以及皮肤出现色素沉积。一些过度角质化的病灶（边缘清楚的圆形或不规则的 1mm 到 >10cm 的块状）后来变为原位性皮肤癌，而最后就侵犯到其他地方。砷引起的基底细胞癌常常是多发而且常分布在躯干，病灶为红色、鳞片状，萎缩，难和原位性皮肤癌区分。砷引起的上皮细胞癌主要在阳光不会照到的躯干，而紫外线引起的常常在头颈部阳光常照射的地方发生，可以靠分布来区分砷引起的或是紫外线引起的，然而却很难分是砷引起的还是其他原因引起的。流行病学研究发现砷的暴露量跟皮肤癌的发生有剂量-反应效应。而在葡萄园工作由皮肤及吸入暴露砷的工人的流行病学研究发现因为皮肤炎而死亡的比率有升高。

(13) 中毒机理　砷是一种原浆毒，对蛋白的巯基具有巨大的亲和力，侵入体内的砷可与酶蛋白分子上的 2 个巯基或羟基结合形成稳定的络合物或环状化合物，从而抑制组织中大量巯基依赖酶系，特别是与丙酮酸氧化酶的巯基相结合，使其失去活力，从而影响细胞的正常代谢。砷影响 6-磷酸葡萄糖脱氢酶、乳酸脱氢酶、细胞色素氧化酶，使细胞的呼吸及氧化过程减慢。此外砷酸和亚砷酸在许多生化反应中能取代磷酸，但生成的产物不如磷酸结合物稳定，易水解，使氧化磷酸化过程解偶联，其又能减少高能磷酸键形成而干扰细胞的能量代谢。砷还可直接损害毛细血管及作用于血管舒缩中枢，使血管壁平滑肌麻痹，毛细血管扩张，引起血管壁通透性改变。砷还可以使心、肝、肾等实质性脏器产生脂肪变性。

(14) 代谢　砷经由食入会吸收 60%～90%。经由吸入吸收 60%～90%，尘埃粒径的大小会决定沉着的部位。而经由皮肤吸收的极少。砷在吸收之后会分布到肝、脾、肾、肺、消化道，然后在暴露后 4 周之后大概只在皮肤、头发、指甲、骨头、牙齿还存有少量，其他的都会迅速地被排除掉。

在人体内，5 价砷和 3 价砷会互相转换，而也许代表去毒的甲基化则多半在肝脏进行。甲基化的能力会因砷暴露量增加而降低，然而，甲基化的能力是可以被训练的，若长时间暴露低浓度的砷，则之后再暴露在高浓度砷时甲基化能力会增强。这种甲基化的砷会由肾脏、排汗、皮肤脱皮、指甲、头发等排除。而海产中的砷化物无法在人体内转化而成，通常也以原貌由尿液排除。无机砷通常在 2 天内排除，海产所含的砷化合物亦然。

(15) 危险特性　燃烧时产生白色的氧化砷烟雾。

4　对环境的影响

4.1　主要用途

砷的许多化合物都含有致命的毒性，常被加在除草剂、杀鼠药等。砷为电的导体，被使用在半导体上。化合物通称为砷化物，常运用于涂料、壁纸和陶器的制作。

砷作合金添加剂生产铅制弹丸、印刷合金、黄铜（冷凝器用）、蓄电池栅板、耐磨合金、高强结构钢及耐蚀钢等。黄铜中含有重量砷时可防止脱锌。高纯砷是制取化合物半导体砷化镓、砷化铟等的原料，也是半导体材料锗和硅的掺杂元素，这些材料广泛用作二极管、发光二极管、红外线发射器、激光器等。砷的化合物还用于制造农药、防腐剂、染料和医药等。昂贵的白铜合金就是用铜与砷合炼的。

用于制造硬质合金；黄铜中含有微量砷时可以防止脱锌；砷的化合物可用于杀虫及医

疗。砷和它的可溶性化合物都有毒。

4.2 环境行为

（1）蓄积和降解 砷比汞、铅等更容易发生水流迁移，其迁移去向是经河流到海洋。砷的沉积迁移是砷从水体析出转移到底质中，包括吸附到黏粒上，共沉淀和进入金属离子的沉淀中。生物可以蓄集砷。

砷主要富集于土壤表层，且主要以稳定矿物形式存在向下迁移困难；但当土壤砷总量高时其可溶性砷量也相应高，砷在土壤中易形成 Fe、Al、Ca 型砷化物而被固定；当土壤 pH 值增高至中性或碱性时，砷易转化为迁移能力更强、毒性更大的 3 价砷。

（2）迁移转化 土壤中砷的形态可分为水溶性砷、交换性砷和难溶性砷。其中水溶性砷占总砷的 5%～10%，大部分是交换态及难溶性砷。自然界砷的化合物，大多数以砷酸盐的形态存在于土壤中，如砷酸钙、砷酸铝、亚砷酸钠等。砷有 3 价和 5 价，而且可在土壤中相互转化。

由污染而进入土壤中的砷，一般都在表层积累。除碱金属与砷反应生产的亚砷酸盐如亚砷酸钠溶解度较大，易于迁移外，其余的亚砷酸盐类溶解度均较小，限制了砷在溶液中的迁移。土壤中的砷大部分为胶体所吸附，或与有机物络合螯合，或与土壤中的铁、铝、钙等结合形成难溶性化合物，或与铁、铝等氢氧化物形成共沉淀。土壤中的黏土矿物胶体不同类型对砷的吸附量明显不同，一般是蒙脱石＞高岭石＞白云石。

吸附于黏粒表面的交换性砷，可被植物吸收，而难溶性砷化物很难为作物吸收，并积累在土壤中。增加这部分砷的比例可减轻砷对作物的毒害，并可提高土壤的净化能力。

土壤中各种形态的砷可以发生转化。在旱田土壤中，大部分以砷酸根状态存在，当土壤处于淹水条件时，随着氧化还原电位的降低，则还原成亚砷酸。一般认为亚砷酸盐对作物的危害性比砷酸盐类高 3 倍以上。为了有效地减少砷污染的危害，提高土壤氧化还原电位值以减少低价砷酸盐的形成，降低其活性是非常必要的。

氧化还原作用不仅会使重金属元素发生价态变化，而且还会使重金属元素的形态发生变化。在氧化还原电位低时（100mV 左右），砷酸铁可还原成亚铁形态，电位进一步降低，致使砷还原为亚砷酸盐，增强砷的移动性。相反，土壤中铁、铝组分的增加，又可能使水溶性砷转化为不溶态砷。

4.3 人体健康危害

（1）暴露/侵入途径 吸入、食入、经皮吸收。

（2）健康危害 砷不溶于水，无毒性。经口砷化合物引起急性胃肠炎、休克、周围神经病、中毒性心肌炎、肝炎，以及抽搐、昏迷等，甚至死亡。大量吸入也可引起消化系统症状、肝肾损害，皮肤色素沉着、角化过度或疣状增生，多发性周围神经炎。

① 急性或亚急性毒性作用。急性溶血和肾脏损害。发病急剧，有寒战、高热、昏迷、谵妄、抽搐、紫绀、巩膜及全身重度黄染、少尿或无尿。贫血加重，网织红细胞明显增多。尿呈深酱色，尿隐血强阳性。血尿素氮明显增高，出现急性肾功能衰竭，并伴有肝脏损害。

② 慢性毒性作用。慢性中毒有头晕、头痛、乏力、恶心、呕吐、腹痛、关节及腰部酸痛，皮肤及巩膜轻度黄染。血红细胞及血红蛋白降低。尿呈酱油色，隐血阳性，蛋白阳性，有红细胞、白细胞。血尿素氮增高。可伴有肝脏损害。有末梢神经炎症状，可以转变成皮肤

癌，并可能死于合并症。

4.4 接触控制标准

砷生产及应用相关环境标准见表 27-3。

表 27-3　砷生产及应用相关环境标准

标准编号	限制要求	标准值
中国(GB 5749—2006)	生活饮用水水质标准	0.05mg/L
中国(GB 5084—1992)	农田灌溉水质标准	水作:0.05mg/L 旱作:0.1mg/L 蔬菜:0.05mg/L
中国(GB/T 14848—1993)	地下水质量标准	Ⅰ类:0.005mg/L Ⅱ类:0.01mg/L Ⅲ类:0.05mg/L Ⅳ类:0.05mg/L Ⅴ类:0.05mg/L 以上
中国(GB 11607—1989)	渔业水质标准	0.05mg/L
中国(GB 3838—2002)	地表水环境质量标准	Ⅰ类:0.05mg/L Ⅱ类:0.05mg/L Ⅲ类:0.05mg/L Ⅳ类:0.1mg/L Ⅴ类:0.1mg/L 以上
中国(GB 3097—1997)	海水水质标准	第一类:0.020mg/L 第二类:0.030mg/L 第三类:0.050mg/L 第四类:0.050mg/L
中国(GB 8978—1996)	污水综合排放标准	0.5mg/L
中国(CJ/T 206—2005)	城市供水水质标准	0.01mg/L
中国(GB 15618—1995)	土壤环境质量标准(水田)	一级:15mg/kg 二级:20~30mg/kg 三级:30mg/kg
中国(GB 15618—1995)	土壤环境质量标准(旱地)	一级:15mg/kg 二级:25~40mg/kg 三级:40mg/kg
中国(GB 4284—1984)	农用污泥中污染物控制标准(干污泥)	在酸性土壤上:75mg/kg 在中性和碱性土壤上:75mg/kg
中国(GB 5058.3—1996)	危险废物浸出毒性鉴别标准值	1.5mg/L
中国(GB 8172—1987)	城镇垃圾农用控制标准	30mg/kg

5 环境监测方法

5.1 现场应急监测方法

检测管法；便携式数字伏安法；分光光度法（《突发性环境污染事故应急监测与处理处

置技术》，万本太主编）。

5.2 实验室监测方法

砷的实验室监测方法见表 27-4。

表 27-4　砷的实验室监测方法

监测方法	来源	类别
二乙基二硫代氨基甲酸银光度法	《水质　总砷的测定　二乙基二硫代氨基甲酸银光度法》（GB 7485—87）	水质
氢化物发生-原子吸收法	《作业场所空气中砷的氢化物发生-原子吸收光谱测定方法》（WS/T 129—1999）	作业场所空气
二乙基二硫代氨基甲酸银光度法	《土壤质量　总砷的测定　二乙基二硫代氨基甲酸银分光光度法》（GB/T 17134—1997）	土壤
二乙基二硫代氨基甲酸银光度法	《固体废物　砷的测定　二乙基二硫代氨基甲酸银分光光度法》（GB/T 15555.3—95）	固体废物浸出液
火焰光度法	CJ/T 105—99	城市生活垃圾

6　应急处理处置方法

6.1　泄漏应急处理

（1）**应急行为**　隔离泄漏污染区，限制出入。

（2）**应急人员防护**　建议应急处理人员戴自给正压式呼吸器，穿防毒服。

（3）**环保措施**　尽可能切断泄漏源，防止进入下水道、排洪沟等限制性空间。

（4）**消除方法**　不要直接接触泄漏物。用洁净的铲子收集于干燥、洁净、有盖的容器中，转移回收。

6.2　个体防护措施

（1）**工程控制**　密闭操作，局部排风。操作人员必须经过专门培训，严格遵守操作规程。提供安全淋浴和洗眼设备。

（2）**呼吸系统防护**　可能接触其粉尘时，应该佩戴自吸过滤式防尘口罩。必要时，佩戴空气呼吸器。

（3）**眼睛防护**　戴化学安全防护眼镜。

（4）**身体防护**　穿胶布防毒衣。

（5）**手防护**　戴橡胶手套。

（6）**其他**　工作完毕，淋浴更衣。工作服不准带至非作业场所。单独存放被毒物污染的衣服，洗后备用。保持良好的卫生习惯。

6.3　急救措施

（1）**皮肤接触**　立即脱去被污染的衣着，用肥皂水和清水彻底冲洗皮肤。就医。

（2）**眼睛接触**　立即提起眼睑，用大量流动清水或生理盐水彻底冲洗。就医。

(3) 吸入 迅速脱离现场至空气新鲜处。保持呼吸道通畅。如呼吸困难，给输氧。呼吸心跳停止时，立即进行人工呼吸。就医。

(4) 食入 催吐。洗胃。给饮牛奶或蛋清。就医。

(5) 灭火方法 消防人员必须穿戴全身专用防护服。灭火剂：干粉、泡沫、二氧化碳、砂土。

6.4　应急医疗

(1) 诊断要点 职业性急性砷化氢中毒诊断标准如下。

① 诊断标准（GBZ 44—2002）。职业性急性砷化氢中毒是指在职业活动中，短期内吸入较高浓度砷化氢气体所致的以急性血管内溶血为主的全身性疾病，严重者可发生急性肾功能衰竭。本标准规定了职业性急性砷化氢中毒的诊断标准及处理原则。本标准适用于职业活动中吸入砷化氢气体引起的急性中毒。不适用于砷、砷的氧化物及砷酸盐引起的中毒。

② 诊断原则。根据短期内吸入较高浓度砷化氢气体的职业史和急性血管内溶血的临床表现，结合有关实验室检查结果，参考现场劳动卫生学调查资料，综合分析，排除其他病因所致的类似疾病方可诊断。

③ 接触反应。具有乏力、头晕、头痛、恶心等症状，脱离接触后症状较快地消失。

④ 诊断与分级标准。

a.轻度中毒。常有畏寒、发热、头痛、乏力、腰背部酸痛，且出现酱油色尿、巩膜皮肤黄染等急性血管内溶血的临床表现；外周血血红蛋白、尿潜血试验等血管内溶血实验室检查异常，尿量基本正常。符合轻度中毒性溶血性贫血，可继发轻度中毒性肾病。

b.重度中毒。发病急剧，出现寒战、发热、明显腰背酸痛或腹痛，尿呈深酱色，少尿或无尿，巩膜皮肤明显黄染，极严重溶血。皮肤呈古铜色或紫黑色，符合重度中毒性溶血性贫血，可有发绀、意识障碍。外周血血红蛋白显著降低，尿潜血试验强阳性，血浆或尿游离血红蛋白明显增高。血肌酐进行性增高，可继发中度至重度中毒性肾病。

(2) 处理原则 职业性急性砷化氢中毒处理方法如下。

① 发生事故时，所有接触者，均应迅速脱离现场。

② 对接触反应者，应严密观察48h，安静休息，鼓励饮水，经口碱性药物，并监测尿常规及尿潜血试验。

③ 中毒患者均应住院治疗，早期足量短程应用糖皮质激素，早期合理输液，正确应用利尿剂以维持尿量，碱化尿液。忌用肾毒性较大的药物。对重度中毒者，应尽早采用血液净化疗法；根据溶血程度和速度，必要时可采用换血疗法；并注意维持水和电解质平衡，保证足够热量等对症支持治疗。

④ 其他处理。

轻度中毒治愈后可恢复原工作；出现急性肾功能衰竭的重度中毒者视疾病恢复情况，应考虑调离有害作业。

(3) 预防措施 对砷作业工人进行上岗前和定期健康检查，及时发现就业禁忌证和早期发现砷中毒病人及时治疗。

改饮低砷水是预防饮水型砷中毒最有效的措施。另外有研究发现，水果等抗氧化物质的摄入可能对砷中毒起保护作用。对含砷毒物要严加保管；砷剂农药必须染成红色，以便识别并防止与面粉、面碱、小苏打等混淆。外包装必须标有"毒"字。剩余的拌砷毒谷、毒饵应深埋，剩余的药种，应绝对禁止食用或作饲料。凡接触过砷制剂的器具，用后必须仔细刷洗，并不得再盛装任何食物。禁止用加工粮食的碾子等磨压砷制剂。

7 储运注意事项

7.1 储存注意事项

储存于阴凉、通风的库房。远离火种、热源。库内相对湿度不超过80%。包装必须密封，切勿受潮。应与氧化剂、酸类、卤素、食用化学品分开存放，切忌混储。配备相应品种和数量的消防器材。储区应备有合适的材料收容泄漏物。

7.2 运输信息

危险货物编号：61006。

包装类别：Ⅱ。

包装方法：塑料袋或两层牛皮纸袋外全开口或中开口钢桶（钢板厚1.0mm，每桶净重不超过150kg）。

运输注意事项：运输前应先检查包装容器是否完整、密封，运输过程中要确保容器不泄漏、不倒塌、不坠落、不损坏。严禁与酸类、氧化剂、食品及食品添加剂混运。运输途中应防曝晒、雨淋，防高温。公路运输时要按规定路线行驶。

7.3 废弃

（1）废弃处置方法 当水体受到污染时，可加入石灰中和被砒霜泄漏污染的河流，使砷形成沉淀而从水中转入污泥中，将沉淀的污泥再做进一步的无害化处理。对于受砷污染的土壤，可加入石灰降低土壤中砷的活性，减少作物对砷的吸收。

（2）废弃注意事项 处置前应参阅国家和地方有关法规。

8 参考文献

［1］ 环境保护部.国家污染物环境健康风险名录（化学第一分册）.北京：中国环境科学出版社，2009.

［2］ 万本太.突发性环境污染事故应急监测与处理处置技术［M］.北京：中国环境科学出版社，2006.

［3］ 北京化工研究院环境保护所/计算中心.国际化学品安全卡（中文版）查询系统［DB］.2016.

［4］ 郎胜喜.砷及其化合物的职业危害［J］.中国城乡企业卫生，2005，（5）：24-25.

［5］ 史可江，刘钧，马龙江.山东省南四湖水产品中铅、镉、砷、汞污染状况的调查与分析［J］.食品与药品，2006，8（7）：59-61.

［6］ 钟格梅，唐振柱.我国环境中镉、铅、砷污染及其对暴露人群健康影响的研究进展［J］.2006，23（6）：562-565.

［7］ 中华人民共和国卫生部.GBZ 44—2002.职业性急性砷化氢中毒诊断标准［S］.2002.

［8］ 中华人民共和国卫生部.GBZ/T 161.31—2004.工作场所空气中砷及其化合物的测定方法［S］.2004.

1,1,2-三氯乙烷

1 名称、编号、分子式

1,1,2-三氯乙烷又称三氯化乙烷、β-三氯乙烷，主要由氯乙烯氯化法得到，预先往反应釜内投入三氯乙烷，然后于 20~25℃下通入氯乙烯和氯气（摩尔比 1∶1.2）进行氯化合成。生成物经水洗、分离而得。也可由 1,2-二氯乙烷氯化法：在三氯化铝或其他金属氯化物存在下，于 60℃氯化等方法制得。1,1,2-三氯乙烷基本信息见表 28-1。

表 28-1　1,1,2-三氯乙烷基本信息

中文名称	1,1,2-三氯乙烷
中文别名	三氯乙烷
英文名称	1,1,2-trichloroethane
英文别名	trichloroethane
UN 号	3082
CAS 号	79-00-5
ICSC 号	0080
RTECS 号	KJ3150000
分子式	$C_2H_3Cl_3$
分子量	133.5

2 理化性质

1,1,2-三氯乙烷不发生聚合反应，禁止与强碱、强氧化剂、铝、镁混合。1,1,2-三氯乙烷理化性质一览表见表 28-2。

表 28-2　1,1,2-三氯乙烷理化性质一览表

外观与性状	无色液体，有氯仿样的气味
熔点/℃	−35
沸点/℃	114
相对密度（水＝1）	1.44
相对蒸气密度（空气＝1）	4.55

燃烧热/（kJ/mol）	1097.2
辛醇/水分配系数的对数值	2.35
爆炸极限（体积分数）/%	8.4～13.3
饱和蒸气压（35.2℃）/kPa	5.33
溶解性	不溶于水，可混溶于乙醇、乙醚等
稳定性	稳定

3 毒理学参数

（1）急性毒性 大鼠经口，半数致死剂量（LD_{50}）100～200mg/kg；兔经皮3730mg/kg；大鼠吸入，半数致死浓度（LC_{50}）10.92g/m³。

（2）亚急性和慢性毒性 大鼠、豚鼠和兔吸入0.82g/m³，7h/d，每周5d，6个月，未见异常；吸入1.6g/m³，雌性大鼠有轻度的肝脂肪变性和细胞浊肿。

（3）致癌性 小鼠喂饲390mg/kg和195mg/kg，78周，观察13周，发现肝细胞癌和嗜铬细胞瘤。

（4）代谢 1,1,2-三氯乙烷可通过多种途径排出体外，挥发性液体可经肺排出；毒物及其代谢产物经肾脏排出；肝脏系统也是排出毒物的主要途径。毒物及其代谢产物经过肝脏解毒后进入胆汁，然后经胆道排入肠道并随粪便排出；毒物可随汗液、唾液、乳汁、经血等少量排出，并可通过胎盘进入胎儿血液。

（5）中毒机理 脂溶性1,1,2-三氯乙烷能透过皮肤吸收，易于通过细胞膜。气态1,1,2-三氯乙烷经呼吸道进入体内，难溶于水的毒物可进入肺泡。1,1,2-三氯乙烷被吸收后，随血液、淋巴系统分布到全身。在肝脏内经生物转化后再进入大循环。因易溶于脂肪或与组织中某些成分结合而积聚于体内某些部位。组织中储存的1,1,2-三氯乙烷与血液中游离的1,1,2-三氯乙烷保持着动态平衡，当血液中1,1,2-三氯乙烷浓度下降时，组织中储存的1,1,2-三氯乙烷又可逐渐释放到血液中。这种储存和积聚对机体是一种潜在性的危害，因为在一定条件下毒物又可以重新释放出来而产生毒作用。

（6）刺激性 兔涂皮：500mg，中等刺激性；810mg（24h），严重刺激性；500mg（24h），中等刺激性。兔眼刺激：162mg，中等刺激性；500mg（24h），中等刺激性。

（7）吸收分布 脂溶性1,1,2-三氯乙烷能透过皮肤吸收，易于通过细胞膜。气态毒物经呼吸道进入体内，难溶于水的毒物可进入肺泡。

（8）致突变性 微核试验：人淋巴细胞100μmol/L。DNA损伤：人淋巴细胞2500μmol/L。细胞遗传学分析：豚鼠皮肤染毒2880μg/kg。

（9）危险特性 在潮湿空气中，特别在日光照射下，释放出腐蚀性很强的氯化氢烟雾。

4 对环境的影响

4.1 主要用途

1,1,2-三氯乙烷主要用作油脂、蜡、天然树脂、生物碱、乙酸纤维类的溶剂，染料、香料的萃取剂，农用杀虫剂、熏蒸剂，以及合成1,1-二氯乙烯的原料。

4.2 环境行为

该物质对环境可能有危害，在地下水中有蓄积作用。在对人类重要食物链中，特别是在水生生物体中发生生物蓄积。

(1) 生态毒性 LC_{50}：81.6mg/L（96h）（黑头呆鱼，动态）；133mg/L（48h）（青鳉）。IC_{50}：93～430mg/L（72h）（藻类）。

(2) 生物降解性 好氧生物降解：4320～8760h；厌氧生物降解：17280～35040h。

(3) 非生物降解性 空气中光氧化半衰期：196～1956h；一级水解半衰期：3.26×10^5h。

4.3 人体健康危害

(1) 暴露/侵入途径 吸入、摄入、经皮吸收。

(2) 健康危害 急性中毒主要损害中枢神经系统。轻者表现为头痛、眩晕、步态蹒跚、共济失调、嗜睡等；重者可出现抽搐，甚至昏迷。可引起心律不齐。对皮肤有轻度脱脂和刺激作用。

① 中毒性脑病。在短期内，因大量接触损害中枢神经系统的毒物而引起的中枢神经系统功能和器质性病变，有多种临床表现。脑病理变化可有弥漫性充血、水肿、点状出血、神经细胞变性或坏死、神经组织脱髓鞘等。病变由大脑皮质向下扩展。大脑皮质如有广泛的损害，就有可能出现脑萎缩。有机溶剂能溶于中枢神经系统的类脂质，改变血脑屏障和神经细胞的通透性，从而损害神经细胞。

② 中毒性肝病。肝脏具有多种代谢、分泌、排泄、生物转化等方面的功能。毒物在肝脏进行生物转化和储存。急性中毒性肝病是由一次大量接触毒性强的亲肝毒物引起的。该病发病急骤，表现为食欲不振、恶心、呕吐、乏力、多有发热，数日后可出现黄疸、肝肿大且有压痛。通过肝功能检查，有血清谷丙转氨酶活性明显增高现象。该病能引起白细胞增多，其症状在很多方面类似急性病毒性肝炎。慢性中毒性肝病是由长期接触少量亲肝毒物引起的。也有少数急性中毒性肝病转化为慢性中毒肝病。慢性中毒性肝病症状不突出，仅表现为食欲不振、腹胀、疲乏无力、肝肿大且有压痛，有轻度黄疸，肝功能可能有异常。临床症状类似慢性病毒性肝炎。重症患者可能演变为肝硬化。

4.4 接触控制标准

美国 TWA：OSHA 10ppm，55mg/m³［皮］；ACGIH 10ppm，55mg/m³［皮］。

1,1,2-三氯乙烷生产及应用相关环境标准见表 28-3。

表 28-3　1,1,2-三氯乙烷生产及应用相关环境标准

标准编号	限制要求	标准值
中国（GB 3838—2002）	地表水环境质量标准	0.003mg/L

5　环境监测方法

5.1 现场应急监测方法

便携式气相色谱法；水质检测管法；气体检测管法。

5.2 实验室监测方法

1,1,2-三氯乙烷的实验室监测方法见表28-4。

表28-4 1,1,2-三氯乙烷的实验室监测方法

监测方法	来源	类别
气相色谱法	《城市和工业废水中有机化合物分析》,王克欧等译	废水
气相色谱法	《固体废弃物试验与分析评价手册》,中国环境监测总站等译	固体废物
色谱/质谱法	美国EPA524.2方法①	水质

① EPA524.2(4.1版)是为配合实施美国国家饮用水的EPA标准而制定的,该方法采用吹脱捕集装置,用GC/MS检测低浓度的被分析物质。在实际监测中,优先执行我国国家标准。

6 应急处理处置方法

6.1 泄漏应急处理

(1) 应急行为 迅速撤离泄漏污染区人员至安全区,并进行隔离,严格限制出入。周围设警告标志。

(2) 应急人员防护 建议应急处理人员戴自给正压式呼吸器,穿防毒服。不要直接接触泄漏物。

(3) 环保措施 尽可能切断泄漏源,防止进入下水道、排洪沟等限制性空间。

(4) 消除方法 小量泄漏:用砂土或其他不燃材料吸附或吸收。大量泄漏:构筑围堤或挖坑收容;用泡沫覆盖,降低蒸气灾害。用防爆泵转移至槽车或专用收集器内,回收或运至废物处理场所处置。

6.2 个体防护措施

(1) 工程控制 严加密闭,提供充分的局部排风。提供安全淋浴和洗眼设备。

(2) 呼吸系统防护 空气中浓度超标时,应该佩戴直接式防毒面具(半面罩)。紧急事态抢救或撤离时,佩戴空气呼吸器。

(3) 眼睛防护 戴安全防护眼镜。

(4) 身体防护 穿防毒物渗透工作服。

(5) 手防护 戴防化学品手套。

(6) 其他 工作现场禁止吸烟、进食和饮水。工作完毕,沐浴更衣。单独存放被毒物污染的衣服,洗后备用。注意个人清洁卫生。

6.3 急救措施

(1) 皮肤接触 脱去被污染的衣着,用肥皂水和清水彻底冲洗皮肤。

(2) 眼睛接触 提起眼睑,用流动清水或生理盐水冲洗。就医。

(3) 吸入 迅速脱离现场至空气新鲜处。保持呼吸道通畅。如呼吸困难,给输氧。如呼吸停止,立即进行人工呼吸。就医。

(4) 食入 饮足量温水,催吐,就医。

(5) 灭火方法 消防人员须佩戴防毒面具、穿全身消防服。喷水保持火场容器冷却，直至灭火结束。灭火剂：雾状水、泡沫、二氧化碳、砂土。

6.4 应急医疗

(1) 诊断要点 中毒的特殊检查包括：测定生物材料中毒物的含量，如测定尿、血、头发、指甲、粪便中某些毒物的含量；测定生物材料中毒物代谢产物或结合物的含量，这种化验可作为机体吸收毒物量的指标；测定毒物进入体内后引起的体内生物化学、免疫学、组织形态学等方面的改变，这种检验可作为病变指标，对诊断有较大意义。诊断时，要根据职业史、现场劳动卫生学调查、病史、临床表现及实验室检查等数据进行综合方法，排除非职业性疾病，才能得出正确结论。

(2) 处理原则 对急性中毒，首先要重视现场抢救，迅速脱离现场，采取急救措施，维持患者的生命体征。患者经紧急处理后，应尽快送到有条件的医院进行救治，及早采取排毒措施，使用特效解毒剂。慢性职业中毒的治疗应立足于早期，因早期常为功能性或可逆性病变，防止使其发展成为较重的慢性中毒。

(3) 预防措施 中毒的预防，着重在工农业生产中，采取各项组织措施、卫生技术措施、卫生保健措施等，以防止其发生。

7 储运注意事项

7.1 储存注意事项

储存于阴凉、通风仓间内。远离火种、热源。防止阳光直射。保持容器密封。应与食用化工原料、金属粉末等分开存放。不可混储混运。搬运时要轻装轻卸，防止包装及容器损坏。分装和搬运作业要注意个人防护。

7.2 运输信息

危险货物编号：61555。

包装类别：Ⅲ。

包装方法：小开口钢桶；薄钢板桶或镀锡薄钢板桶（罐）外花格箱；安瓿瓶外普通木箱；螺纹口玻璃瓶、铁盖压口玻璃瓶、塑料瓶或金属桶（罐）外普通木箱；螺纹口玻璃瓶、塑料瓶或镀锡薄钢板桶（罐）外满底板花格箱、纤维板箱或胶合板箱。

运输注意事项：运输前应先检查包装容器是否完整、密封，运输过程中要确保容器不泄漏、不倒塌、不坠落、不损坏。严禁与酸类、氧化剂、食品及食品添加剂混运。运输时运输车辆应配备相应品种和数量的消防器材及泄漏应急处理设备。运输途中应防曝晒、雨淋，防高温。公路运输时要按规定路线行驶。

7.3 废弃

(1) 废弃处置方法 废弃物处置方法：焚烧法。废料同其他燃料混合后焚烧，燃烧要充分，防止生成光气。焚烧炉排气中的卤化氢通过酸洗涤器除去。

(2) 废弃注意事项 处置前应参阅国家和地方有关法规。

8 参考文献

［1］ 环境保护部.国家污染物环境健康风险名录（化学第一分册）.北京：中国环境科学出版社，2009.

［2］ 万本太.突发性环境污染事故应急监测与处理处置技术［M］.北京：中国环境科学出版社，2006.

［3］ 北京化工研究院环境保护所/计算中心.国际化学品安全卡（中文版）查询系统［DB］.2016.

［4］ Massarelli I，Imbriani M，Coi A，et al. Development of QSAR models for predicting hepatocarci-nogenic toxicity of chemicals［J］. Eur J Med Chem，2009，44：3658-3664.

［5］ Farajzadeh M A，Feriduni B，Mogaddam M R，et al. Development of a new extraction method based on counter current salting-out homogenous liquid-liquid extraction followed by dispersive liquid-liquid microextraction：Application for the extraction and preconcentration of widely used pesticides from fruit juices［J］. Talanta，2015，146：772-779.

［6］ 陆林军，刘强强.氯乙烯氯化法制备1,1,2-三氯乙烷工艺过程研究［J］.上海化工，2008，（8）：5-7.

［7］ 中国环境监测总站.固体废弃物试验分析评价手册［M］.北京：中国环境科学出版社，1992.

［8］ 詹姆斯 E 朗博顿，詹姆斯 J 利希滕伯格.城市和工业废水中有机化合物分析［M］.王克欧等译.北京：学术期刊出版社，1989.

四氯乙烯

1 名称、编号、分子式

四氯乙烯（tetrachloroethylene）又称全氯乙烯，分子结构上看是乙烯中全部氢原子被氯取代而生成的化合物，1821 年由 Faraday 热解六氯乙烷时首次制得。四氯乙烯的生产方法有乙烯法、烃类氧化、乙炔法等。因乙炔价昂，乙炔法已逐步为乙烯法等代替。工业上大多采用氧氯化法或 $C_1 \sim C_3$ 烃类氯化法制备四氯乙烯。四氯乙烯基本信息见表 29-1。

表 29-1　四氯乙烯基本信息

中文名称	四氯乙烯
中文别名	过氯乙烯；全氯乙烯
英文名称	tetrachloroethylene
英文别名	porklone；tetrochloroethane
UN 号	1897
CAS 号	127-18-4
ICSC 号	0076
RTECS 号	KX3850000
EC 编号	204-825-9
分子式	C_2Cl_4
分子量	165.83
规格	工业级：一级≥99.5%；二级≥99.0%

2 理化性质

四氯乙烯为无色透明液体，具有类似乙醚的气味。能溶解多种物质（如橡胶、树脂、脂肪、三氯化铝、硫、碘、氯化汞）。能与乙醇、乙醚、氯仿、苯混溶。溶于约 10000 倍体积的水。四氯乙烯理化性质一览表见表 29-2。

表 29-2　四氯乙烯理化性质一览表

外观与性状	无色液体,有氯仿样气味
所含官能团	—Cl,碳碳双键
熔点/℃	—22.2

沸点/℃	121.2
相对密度(水＝1)	1.63
相对蒸气密度(空气＝1)	5.83
饱和蒸气压(20℃)/kPa	2.11
燃烧热(25℃,液体)/(kJ/mol)	679.3
临界温度/℃	347.1
临界压力/MPa	9.74
辛醇/水分配系数的对数值	2.88
折射率(n_D^{20})	1.505
黏度(20℃)/(mPa·s)	0.839
生成热(25℃,液体)/(kJ/mol)	12.56
比热容(20℃)/[kJ/(kg·K)]	0.904
溶解性	不溶于水,可混溶于乙醇、乙醚等多数有机溶剂
化学性质	一般不会燃烧,但长时间暴露在明火及高温下仍能燃烧。受高热分解产生有毒的腐蚀性烟气。纯净的四氯乙烯在空气中于阴暗处不被氧化,但受紫外线作用时逐渐被氧化,生成三氯乙酰氯及少量的光气。含有稳定剂的四氯乙烯在空气、水及光的存在或照射下,即使加热至140℃,对常用的金属材料也无明显的腐蚀作用。不含稳定剂的四氯乙烯,在光作用下与水长期接触时,逐渐水解成三氯代乙酸和氯化氢。当四氯乙烯在空气中与其他挥发性有机物发生反应时,将有助于光化学烟雾的形成

3 毒理学参数

(1) 急性毒性 LD_{50}：3005mg/kg（大鼠经口）；LC_{50}：50427mg/m^3，4h（大鼠吸入）；人吸入 13.6g/m^3，数分钟内轻度麻醉；人吸入 0.7～0.8g/m^3，喉部轻度刺激和干燥感；人吸入 0.5～0.54g/m^3，轻度眼刺激和烧灼感,数分钟适应；人吸入 0.34g/m^3，可嗅到气味。

(2) 亚急性和慢性毒性 大鼠,暴露浓度 17g/m^3，7h/d,每周 5d,几次暴露后即引起动物麻醉和死亡。

(3) 代谢 四氯乙烯进入人体后,在体内蓄积有限,约有98%经肺排出,仅有2%发生变化。主要转化为三氯乙酸和三氯乙醇,随尿排出。本品排出体外十分缓慢,吸入浓度为 2.7mg/L 的蒸气 3.5h 后,经过 2 周尚可测出,肺中平均滞留本品 62%；浓度为 1.3mg/L，3h 后可达到平衡。

(4) 中毒机理 四氯乙烯对人的危害是,它可经呼吸道、消化道和皮肤吸收中毒。四氯乙烯是中枢神经抑制剂,能引起头痛、恶心、呕吐,甚至昏迷。四氯乙烯毒性较三氯乙烯为低,麻醉作用较弱,主要抑制中枢神经系统,肝、肾毒害较轻,对眼、鼻、喉、咽有刺激。虽不燃,但火灾时本品能放出剧毒及刺激性烟雾。空气中的容许浓度我国为 100ppm,美国为 50ppm(335mg/m^3)。

(5) 刺激性 家兔经眼：500mg(24h),轻度刺激。家兔经皮：4mg,轻度刺激。

(6) 致突变性 微生物致突变：鼠伤寒沙门菌，$50\mu l$/皿；微粒体致突变：鼠伤寒沙门氏菌，$200\mu l$/皿。程序外 DNA 合成：人肺 100mg/L。细胞遗传学分析：大鼠吸入 500ppm。性染色体缺失和不分离：仓鼠肺 $190\mu mol/L$。DNA 损伤：人接触 2.4ppm（1 年）。

(7) 生殖毒性 大鼠吸入最低中毒（TCL_0）：1000ppm（24h，孕 1～22d），有胚胎毒性。小鼠吸入最低中毒（TCL_0）：300ppm（7h，孕 6～15d），有胚胎毒性。

(8) 致癌性 四氯乙烯对人类的致癌性并不充分。美国卫生和公共服务部确定，四氯乙烯为可合理预期的人类致癌物。IARC 致癌性评论：动物为可疑性反应，G2A，很可能为人类致癌物。实验室动物试验证明，大鼠和小鼠吸入接触和小鼠经口接触四氯乙烯都会诱发癌症。

(9) 致畸性 雌鼠交配前 14d、孕后 1～22d 吸入最低中毒剂量（TCL_0）1000ppm（24h），致肌肉骨骼系统发育畸形。

(10) 危险特性 一般不会燃烧，但长时间暴露在明火及高温下仍能燃烧。受高热分解产生有毒的腐蚀性气体。与活性金属粉末（如镁、铝等）能发生反应，引起分解。若遇高热可发生剧烈分解，引起容器破裂或爆炸事故。

4 对环境的影响

4.1 主要用途

四氯乙烯用途广泛，主要用作金属的脱脂洗涤剂，也用作驱肠虫药。广泛用作天然及合成纤维的干洗剂。可作为化学反应的溶剂。可用于合成三氯乙烯和含氟有机化合物等。也可用作色谱分析标准物质。还可用作胶黏剂的驱虫剂、脂肪类萃取剂、灭火剂和烟雾剂等。

4.2 环境行为

(1) 代谢和降解 生物降解性 MITI-I 测试，初始浓度 100ppm，污泥浓度 30ppm，4 周后降解 11%。

非生物降解性空气中，当羟基自由基浓度为 5.00×10^5 个/cm^3 时，降解半衰期为 96d（理论）。

(2) 残留与蓄积 四氯乙烯对水生生物是有毒的，该物质可能在水生环境中造成长期影响。BCF：25.8～77.1（鲤鱼，接触浓度 0.1ppm，接触时间 8 周）；28.4～75.7（鲤鱼，接触浓度 0.01ppm，接触时间 8 周）。

(3) 迁移转化 接触空气时四氯乙烯发生挥发。与水混合时，该化合物微溶于水。大多数四氯乙烯直接释放到空气中。暴露空气时，四氯乙烯也从水体和土壤中挥发到空气中。一旦进入空气中，由于阳光作用而分解，形成像氯化氢、三氯乙酸和二氧化碳之类的产物。地表水中的四氯乙烯迅速蒸发，在水中几乎不发生降解。由于不能牢固地附着在土壤上，进入地表水的四氯乙烯会穿过地面进入地下水。该化合物在地下水中是稳定的，生活在被四氯乙烯污染的环境中的动植物也会储留少量该物质，这正是做出由于工业溢漏和废物堆积造成地下水污染发生率增加这种考虑的原因。

4.3 人体健康危害

(1) 暴露/侵入途径 吸入、食入、皮肤及眼睛接触。

（2）健康危害 该品有刺激和麻醉作用。吸入急性中毒者有上呼吸道刺激症状、流泪、流涎。随之出现头晕、头痛、恶心、运动失调及酒醉样症状。口服后出现头晕、头痛、倦睡、恶心、呕吐、腹痛、视力模糊、四肢麻木，甚至出现兴奋不安、抽搐乃至昏迷，可致死。慢性影响：有乏力、眩晕、恶心、酪酊感等。可有肝损害。皮肤反复接触，可致皮炎和湿疹。当直接接触时，四氯乙烯经皮肤或在吸入之后经肺而被吸收。人体内该化学物质的量随着接触水平和接触期间体力活动的增加而增加。它在人和动物的脂肪组织中蓄积到某一有限程度。人和动物都能使之代谢，主要以三氯乙酸形式，有时也以 2,2,2-三氯乙醇的形式。所有物种的代谢能力都是有限的，但是，代谢程度随物种不同而异。对于人，大部分四氯乙烯以肺原样排出。经血液和呼吸对四氯乙烯的排出都很慢，但其排出量则随着接触水平的增高而增加。因此，可将该化合物在血液和呼吸中的浓度用于评估人的接触水平。

4.4 接触控制标准

中国 MAC(mg/m^3)：200。

前苏联 MAC(mg/m^3)：10。

中国 PC-TWA(mg/m^3)：200[皮]（G2A）。

美国 TLV-TWA：OSHA 100ppm（上限值）；ACGIH 25ppm，170mg/m^3［皮］。

美国 TLV-STEL：ACGIH 100ppm，685mg/m^3［皮］。

四氯化碳生产及应用相关环境标准见表 29-3。

表 29-3　四氯化碳生产及应用相关环境标准

标准名称	限制要求	标准值
生活饮用水卫生标准（GB 5749—2006）	水质非常规指标及限值	0.04mg/L
地表水环境质量标准（GB 3838—2002）	集中式生活饮用水地表水源地特定项目标准限值	0.04mg/L
污水综合排放标准（GB 8798—1996）	最高允许排放浓度	一级：0.1mg/L 二级：0.2mg/L 三级：0.5mg/L
工作场所有害因素职业接触限值（GBZ 2.1—2007）	工作场所空气中化学物质容许浓度	200mg/m^3（时间加权平均容许浓度）
展览会用地土壤环境质量评价标准（HJ 350—2007）	土壤环境质量评价标准限值	A 级：4mg/kg B 级：6mg/kg
土壤环境质量标准（修订）（GB 15618—2008）	土壤有机污染物的环境质量第二级标准限值	居住用地：0.5mg/kg 商业用地：6mg/kg 工业用地：210mg/kg

5 环境监测方法

5.1 现场应急监测方法

（1）气体快速检测管法：使用气或水的检测管可做现场快速定性或半定量判断。

（2）便携式气相色谱法：使用带 ECD 检测器的小型气相色谱仪可在现场快速准确的

测定。

5.2 实验室监测方法

四氯化碳的实验室监测方法见表 29-4。

表 29-4 四氯化碳的实验室监测方法

监测方法	来源	类别
顶空气相色谱法	《水质 挥发性卤代烃的测定 顶空气相色谱法》(GB/T 17130—1997)	水质
气相色谱法	《空气中有害物质的测定方法》(第二版),杭士平主编	空气
气相色谱法	《固体废弃物试验与分析评价手册》,中国环境监测总站等译	固体废物
色谱/质谱法	美国 EPA524.2 方法[①]	水质

　① EPA524.2(4.1 版)是为配合实施美国国家饮用水的 EPA 标准而制定的,该方法采用吹脱捕集装置,用 GC/MS 检测低浓度的被分析物质。在实际监测中,优先执行我国国家标准。

6 应急处理处置方法

6.1 泄漏应急处理

(1) 应急行为　迅速撤离泄漏污染区人员至安全区,并进行隔离,严格限制出入。建议应急处理人员戴自给正压式呼吸器,穿防毒服。从上风处进入现场。

(2) 应急人员防护　操作人员必须经过专门培训,严格遵守操作规程。建议操作人员佩戴自吸过滤式防毒面具(半面罩),戴化学安全防护眼镜,穿透气型防毒服,戴防化学品手套。

(3) 环保措施　尽可能切断泄漏源,防止进入下水道、排洪沟等限制性空间。小量泄漏:用砂土或其他不燃材料吸附或吸收。也可以用不燃性分散剂制成的乳液刷洗,洗液稀释后放入废水系统进行处理达标排放。大量泄漏:构筑围堤或挖坑收容。用泡沫覆盖,降低蒸气灾害。

(4) 消除方法　用泵转移至槽车或专用收集器内,回收或运至废物处理场所进行无害化处理,达到环保要求。

6.2 个体防护措施

(1) 工程控制　密闭操作,注意通风。尽可能机械化、自动化。提供安全淋浴和洗眼设备。作业场所建议与其他作业场所分开。设置自动报警装置和事故通风设施。设置应急撤离通道和必要的泻险区。设置红色区域警示线、警示标识和中文警示说明,并设置通信报警系统。

(2) 呼吸系统防护　空气中逸散时,建议佩戴自吸过滤式防毒面具(半面罩)。

(3) 眼睛防护　戴化学安全防护眼镜。

(4) 身体防护　穿透气型防毒服。

(5) 手防护　戴防化学品手套。

(6) 其他　工作现场严禁吸烟、进食和饮水。单独存放被毒物污染的衣服,洗后备用。保持良好卫生习惯。使用防爆型的通风系统和设备。防止蒸气泄漏到工作场所空气中。避免与碱类、活性金属粉末、碱金属接触。搬运时要轻装轻卸，防止包装及容器损坏。配备相应品种和数量的消防器材及泄漏应急处理设备。倒空的容器可能残留有害物。

6.3 急救措施

（1）**皮肤接触** 脱去污染的衣着，用肥皂水和清水彻底冲洗皮肤。

（2）**眼睛接触** 提起眼睑，用流动清水或生理盐水冲洗。就医。

（3）**吸入** 迅速脱离现场至空气新鲜处。保持呼吸道通畅。如呼吸困难，给输氧。如呼吸停止，立即进行人工呼吸。就医。

（4）**食入** 饮足量温水，催吐。就医。

6.4 应急医疗

（1）**诊断要点** 体检时应检查皮肤、肝和肾功能以及中枢神经系统。呼气分析有助于评定四氯乙烯的暴露。应注意就业前工人的肝、肾和神经病症史。

① 急性中毒。吸入急性中毒者有上呼吸道刺激症状、流泪、流涎。随之出现头晕、头痛、恶心、运动失调及酒醉样症状。经口后出现头晕、头痛、倦睡、恶心、呕吐、腹痛、视力模糊、四肢麻木，甚至出现兴奋不安、抽搐乃至昏迷，可致死。

② 慢性中毒。有乏力、眩晕、恶心、酩酊感等。可有肝损害。皮肤反复接触，可致皮炎和湿疹。

（2）**处理原则** 目前尚无特效解毒剂，主要按一般急救措施及对症治疗。

急性中毒时按以下措施治疗。

① 急性中毒时，接触者，应立即离开现场。有刺激症状者需安静休息，进行必要的检查及处理，并观察24h。主要是对症治疗。

② 急性中毒者应卧床休息，急救措施和对症治疗原则与内科相同。有昏迷、心跳及呼吸停止者，迅速进行脑、心、肺复苏；注意做好对症处理。

③ 重度四氯乙烯中毒病人可适当使用糖皮质激素。

④ 积极防治神经系统及肝、肾功能损害，治疗原则同内科。出现少尿、无尿时应及早做血液透析或腹膜透析，以防治尿毒症、高钾血症等。

⑤ 忌用肾上腺素及含乙醇药物。

（3）**预防措施** 生产设备应密闭，操作人员操作时应穿防护工作服，戴防护眼镜，以防止皮肤和眼与之接触。工作服如可能受污染，应每天更换。可渗透的工作服如被弄湿或受到污染，迅速脱去。

7 储运注意事项

7.1 储存注意事项

库房通风、低温、干燥；与氧化剂、食品添加剂分开存放；存放需加稳定剂，如对苯二酚。储存于阴凉、通风的库房。远离火种、热源。包装要求密封，不可与空气接触。应与碱类、活性金属粉末、碱金属、食用化学品分开存放，切忌混储。配备相应品种和数量的消防器材。储区应备有泄漏应急处理设备和合适的收容材料。

7.2 运输信息

危险货物编号：61580。

UN 编号：1897。

包装类别：Ⅲ。

包装方法：按照生产商推荐的方法进行包装，例如：开口钢桶；安瓿瓶外普通木箱；螺纹口玻璃瓶、铁盖压口玻璃瓶、塑料瓶或金属桶（罐）外普通木箱等。

运输注意事项：运输车辆应配备相应品种和数量的消防器材及泄漏应急处理设备。严禁与氧化剂、食用化学品等混装混运。装运该物品的车辆排气管必须配备阻火装置。使用槽（罐）车运输时应有接地链，槽内可设孔隔板以减少振荡产生静电。禁止使用易产生火花的机械设备和工具装卸。夏季最好早晚运输。运输途中应防曝晒、雨淋，防高温。中途停留时应远离火种、热源、高温区。公路运输时要按规定路线行驶，勿在居民区和人口稠密区停留。铁路运输时要禁止溜放。严禁用木船、水泥船散装运输。运输工具上应根据相关运输要求张贴危险标志、公告。

7.3 废弃

（1）废弃处置方法 焚烧；与其他易燃燃料混合后焚烧更为可取。必须注意，要保证完全燃烧，以防止光气产生。为除去所产生的氢卤酸，装置酸涤气器是必要的。另外可选择的方法是，从废气中回收四氯乙烯，再使用。

（2）废弃注意事项 处置前应参阅国家和地方有关法规。

8 参考文献

［1］ 环境保护部化学品登记中心危险化学品管理部.严格限制进出口有毒化学品信息表［M］.北京：环境保护部化学品登记中心危险化学品管理部，2010：94-98.

［2］ 史敬华，刘菲，李烨，等.不同基质共代谢降解地下水中四氯乙烯的研究［J］.地学前缘，2006，13（1）：145-149.

［3］ 王桂燕，周启星，胡筱敏，等.四氯乙烯和镉对草鱼的单一与联合毒性效应［J］.应用生态学报，2007，18（5）：1120-1124.

［4］ 周细红，曾清如.紫外光和光氧化剂对水中氯仿及三氯乙烯和四氯乙烯的光降解作用［J］.湖南农业大学学报：自然科学版，2001，27（2）：130-133.

［5］ 王晓军.四氯乙烯对小鼠的行为畸胎毒性研究［J］.职业与健康，1997，（6）：38-39.

［6］ 张锦秋，染若娃.氧载体治疗仪抢救重度四氯乙烯（干洗剂）中毒成功二例报告［C］.黄山：中华医学会急诊医学学会第六次全国急诊医学学术会议论文汇编，1996.

［7］ 杭士平.空气中有害物质的测定方法［M］.第2版.北京：人民卫生出版社，1986.

［8］ 中国环境监测总站.固体废弃物试验分析评价手册［M］.北京：中国环境科学出版社，1992.

三溴甲烷

1 名称、编号、分子式

三溴甲烷又称溴仿，主要用作有机合成的中间体和药物制造。工厂及企业在生产和使用三溴甲烷及储运过程中的意外事故均会对环境造成危害。由丙酮与次溴酸钠反应而得。三溴甲烷基本信息见表 30-1。

表 30-1　三溴甲烷基本信息

中文名称	三溴甲烷
中文别名	溴仿；甲基三溴
英文名称	bromoform
英文别名	tribromomethane；methenyl tribromide；methyl tribromide
UN 号	2515
CAS 号	75-25-2
ICSC 号	0108
RTECS 号	PB5600000
EC 编号	602-007-00-X
分子式	$CHBr_3$
分子量	252.7

2 理化性质

三溴甲烷为无色重质液体，有似氯仿味。微溶于水，溶于乙醇、乙醚、氯仿、苯。与活泼金属（如锂、钠、钾、钙）、金属粉末（如铝粉、锌粉、镁粉）、强腐蚀剂及丙酮能发生反应，甚至剧烈反应。久储逐渐分解成黄色液体，空气及光可加速其分解。与某些塑料、橡胶和涂料发生反应。三溴甲烷理化性质一览表见表 30-2。

表 30-2　三溴甲烷理化性质一览表

外观与性状	无色重质液体,有似氯仿味
熔点/℃	6～7
沸点/℃	149.5
相对密度（水＝1）	2.89

饱和蒸气压(20℃)/kPa	6.65
辛醇/水分配系数的对数值	2.3
自燃温度/℃	不燃
溶解性	微溶于水,溶于乙醇、乙醚、氯仿、苯
化学性质	与活泼金属(如锂、钠、钾、钙)、金属粉末(如铝粉、锌粉、镁粉)、强腐蚀剂及丙酮能发生反应,甚至剧烈反应。久储逐渐分解成黄色液体,空气及光可加速其分解。因此冷藏时,远离热源,避免光照。与某些塑料、橡胶和涂料发生反应。燃烧(分解)产物有一氧化碳、二氧化碳、溴化氢
稳定性	稳定

3 毒理学参数

(1) 急性毒性 大鼠(雄性)经口,半致死剂量(LD_{50})为 2.5g/kg,小鼠经口半致死剂量(LD_{50}):1.4g/kg(雄性)、0.55g/kg(雌性)。

(2) 亚急性和慢性毒性 大鼠吸入 0.25mg/L,4h/d,2 个月,肝肾功能异常。兔吸入 2.5g/m^3,共 10d,发现有中枢神经系统、肝和肾功能性改变。

(3) 代谢 Lucas 曾经在兔子试验中证实,通过直肠或吸入方式给予三溴甲烷后,部分在肝脏中被分解成代谢物,而后在兔子的组织内和排出的尿液内检出了无机溴化物。用三溴甲烷进行直肠麻醉后,可以从尿液中回收溴化钠 0.3%～1.2%。环境中的三溴甲烷遇碱分解,但在环境水体中则是高度持久性的化合物,不会被生物降解。

(4) 中毒机理 人体短期接触三溴甲烷会引起流泪。该物质刺激眼睛、皮肤和呼吸道。蒸气可能对中枢神经系统和肝有影响,导致功能损伤。反复或长期与皮肤接触可能引起皮炎。

(5) 致癌性 A3(确认的动物致癌物,但未知与人类相关性)(美国政府工业卫生学家会议,2004)。致癌物类别:3B(德国,2004)。

动物试验表明三溴甲烷可诱导啮齿动物肿瘤的发生,在大鼠身上能引起肠、肝和肾肿瘤,并且有流行病学证据显示三溴甲烷暴露与膀胱癌、结肠癌之间存在关联。来自西班牙的一项病例对照研究结果表明,居民患膀胱癌的危险性与氯化消毒水中三溴甲烷的含量相关,长期饮用含三溴甲烷＞49mg/L 的氯化消毒水的居民较饮用含三溴甲烷＜8mg/L 的氯化消毒水的居民患膀胱癌的危险性明显增高。三溴甲烷引起的肿瘤具有器官特异性(结肠癌、膀胱癌增加,而肝癌未见明显增加),这可能与 GSTT1-1 基因在不同类型器官和组织的细胞中表达具有差异性有关。

(6) 致突变性 微生物致突变:鼠伤寒沙门菌 50μL/皿。

(7) 生殖毒性 妊娠期间暴露三溴甲烷可能引起足月儿出生体重降低,但此结果需要在更大人群样本中加以验证。流行病学证据显示三溴甲烷暴露与孕妇早产、低出生胎龄、宫内生长受限等不良妊娠、发育结局存在显著关联,但与其他妊娠、发育结局之间的关联,各项研究结果并不一致。新近研究表明,妇女在妊娠第 4～6 个月暴露于含高剂量的三溴甲烷(≥70mg/L)的饮用水,可能会影响胎儿的生长发育,导致低出生体重率明显增高,而且三溴甲烷可影响妇女卵巢功能,使月经周期缩短。

三溴甲烷能损伤男性生殖功能，有两项流行病学研究探索了三溴甲烷暴露与精子质量之间的关联，但是结果并不一致。这可能是因为这两项研究均以供水系统中的三溴甲烷浓度为暴露标志，而三溴甲烷在供水系统中的浓度随时间、空间会发生变化。Zeng 等以全血中的三溴甲烷的浓度作为评估三溴甲烷内暴露的剂量，分析血中三溴甲烷浓度与精子质量之间的关联，结果显示三溴甲烷浓度升高与精子浓度下降可能存在剂量-反应关系。Fenster 等研究发现三溴甲烷不仅可影响精液质量，而且能改变精子正常形态。以上所有研究结果提示饮用水中三溴甲烷具有潜在生殖和发育毒性，即使在相对较低的暴露水平三溴甲烷也可对人类出生缺陷等不良妊娠结局和两性生殖功能产生不可忽略的影响。

（8）危险特性 不燃。受高热分解产生有毒的溴化物气体。与锂、钾钠合金接触剧烈反应。

4 对环境的影响

4.1 主要用途

三溴甲烷主要用作有机合成的中间体和药物制造。

4.2 环境行为

环境中的三溴甲烷遇碱分解，但在环境水体中是高度持久性的化合物，不会被生物降解。特别在饮用水中会长期停留，从而对人体造成危害。

4.3 人体健康危害

（1）暴露/侵入途径 吸入、食入、经皮吸收。

（2）健康危害 本品有麻醉作用和刺激作用。对肝脏有一定损害。轻度中毒有流泪、咽痒、头晕、头痛、无力。严重者可有恶心、呕吐、昏迷、抽搐等。可致死。

急性中毒以神经系统、呼吸系统两个主要靶器官的临床表现最为突出。轻度中毒有流泪、咽痒、头晕、头痛、无力。严重者可有恶心、呕吐、昏迷、抽搐等，可致死。除神经、呼吸系统的临床表现外，肾脏损害较常见，轻者尿中可见有蛋白、管型及红细胞、白细胞，严重者可发生肾功能衰竭，也可死于尿毒症；肝脏损害也较常见；个别病例出现心肌损害，重病例也可发生周围循环衰竭。潜伏期 2min～48h，多为 4～6h，个别达 5d。因此，接触反应者至少观察 48h。

4.4 接触控制标准

前苏联 MAC（mg/m^3）：5。
TLVTN：ACGIH 0.5ppm，5.2mg/m^3 ［皮］。
三溴甲烷生产及应用相关环境标准见表 30-3。

表 30-3 三溴甲烷生产及应用相关环境标准

标准编号	限制要求	标准值
中国（GB 3838—2002）	集中式生活饮用水地表水环境质量标准	0.1mg/L

5 环境监测方法

5.1 现场应急监测方法

快速检测管法；便携式气相色谱法（《突发性环境污染事故应急监测与处理处置技术》，万本太主编）。

5.2 实验室监测方法

三溴甲烷的实验室监测方法见表30-4。

表30-4 三溴甲烷的实验室监测方法

监测方法	来源	类别
吹扫捕集/气相色谱-质谱法	《水质 挥发性有机物的测定 吹扫捕集/气相色谱—质谱法》（HJ 639—2012）	水质
顶空气相色谱法	《水质 挥发性卤代烃的测定 顶空气相色谱法》（GB/T 17130—1997）	水质
气相色谱法	《固体废弃物试验与分析评价手册》，中国环境监测总站等译	固体废物
顶空气相色谱法	《水质 挥发性卤代烃的测定 顶空气相色谱法》（HJ 620—2011）	水质
色谱/质谱法	美国EPA525方法	水质
顶空/气相色谱法	《土壤和沉积物 挥发性有机物的测定 顶空/气相色谱法》（HJ 741—2015）	土壤和沉积物
顶空/气相色谱-质谱法	《土壤和沉积物 挥发性卤代烃的测定 顶空/气相色谱-质谱法》（HJ 736—2015）	土壤和沉积物
吹扫捕集/气相色谱-质谱法	《土壤和沉积物 挥发性卤代烃的测定 吹扫捕集/气相色谱-质谱法》（HJ 735—2015）	土壤和沉积物
顶空/气相色谱-质谱法	《固体废物 挥发性卤代烃的测定 顶空/气相色谱-质谱法》（HJ 714—2014）	固体废物
吹扫捕集/气相色谱-质谱法	《固体废物 挥发性卤代烃的测定 吹扫捕集/气相色谱-质谱法》（HJ 713—2014）	固体废物
顶空/气相色谱-质谱法	《固体废物 挥发性有机物的测定 顶空/气相色谱-质谱法》（HJ 643—2013）	固体废物

6 应急处理处置方法

6.1 泄漏应急处理

(1) 应急行为 迅速撤离泄漏污染区人员至安全处，并进行隔离，严格限制出入。切断火源。

(2) 应急人员防护 戴自给正压式呼吸器，穿防毒服。

(3) 环保措施 尽可能切断泄漏源，防止进入下水道、排洪沟等限制性空间。小量泄漏：用砂土或其他不燃性材料吸附或吸收。大量泄漏：构筑围堤或挖坑收容；用泡沫覆盖，降低蒸气灾害。

（4）**消除方法** 用泵转移至槽车或专用收集器内，回收或运至废物处理所处置。

6.2 个体保护措施

（1）**工程控制** 密闭操作，局部排风。

（2）**呼吸系统防护** 空气中浓度超标时，应选择佩戴自吸过滤式防毒面具（半面罩）。紧急事态抢救或撤离时，佩戴氧气呼吸器。

（3）**眼睛防护** 一般不需要特殊防护，高浓度接触时可戴安全防护眼镜。

（4）**身体防护** 穿透气型防毒服。

（5）**手防护** 戴防化学品手套。

（6）**其他** 工作现场禁止吸烟、进食和饮水。工作完毕，沐浴更衣。单独存放被毒物污染的衣服。洗后备用。

6.3 急救措施

（1）**皮肤接触** 脱去被污染的衣着，用肥皂水和清水彻底冲洗皮肤。

（2）**眼睛接触** 提起眼睑，用流动清水或生理盐水冲洗，就医。

（3）**吸入** 迅速脱离现场至空气新鲜处。保持呼吸道通畅。如呼吸困难，给输氧。如呼吸停止，立即进行人工呼吸。就医。

（4）**食入** 饮足量温水，催吐，就医。

（5）**灭火方法** 消防人员须佩戴防毒面具、穿全身消防服。灭火剂：泡沫、干粉、二氧化碳、砂土。

6.4 应急医疗

（1）**诊断要点** 根据职业史、临床表现进行诊断。轻度中毒有流泪、咽痒、头晕、头痛、无力。严重者可有恶心、呕吐、昏迷、抽搐等。可致死。

急性中毒以神经系统、呼吸系统两个主要靶器官的临床表现最为突出。轻度中毒有流泪、咽痒、头晕、头痛、无力。严重者可有恶心、呕吐、昏迷、抽搐等，可致死。除神经、呼吸系统的临床表现外，肾脏损害较常见，轻者尿中可见有蛋白、管型及红细胞、白细胞，严重者可发生肾功能衰竭，也可死于尿毒症；肝脏损害也较常见；个别病例出现心肌损害，重病例也可发生周围循环衰竭。

（2）**处理原则** 主要以对症及支持治疗为主。

（3）**预防措施** 根据接触程度，需定期进行医疗检查。向专家咨询。不要将工作服带回家中。

7 储运注意事项

7.1 储存注意事项

储存于阴凉、通风的库房。远离火种、热源。库温不超过30℃，相对湿度不超过80%。保持容器密封。应与氧化剂、活性金属粉末、食用化学品分开存放，切忌混储。储区应备有泄漏应急处理设备和合适的收容材料。

7.2 运输信息

危险货物编号：61562。

UN 编号：2515。

包装类别：Ⅱ。

包装方法：螺纹口玻璃瓶、铁盖压口玻璃瓶、塑料瓶或金属桶（罐）外普通木箱；螺纹口玻璃瓶、塑料瓶或镀锡薄钢板桶（罐）外满底板花格箱、纤维板箱或胶合板箱。

运输注意事项：运输前应先检查包装容器是否完整、密封，运输过程中要确保容器不泄漏、不倒塌、不坠落、不损坏。严禁与酸类、氧化剂、食品及食品添加剂混运。运输时运输车辆应配备泄漏应急处理设备。运输途中应防曝晒、雨淋，防高温。公路运输时要按规定路线行驶。

7.3 废弃

(1) 废弃处置方法　用控制焚烧法处置。

(2) 废弃注意事项　处置前应参阅国家和地方有关法规。废物储存参见"储存注意事项"。

8　参考文献

[1]　董华模.化学物的毒性及其环境保护参数手册［M］.北京：人民卫生出版社，1988.

[2]　国家环境保护局有毒化学品管理办公室.化学品毒性、法规、环境数据手册［M］.北京：中国环境科学出版社，1992.

[3]　周国泰.危险化学品安全技术全书［M］.北京：化学工业出版社，1997.

[4]　胡望钧.常见有毒化学品环境事故应急处置技术与监测方法［M］.北京：中国环境科学出版社，1993.

[5]　天津市固体废物及有毒化学品管理中心.危险化学品环境数据手册［M］.天津：天津市固体废物及有毒化学品管理中心，2005.

[6]　环境保护部.国家污染物环境健康风险名录（化学第一分册）［M］.北京：中国环境科学出版社，2011.

[7]　万本太.突发性环境污染事故应急监测与处理处置技术［M］.北京：中国环境科学出版社，1996.

[8]　中国环境监测总站.固体废弃物试验分析评价手册［M］.北京：中国环境科学出版社，1992.

[9]　江苏省环境监测中心.突发性污染事故中危险品档案库［DB］.

[10]　丁恩民，刘炘，龚伟，朱宝立.三溴甲烷的毒性作用概述［J］.中国工业医学杂志，2016，29（5）：356-358.

[11]　龚伟，刘炘，朱宝立.三溴甲烷毒理学研究进展［J］.中华劳动卫生职业病杂志，2016，34（3）：231-236.

[12]　北京化工研究院环境保护所/计算中心.国际化学品安全卡（中文版）查询系统［DB］.2016.

铊及其化合物

1 名称、编号、分子式

铊是元素周期表中第 6 周期 ⅢA 族元素之一，在自然环境中含量很低，是一种伴生元素。铊在盐酸和稀硫酸中溶解缓慢，在硝酸中溶解迅速。其主要的化合物有氧化物、硫化物、卤化物、硫酸盐等，铊盐一般为无色、无味的结晶，溶于水后形成亚铊化物。保存在水中或石蜡中较空气中稳定。铊被广泛用于电子、军工、航天、化工、冶金、通信等各个方面，在光导纤维、辐射闪烁器、光学透位、辐射屏蔽材料、催化剂和超导材料等方面具有潜在应用价值。铊基本信息见表 31-1。

表 31-1　铊基本信息

中文名称	铊
中文别名	金属铊
英文名称	thallium
UN 号	1707
CAS 号	7440-28-0
ICSC 号	0077
RTECS 号	XG3425000
EC 编号	081-001-00-3
分子式	Tl
分子量	204.37

2 理化性质

铊是浅蓝白色极软金属。遇空气变成灰色。以粉末或颗粒形状与空气混合，可能发生粉尘爆炸。该物质是一种强还原剂。与强酸发生反应。与氟和其他卤素在室温时发生反应。铊理化性质一览表见表 31-2。

表 31-2　铊理化性质一览表

外观与性状	带蓝光的银白色金属，质软
熔点/℃	302.5
沸点/℃	1457

相对密度(水＝1)	11.85
饱和蒸气压(825℃)/kPa	0.13
溶解性	不溶于水,微溶于碱,溶于硫酸、硝酸
化学性质	铊与湿空气或含氧的水迅速反应生成 TlOH。室温下铊易与卤素作用,而升高温度时可与硫、磷起反应,但不与氢、氮、氨或干燥的二氧化碳起反应。铊能缓慢地溶于硫酸,在盐酸和氢氟酸中因表面生成难溶盐而几乎不溶解。铊不溶于碱溶液,而易与硝酸形成易溶于水的 $TlNO_3$。铊(Ⅰ)离子可生成易溶的强碱性的氢氧化物和水溶性的碳酸盐、氧化物和氰化物,它生成易溶氟化物的性质与碱金属离子相似,而卤化物不溶于水的性质又与银离子相似。铊(Ⅲ)离子是强氧化剂,用 Fe^+、Sn、金属硫化物、金属铋和铜都能迅速把铊(Ⅲ)盐还原为铊(Ⅰ)盐。铊(Ⅰ)盐则需在酸性溶液中用高锰酸盐或氯气氧化

3　毒理学参数

(1) 急性毒性　铊经口 LD_{50} 大鼠为 $10\sim25mg/kg$,小鼠为 $50\sim60mg/kg$,硫酸铊大鼠经口 LD_{50} 为 $18mg/kg$,一般认为铊对成人的致死量为 $8\sim12mg/kg$。

(2) 亚急性和慢性毒性　铊的慢性中毒者早期仅有轻度神经衰弱症状,口感有金属味,呼吸有蒜臭味,四肢无力,下肢麻木、食欲不振,伴有腹泻腹疼。随后出现慢性脱发,开始为斑秃,以后逐渐发展为全秃。脱发前头发有搔痒的灼热感。视力减退,严重者视物模糊不清,甚至失明。

(3) 代谢　铊可经呼吸道、消化道和皮肤等途径进入机体。动物和人经口摄入铊盐可迅速经胃肠道吸收,大鼠经口摄入铊后 $45\sim60min$ 血铊浓度达最高水平,而人在摄入后 2h 血铊才达最高值,$24\sim48h$ 血铊浓度明显降低。在静脉注射时,由于铊离子可被组织细胞迅速摄取,血铊浓度降低较快。有人发现,经静脉注射进入血液的铊,其放射活性的 91.5% 在 5min 内消失,剩余铊的生物半衰期约为 40h。动物试验表明,铊经胃肠道吸收后随血液迅速分布于全身。由于铊对组织器官的亲和力不同以及组织细胞对铊富集能力上的差异,各组织器官中的铊浓度具有显著差别。铊在家兔体内的蓄积程度依次为:肾＞心＞胰＞小肠＞肺＞甲状腺＞肝＞脾＞肌肉。给仓鼠一次经口染毒每千克体重 10mg 和 50mg 丙二酸铊,1d 和 3d 后发现肾脏中铊浓度最高,其次为睾丸、肝、脑和肾脏,其铊浓度高出其他器官达数倍至 20 倍。人中毒时肾脏铊含量最高,而肝、脂肪和脑组织中相对较低。铊接触者尿中明显增高的 β_2-微球蛋白可作为肾铊毒性损伤的判断指标。动物和人体内的铊可经泌尿道和胃肠道排出体外,有一小部分则通过毛发、指甲、乳汁等途径排出。大鼠体内铊的生物半衰期约为 4d,进入人体内的铊在尚未与组织结合时主要经肾脏排泄。

(4) 中毒机理　铊可通过:干扰依赖钾的关键生理过程;影响 Na^+/K^+-ATP 酶的活性;特异性与巯基结合而发挥其毒性作用。

(5) 致突变性　铊还能诱导基因突变。在 $10^{-3}mol/L$ 时,硝酸铊在大肠杆菌 WP2 try 和 WP2 hcrtry 菌株回变试验中呈阳性,说明铊可能是碱基置换型诱变剂。在 V_{79} 细胞诱变试验中,铊能使次黄嘌呤鸟嘌呤转磷酸核糖基酶(HGPRT)的基因发生突变,使 HG-PRT$^+$细胞变成了 HGPRT$^-$细胞。铊可能是直接致突变物质。

（6）致畸性　小鼠妊娠期间，1mg/kg铊可使14％的胎仔软骨发育不全，大鼠妊娠第12～14天给予硫酸铊，可使胎仔发生肾盂积水和椎体缺陷。鸡蛋在孵化第7天经卵黄囊给予硫酸铊，可使95％的雏鸡出现畸形。有人将放射性硫酸铊注入11d龄鸡胚卵黄囊中，1h后见放射活性主要集中于骨骼的狭窄腔隙内和骨小梁表面。

（7）致癌性　铊具有明显的细胞毒作用。铊离子进入细胞后，在细胞核处浓度最高。铊离子能取代钾离子，某些酶的亲和力比钾大10倍。铊不仅作用于体细胞，也能损伤生殖细胞染色体。碳酸铊能增加胚胎的死率，其致突变活性大于有明显致突变作用的氯化汞。碳酸铊诱导细胞形态学恶性转化试验表明，当碳酸铊浓度为10～4mol/L时即出现明显的恶性转化集落，提示碳酸铊有致癌的可能性。另外从突变与癌变的关系推论，铊很可能是潜在的致癌物质。

（8）生殖毒性　一次给予雄性仓鼠每千克体重10mg和50mg丙二酸铊，其睾丸组织中铊含量较高，仅次于肾脏。小鼠经饮水摄入0.1～10mg/L的碳酸铊6个月，动物除表现为慢性蓄积性铊中毒如生长发育受阻、毛发脱落、死亡率增加外，动物的睾丸受到严重损害如曲细精管排列紊乱，管腔大小不一，生精细胞层次明显减少，精子生成受阻，严重时曲细精管内仅见有精原细胞和精母细胞，管腔内无精子等。铊中毒的大鼠还表现为性欲丧失、睾丸萎缩、生精上皮细胞在成熟前脱落，生殖细胞间有大量小泡状空隙，支持细胞内出现胞浆空泡和滑面内质网扩张，支持细胞和生精细胞中β-葡萄糖醛酸酶活性明显降低等特征。

（9）危险特性　微细粉末遇热源和明火有燃烧爆炸的危险。与氧剧烈反应。暴露在空气中会被氧化而变质。

4　对环境的影响

4.1　主要用途

铊及其化合物在自然界中主要存在于锌盐、热铁矿或硫矿中，采矿业和冶金、提炼行业常接触。铊是用途广泛的工业原料，主要用于制造光电管、合金、低温温度计、颜料、染料、烟花等。含铊合金多具有特殊性质，是生产耐蚀容器、低温温度计、超导材料的原料。

铊化合物有数十种，常见的有硫酸铊、硝酸铊、乙酸铊、碳酸铊、磷酸铊、氧化铊、氯化铊、溴化铊、碘化铊、甲酸铊、乙酸铊等。硫酸铊可制造杀虫剂和杀鼠剂、分析试剂；乙酸铊可用于制备脱发剂，曾用于脱发治疗头癣；溴化铊和碘化铊是制造红外线滤色玻璃的原料；一些铊化合物对红外线敏感，是光电子工业重要原料；铊的化合物还可作有机合成的催化剂。

4.2　环境行为

（1）代谢和降解　水溶态的铊可直接被植物吸收，容易淋溶进入土壤深层或随溶液迁移。铊很容易被植物吸收累积，并通过食物链进入动物和人体。大气中的铊，可以随着大气环流进行长距离的迁移，并能随着雨、雪的沉降而迁移到地表水体、土壤和植物中。

（2）残留与蓄积　铊是一个相对富集在某些硫化物矿床和硅酸盐矿床中的高度分散的稀有重金属元素。在含铊矿产资源的开发利用过程中，由于铊资源的单一利用，大量进入环境，其污染水体、空气、土壤和植物，并由食物链进入生物和人体，逐步积累，可能引发人类群体慢性铊中毒事件。含铊黄铁矿在开采过程中，铊经过粉尘、矿石淋滤、湿法选矿等工序扩散进入空气、土壤和水体。在硫酸生产焙烧过程中，矿石中铊通过气态挥发进入大气，或经过酸洗或水洗工序进入水体。炉尘和炉渣也可能由粉尘和气溶胶形式迁移进入大气，在环境中通过雨水淋滤释放进入土壤和水体，造成大面积的环境铊污染。

(3) 迁移与转化 土壤中铊的存在形态主要有水溶态、硅酸盐结合态、硫化物结合态和有机质结合态。水溶态的铊在土壤溶液中以 Tl^+、Tl^{3+} 和以 $[TlCl_4]^-$ 等卤素络合物及以硫化物形式存在，水溶态的铊可直接被植物吸收，易被淋溶入土壤深层或随淋溶液迁移；硫化物结合态的铊易氧化分解，释放出可交换性铊并发生迁移；而硅酸盐结合态的铊被嵌在 SiO_4 四面体层晶格中，通常不能移动。但在酸度、温度、氧化还原条件适宜时，非水溶态存在的铊也会向深层土壤或地下水活化迁移。含铊矿床周围被污染的土壤中铊的含量显著升高，而使用含铊化肥（主要是钾肥）也会增加土壤中铊含量。

铊广泛分布于各种自然水体中，但其含量普遍较低。铊在不同地区水体中的含量差异较大。铊在自然水体中存在两种氧化状态：Tl^+ 和 Tl^{3+}。通常主要以 Tl^+ 形式存在。Tl^+ 易随地下水或地表水的流动而迁移到更远的距离。但在较强的氧化环境中，Tl^+ 能够氧化成 Tl^{3+} 形成 $Tl(OH)_3$ 的沉淀，可以制约水环境中铊的总含量。铊在矿坑废水和冶炼废水中高度聚集，矿化区附近的河流湖泊中铊的含量也具有高的异常值。矿化区广泛存在的源于采矿活动而暴露于地表的尾矿和受人为扰动的矿区地下水是水环境中毒害金属元素的最主要来源，尾矿及矿山废物在地表风化淋滤作用下释放出大量金属（包括铊）进入地表水体。

铊的化合物多数具高挥发性，故铊在冶炼过程中能以气态形式在大气中运移，铊在焙烧时有 60%～70% 进入焙烧烟尘。Tl 的沸点只有 298℃，铊气态迁移的主要形式是 TlF，其次是被硫黄细粒吸附，以气溶胶形式迁移。在工作场所空气中，铊的凝聚和分解的气溶胶浓度较高，易导致工人职业性铊中毒。在一些煤矿和火力发电厂周围的水体中铊高度富集，推测铊可能以气态形式迁移进入水体。

4.3 人体健康危害

(1) 暴露/侵入途径 吸入、食入、经皮吸收。

(2) 健康危害 为强烈的神经毒物，对肝、肾有损害作用。吸入、经口可引起急性中毒；可经皮肤吸收。

① 急性中毒。经口出现恶心、呕吐、腹部绞痛、厌食等。3～5d 后出现多发性颅神经和周围神经损害。出现感觉障碍及上行性肌麻痹。中枢神经损害严重者，可发生中毒性脑病。脱发为其特异表现。皮肤出现皮疹，指（趾）甲有白色横纹，可有肝、肾损害。

② 慢性中毒。主要症状有神经衰弱综合征、脱发、胃纳差。可有周围神经病、球后视神经炎。可发生肝损害。

4.4 接触控制标准

德国车间空气中有害物质的最高容许浓度：0.1mg/m³（可溶性铊化合物）。

中国 MAC（mg/m³）：0.01 [皮]。

美国 TVL-TWA OSHA：0.1mg [Tl] /m³，ACGIH：0.1mg/m³。

铊生产及应用相关环境标准见表 31-3。

表 31-3　铊生产及应用相关环境标准

标准编号	限制要求	标准值
中国(GB 3838—2002)	地表水环境质量标准	0.0001mg/L
中国(GB 16183—1996)	车间空气中铊卫生标准	0.01mg/m³[皮]

5　环境监测方法

5.1　现场应急监测方法

便携式数字伏安法（《突发性环境污染事故应急监测与处理处置技术》，万本太主编）。

5.2　实验室监测方法

铊的实验室监测方法见表 31-4。

表 31-4　铊的实验室监测方法

监测方法	来源	类别
原子吸收法	《集中式生活饮用水地表水源地特定项目分析方法》(GB 3838—2002)	水质
	《空气中铊的测定》(GB 16183—1996)；《工作场所空气有毒物质测定——铊及其化合物》(GBZ/T 160.21—2004)；	空气
	《血中铊石墨炉原子吸收光谱法》(HJC/SOP05—451)；《尿中铊石墨炉原子吸收光谱法》(HJC/SOP 05—403)	生物
电感耦合等离子体发射光谱法	电感耦合等离子体发射光谱测定工作场所空气中无机元素(NIOSH 7300)	作业场所空气
熔炉技术方法	空气中铊的测定[美国环境保护署(USEPA),7481,SW-846 Ch 3.3]	空气

6　应急处理处置方法

6.1　泄漏应急处理

(1) 应急行为　隔离泄漏污染区，限制出入。

(2) 应急人员防护　戴自给正压式呼吸器，穿防毒服。

(3) 环保措施　不要直接接触泄漏物。小心扫起，转移回收。

(4) 消除方法　隔离泄漏污染区，限制出入。建议应急处理人员戴防尘面具（全面罩），穿防毒服。不要直接接触泄漏物。将泄漏物清扫进可密封的容器中。小心收集残余物。然后按照当地规定储存和处置。

6.2　个体防护措施

(1) 工程控制　密闭操作，局部排风。提供安全淋浴和洗眼设备。

(2) 呼吸系统保护　作业工人应该佩戴防尘口罩。

(3) 眼睛防护　必要时可采用安全面罩。

(4) 防护服　穿工作服。

(5) 手防护　必要时戴防护手套。

（6）其他 工作现场禁止吸烟、进食和饮水。工作后，淋浴更衣。实行就业前和定期的体检。保持良好的卫生习惯。

6.3 急救措施

（1）皮肤接触 脱去被污染的衣着，用肥皂水和清水彻底冲洗皮肤。
（2）眼睛接触 提起眼睑，用流动清水或生理盐水冲洗。就医。
（3）吸入 迅速脱离现场至空气新鲜处。保持呼吸道通畅。如呼吸困难，给输氧。如呼吸停止，立即进行人工呼吸。就医。
（4）食入 饮足量温水，催吐，用1%碘化钾60mL灌胃。洗胃。就医。
（5）灭火方法 消防人员必须穿戴全身防火防毒服。灭火剂：干燥砂土、二氧化碳。

6.4 应急医疗

（1）诊断要点 临床上对铊中毒的诊断并不困难，根据明确的接触史以及胃肠功能紊乱、腹痛、多发性周围神经炎、指甲出现白色横纹、脱发等临床表现，即可进行初步判断。再进行尿液的检查，便可确诊。

① 急性中毒的临床特点。铊经口进入人体后，潜伏期长短与剂量大小有关，一般为12～24h，甚至长达48h。最初为胃肠道刺激症状，如恶心、呕吐、食欲减退，可出现阵发性腹绞痛或隐痛、腹泻或顽固性便秘，也可有口腔炎、舌炎、牙龈糜烂以及出血性胃炎等，有时患者仅表现为厌食或恶心。中毒后2～5d出现双下肢酸、麻、蚁走感或针刺感，下肢特别是足部痛觉过敏是铊中毒的突出表现，患者甚至不能承受盖在脚上的床单。运动障碍出现较晚，严重时出现肢体瘫痪、肌肉萎缩。常可波及颅神经，可发生视力减退、视神经萎缩、复视、周围性面瘫、发音及吞咽障碍等。中枢神经系统受损时可出现头痛、睡眠障碍，情绪不稳、焦虑等精神异常和行为改变，严重病例出现中毒性脑病，可表现为谵妄、惊厥和昏迷。脱发为铊中毒的特异性体征，一般于中毒后1～3周发生。表现为头发一束束脱落，可致斑秃或全秃，严重者胡须、腋毛、阴毛和眉毛都可脱落，但眉毛内侧1/3常不受累。一般情况下，脱发是可逆的，大约在1个月开始再生，然而严重铊中毒可致持久性脱发。皮肤干燥、脱屑，可出现皮疹、痤疮、皮肤色素沉着、手掌及足跖部角化过度，指甲和趾甲于第4周可出现白色横纹（Mees纹）。其他损伤：部分患者有肝、肾、肌损害的临床表现。

② 慢性中毒的临床特点。慢性铊中毒的临床表现较急性中毒缓和，先见于神经系统症状：倦怠、头痛、失眠、头晕、乏力、食欲减退、恶心呕吐、心慌、肢体疼痛、手指颤动、肌肉无力、眼睑下垂、视力模糊、脱发等。还可有贫血，齿龈发炎、肝肾损害，皮肤可有皮疹、出血点，另外还可有痴呆、发育迟钝等，尤其严重影响小儿智力发育。而脱发是铊中毒的最典型的症状。失明是铊中毒的特殊症状。

尿液的分析检测：人体内的铊几乎全部从尿排泄，因此尿液是反映人体摄取食物中微量元素最敏感的指标。因此，尿液中铊含量的高低可说明患者与铊接触的状况和中毒情况。尿铊浓度超过$15\mu mol/L$便可以确诊铊中毒。尿铊浓度低于$5\mu g/L$时，铊暴露可能对人体健康不会产生损害；尿铊浓度上升至$5\sim500\mu g/L$时，有可能对人体构成危害；尿铊浓度高于$500\mu g/L$时，则就表现出了明显的临床症状。尿铊浓度为$5\mu g/L$，大致相当每天经口摄入$10\mu g$的可溶性铊化物。

鉴别诊断需要排除癔病、格林-巴利综合征、血卟啉病、肉毒中毒、一氧化碳中毒性疾病等。

（2）处理原则　至今尚未找到治疗铊中毒的理想药物，临床上曾使用过大量的药物和方法，包括活性炭吸附、金属络合剂（普鲁士蓝、二硫代氨基甲酸盐、二苯卡巴腙、二硫腙等）、巯基化合物（二巯基丙醇、青霉胺等）、含硫氨基酸（半胱氨酸、甲硫氨酸等）、氯化钾和钙盐等，但各种药物都有不足之处。2003 年 10 月，美国食品和药物管理局（FDA）正式批准将普鲁士蓝（Radiogardase）用于铊中毒治疗。总体来说，治疗铊中毒的原则在于：脱离接触，其中包括阻止消化道的继续吸收，加快毒物由尿液或其他途径排泄。

急性铊中毒患者应立即脱离现场，皮肤或眼受污染者应立即用清水彻底冲洗。经口中毒后，应先催吐，立即用 1% 碘化钠洗胃、导泻，然后喂牛奶、生蛋清等，静脉补液防止脱水，解毒剂用普鲁士蓝，一般每天用量 250mg/kg，分 4 次经口，每次需溶入 15% 甘露醇 50mL 中，也可采用导泻、利尿促使铊的排出，严重中毒者可考虑血液透析治疗。对症处理时维持呼吸和循环功能，应加强营养，给予 B 族维生素，对重症中毒者需使用肾上腺糖皮质激素。

对于慢性铊中毒患者，首先需要询问患者接触史，找到铊污染源，尽快移除铊源，解除患者与铊的接触。

（3）预防措施　对铊作业工人进行上岗前和定期健康检查，及时发现就业禁忌证和早期发现铊中毒病人及时处理。

积极开展铊污染的宣传，加大力度，特别在偏远农村及含铊矿床开发地区，深入探讨铊矿区污染程度和硫酸工业、造纸工业副产品伴随的污染，使铊危害降至最低；开展铊对人体作用机理及铊汞病判别标志的研究，及时治愈铊中毒患者。

7　储运注意事项

7.1　储存注意事项

应保存在水中，且必须浸没在水下，隔绝空气。远离火种、热源。应与氧化剂、酸类、食用化学品分开存放，切忌混储。采用防爆型照明、通风设施。禁止使用易产生火花的机械设备和工具。储区应备有合适的材料收容泄漏物。应严格执行极毒物品"五双"管理制度。

7.2　运输信息

危险货物编号：61022。

UN 编号：1707。

包装类别：Ⅰ。

包装方法：螺纹口玻璃瓶、铁盖压口玻璃瓶、塑料瓶或金属桶（罐）外木板箱；螺纹口玻璃瓶、塑料瓶、镀锡薄钢板桶（罐）外满底板花格箱。

运输注意事项：铁路运输时应严格按照铁道部《危险货物运输规则》中的危险货物配装表进行配装。运输前应先检查包装容器是否完整、密封，运输过程中要确保容器不泄漏、不倒塌、不坠落、不损坏。严禁与酸类、氧化剂、食品及食品添加剂混运。运输时运输车辆应配备相应品种和数量的消防器材及泄漏应急处理设备。运输途中应防曝晒、雨淋，防高温。

7.3 废弃

(1) 废弃处置方法　恢复材料的原状态，以便重新使用。

(2) 废弃注意事项　处置前应参阅国家和地方有关法规。

8 参考文献

［1］ 俞志明.新编危险物品安全手册［M］.北京：化学工业出版社，2001.

［2］ 环境保护部.国家污染物环境健康风险名录（化学第一分册）［M］.北京：中国环境科学出版社，2009：172-179.

［3］ 北京化工研究院环境保护所/计算中心.国际化学品安全卡（中文版）查询系统［DB］.2016.

［4］ 周国泰.危险化学品安全技术全书［M］.北京：化学工业出版社，1997.

［5］ 邱玲玲，宋治，陈茹.急性铊中毒研究进展［J］.国际病理科学与临床杂志，2013，33（1）：87-92.

［6］ 杨克敌.铊的毒理学研究进展［J］.国外医学（卫生学分册），1995，（4）：201-204.

［7］ 罗莹华，梁凯，龙来寿.重金属铊在环境介质中的分布及其迁移行为［J］.广东微量元素科学，2013，20（1）：55-61.

［8］ 吴颖娟，陈永亨，王正辉.环境介质中铊的分布和运移综述［J］.地质地球化学，2001，29（1）：52-56.

［9］ 王涤新，李素彦.铊中毒的诊断和治疗［J］.药物不良反应杂志，2007，9（5）：341-346.

［10］ Prytulak J，Brett A，Webb M，et al. Thallium elemental behavior and stable isotope fractionation during magmatic processes［J］. Chemical Geology，2017，448（5）：71-83.

铜及其化合物

1 名称、编号、分子式

铜是一种最重要的重有色金属。铜在常温下为固体，新断面呈紫红色，加热易氧化。铜具有优良的导电和导热性能，较好的耐蚀性，变形阻抗较低，能承受高度的冷变形而不破裂，是一种重要的重有色金属材料，主要用于电子、电工、机械、建筑和运输等工业部门。铜的化合物有数百种，但以工业规模生产的不多，其中最重要的是五水硫酸铜，或称胆矾。铜盐可用作农业杀霉菌剂。硫酸铜可用作催吐剂和黄磷灼伤的局部解毒剂。铜基本信息见表 32-1。

表 32-1 铜基本信息

中文名称	铜
中文别名	紫铜
英文名称	copper
英文别名	cuprum
CAS 号	7440-50-8
ICSC 号	0240
RTECS 号	GL5325000
分子式	Cu
分子量	63.5

2 理化性质

铜为紫红色金属，密度为 $8.92g/cm^3$。加热易氧化。溶于硝酸和浓硫酸，形成 $Cu(NO_3)_2$ 和 $CuSO_4$ 溶液。铜理化性质一览表见表 32-2。

表 32-2 铜理化性质一览表

外观与性状	带有红色光泽的金属
熔点/℃	1083
沸点/℃	2595
相对密度（水＝1）	8.92
引燃温度（粉云）/℃	700
稳定性和反应活性	稳定
禁配物	强酸、强氧化剂、卤素
溶解性	溶于硝酸、热浓硫酸，微溶于盐酸

3 毒理学参数

（1）急性毒性 饮用与铜容器或铜管道长时间接触的酸性饮料（包括碳酸水、柠檬柑橘类果汁等）可引起轻度急性铜中毒，出现恶心、呕吐、上腹部痛、腹泻等胃肠刺激症状和头痛、眩晕、虚弱和金属味等神经症状。

（2）亚急性和慢性毒性 慢性铜中毒已见于某些动物。每天给山羊喂 1.5g 硫酸铜，经 30~80d 可引起慢性中毒。出现迟钝、抑郁、厌食、黄疸等状。解剖可见肝硬化及肾脏充血，此时肝肾中铜含量显著增加。但人体除上述肝豆状核变性中有慢性铜中毒外，几乎见不到其他慢性铜中毒的征象。长期吃大量牡蛎等贝类、肝脏、蘑菇、硬果和巧克力等铜含量高的食品者，他们的铜摄入量可较正常的每天摄入量（2~5mg）高 10 倍以上，但从未发现慢性铜中毒的证据。铜暴露 96h 后对大麻哈鱼和蓝腮鱼的致死剂量变化范围为 30~6000μg/L。

大鼠和家兔吸入铜粉尘 10~20mg/m^3，每天 5h，共 4~9 个月，初期，血中有形成分无明显改变，以后红细胞生成抑制，血液、肝和骨骼内铜含量升高。尸检发现，血管和支气管壁肿胀，肺泡上皮脱落，肝、肾细胞变性。

羊慢性铜中毒的特点是，在几周甚至几个月内铜在肝脏蓄积，而表面上看不出中毒征象，接着迅速出现急性溶血、血红蛋白尿、血红蛋白血症并伴有黄疸。Suttle 等以加入 425~750ppm 铜的饲料喂饲猪，结果引起中毒，表现为生长速度降低，小细胞低色素性贫血，黄疸，GOT 升高，血铜升高。

（3）代谢 铜存在于人们的所有器官和组织中，通常与蛋白质或其他有机物结合，而不以自由铜离子的形式存在。肝脏是储存铜的主要场所，铜含量最高。脑和心脏也含有较多的铜。健康人血液中的铜含量为 1.1~1.5mg/L，它随着年龄、运动和健康而发生变化。铜是机体内蛋白质和酶的重要组分，如铜蓝蛋白、细胞色素、C 氧化酶等。一方面，许多关键的酶，需要铜的参与和活化，对机体的代谢过程产生作用，促进人体的许多功能。铜进入体内后主要在肝脏中累积，一旦超过肝脏的处理水平时，铜即释放入血，过量的 Cu^{2+} 与—SH 结合后在红细胞中大量积集，引起酶系统的氧化失活，损伤红细胞，增加细胞膜的通透性，破坏其稳定性并使细胞质和细胞器易于受损，变性血红蛋白增加。另一方面，铜与血红蛋白结合形成赫恩兹小体，使细胞内葡萄-6-磷酸脱氢酶、谷胱甘肽还原酶失活，还原型谷胱甘肽减少，从而导致血红蛋白的自动氧化加剧，变性血红蛋白大量进入血液，最终导致溶血和贫血。此外，铜蓝蛋白在人体铜的转运和铁代谢中起着重要的作用。

（4）中毒机理 铜与蛋白质、酶、核酸在新陈代谢过程中相互作用，还有在细胞壁、细胞膜、细胞内部的作用。在藻类中，由于铜的活动阻止了细胞分裂，因此抑制了光合作用。

（5）致畸性 金属铜未引起金黄地鼠畸形；而硫酸铜或柠檬酸铜在地鼠孕早期则具有很强的致畸性，有眼、脸部畸形，尾扭结和心异位。暴露于 Cu^{2+} 的蝌蚪发生了多部位的畸形。主要有面部、眼、心、消化道、脊索和鳍的畸形。

（6）生殖毒性 铜和氧化铜可透过小鼠睾丸屏障影响精子的发育过程，使畸形精子数高于对照组，但按试验阳性的判定标准制定仍为阴性。氨基酸铜经口染毒、硫酸铜腹腔注射对小鼠精子畸形率无影响。

（7）致突变性 铜和氧化铜的枯草杆菌修复试验，在最高剂量 5.0mg/mL 的浓度下，对 H17 和 M35 菌株均不抑制生长，无致突变性。硫酸铜小鼠腹腔注射、氨基酸铜经口染毒、氧化铜皮下注射，小鼠体内骨髓染色体畸形试验则为阳性，染色体畸变率与染毒浓度间呈剂量-反应关系，染毒后 6h 组畸变率高于 12h 和 24h 的结果。

（8）危险特性 其粉体遇高温、明火能燃烧。

4 对环境的影响

4.1 主要用途

在缺铜的土壤中施用铜肥，能显著提高作物产量。例如，硫酸铜是常用的铜肥，可以用作基肥、种肥、追肥，还可用来处理种子。

铜是与人类关系非常密切的有色金属，被广泛地应用于电气、轻工、机械制造、建筑工业、国防工业等领域，在中国有色金属材料的消费中仅次于铝。铜是一种红色金属，同时也是一种绿色金属。说它是绿色金属，主要是因为它熔点较低，容易再熔化、再冶炼，因而回收利用相当地便宜。古代主要用于器皿、艺术品及武器铸造，比较有名的器皿及艺术品如后母戊鼎、四羊方尊。

4.2 环境行为

（1）代谢和降解 铜的化合物以一价或二价状态存在。在天然水中，溶解的铜量随 pH 值的升高而降低。pH 值为 6～8 时，溶解度为 50～500μg/L。pH 值小于 7 时，以碱式碳酸铜 $[Cu_2(OH)_2CO_3]$ 的溶解度为最大；pH 值大于 7 时，以氧化铜（CuO）的溶解度为最大，此时，溶解铜的形态以 Cu^{2+}、$CuOH^+$ 为主；pH 值升高至 8 时，则 $CuCO_3$ 逐渐增多。水体中固体物质对铜的吸附，可使溶解铜减少，而某些络合配位体的存在，则可使溶解铜增多。世界各地天然水样品铜含量实测的结果是：淡水平均含铜 3μg/L，海水平均含铜 0.25μg/L。

铜及其化合物的粉体遇高温、明火能燃烧。燃烧（分解）产物：氧化铜。

（2）残留蓄积 利用含铜废水灌溉农田或施用含铜污泥，铜可积蓄在土壤中。随水进入到土壤中的铜可被土壤吸持。土壤中的腐殖酸、富里酸含有羧基、酚基、羰基等含氧基团，能与铜形成螯合物而固定铜。

（3）迁移转化 土壤中铜的存在形态可分为：可溶性铜，约占土壤总铜量的 1%，主要是可溶性铜盐，如 $Cu(NO_3)_2 \cdot 3H_2O$、$CuCl_2 \cdot 2H_2O$、$CuSO_4 \cdot 5H_2O$ 等；代换性铜，被土壤有机、无机胶体所吸附，可被其他阳离子代换出来；非代换性铜，指被有机质紧密吸附的铜和原生矿物、次生矿物中的铜，不能被中性盐所代换；难溶性铜，大多是不溶于水而溶于酸的盐类，如 CuO、Cu_2O、$Cu(OH)_2$、$Cu(OH)^+$、$CuCO_3$、Cu_2S、$Cu_3(PO_4)_2 \cdot 3H_2O$ 等。

土壤中腐殖质能与铜形成螯合物。土壤有机质及黏土矿物对铜离子有很强的吸附作用，吸附强弱与其含量及组成有关。黏土矿物及腐殖质吸附铜离子的强度为：腐殖质＞蒙脱石＞伊利石＞高岭石。我国几种主要土壤对铜的吸附强度为：黑土＞褐土＞红壤。

土壤 pH 值对铜的迁移及生物效应有较大的影响。游离铜与土壤 pH 值呈负相关；在酸性土壤中，铜易发生迁移，其生物效应也就较强。

在靠近铜冶炼厂附近的土壤，含有高浓度的铜。德国一些铜冶炼厂附近，土壤铜含量为正常土壤的 3～232 倍。岩石风化和含铜废水灌溉均可使铜在土壤中积累并长期保留。

含铜废水灌溉农田，使铜在土壤和农作物中累积，会造成农作物尤其是水稻和大麦生长不良，污染粮食。铜对水生生物的毒性很大。

铜是生物必需元素，广泛地分布在一切植物中。生长在铜污染土壤中的植物，其体内会发生铜的累积。在铜污染的土壤生长的植物，铜含量为正常植物的33～50倍。植物中铜的累积与土壤中的总铜量无明显的相关性，而与有效态铜的含量密切相关。有效态铜包括可溶性铜和土壤胶体吸附的代换性铜，土壤中有效态铜量受土壤 pH 值、有机质含量等的直接影响。不同植物对铜的吸收累积是有差异的，铜在同种植物不同部位的分布也是不一样的。

4.3 人体健康危害

(1) 暴露/侵入途径 吸入、食入。

(2) 健康危害 动物吸入铜的粉尘和烟雾，可引起呼吸道刺激症状，发生支气管炎或支气管肺炎，甚至肺水肿。长期接触铜尘的工人常发生接触性皮炎和鼻眼的刺激症状，引起烟痛、鼻塞、鼻炎、咳嗽等症状。铜熔炼工人可发生铜铸造热。长期吸入尚可引起肺部纤维组织增生。铜的毒性较小，但铜过剩可引起中毒。铜盐的毒性以 $CuAc_2$ 和 $CuSO_4$ 较大，经口即使微量也会引起急性中毒，发生流涎、恶心、呕吐、阵发性腹痛，严重者可有头痛、心跳迟缓、呼吸困难甚至虚脱，也可引起中枢神经系统的损害。

4.4 接触控制标准

中国 MAC (mg/m^3)：1 [尘]，0.2 [烟]。

前苏联 MAC (mg/m^3)：0.5～1。

TLVTN：烟 $0.2mg/m^3$；尘和雾 $1mg/m^3$（以铜计）。

铜生产及应用相关环境标准见表32-3。

表 32-3　铜生产及应用相关环境标准

标准编号	限制要求	标准值
中国(GB 5749—85)	生活饮用水水质标准	1.0mg/L
中国(GB 5048—92)	农田灌溉水质标准(旱作)	1.0mg/L(总铜)
中国(GB/T 14848—93)	地下水质量标准	Ⅰ类：0.01mg/L Ⅱ类：0.05mg/L Ⅲ类：1.0mg/L Ⅳ类：1.5mg/L Ⅴ类：>1.5mg/L
中国(GB 11607—89)	渔业水质标准	0.01mg/L
中国(GB 3097—1997)	海水水质标准	Ⅰ类：0.005mg/L Ⅱ类：0.010mg/L Ⅲ类：0.050mg/L Ⅳ类：0.050mg/L
中国(GB 15618—1995)	土壤环境质量标准	农田等：一级 35mg/kg；二级 50～100mg/kg；三级 400mg/kg 果园：二级 150～200mg/kg；三级 400mg/kg
中国(GB 4284—84)	农用污泥污染物控制标准	酸性土壤：250mg/kg 中、碱性土壤：500mg/kg

标准编号	限制要求	标准值
中国（GB 5058.3—1996）	固体废物浸出毒性鉴别标准值	50mg/L
前苏联	近岸海水铜的最高允许浓度	0.1mg/L
美国	灌溉水含铜允许浓度	0.2mg/L
美国	车间空气中含铜允许浓度	0.2mg/L（8h平均值）

5 环境监测方法

5.1 现场应急监测方法

试纸法；速测管法；化学测试组法（《突发性环境污染事故应急监测与处理处置技术》，万本太主编）。

便携式比色计（意大利哈纳公司产品）。

5.2 实验室监测方法

铜的实验室监测方法见表32-4。

表 32-4 铜的实验室监测方法

监测方法	来源	类别
原子吸收法	《水质铜的测定》（GB 7475—1987）	水质
	《固体废物浸出液》（GB/T 15555.2—1995）	固体废物
	《空气和废气监测分析方法》，国家环境保护总局编	空气

6 应急处理处置方法

6.1 泄漏应急处理

（1）应急行为 隔离泄漏污染区，周围设警告标志，切断火源。避免扬尘，使用无火花工具收集于干燥、洁净、有盖的容器中，转移回收。

（2）应急人员防护 应急处理人员戴好防毒面具，穿一般消防防护服。

（3）环保措施 当水体受到污染时，可采用加入纯碱中和，使铜以碱式碳酸铜形式沉淀而从水中转入污泥中，而污泥再做进一步的无害化处理。对于受铜污染的土壤，可采取排土、土层改良、深耕、施加石灰质矿物及磷酸钙等措施治理。

（4）消除方法 将泄漏物清扫入容器中。小心收集残余物，然后转移到安全场所。个人防护用具：适用有害颗粒物的P2过滤呼吸器。

6.2 个体防护措施

（1）工程控制 一般不需特殊防护，但需防止烟尘危害。

（2）呼吸系统防护 作业工人应该佩戴防尘口罩。

（3）眼睛防护　必要时可采用安全面罩。

（4）身体防护　穿工作服。

（5）手防护　必要时戴防护手套。

（6）其他防护　工作现场禁止吸烟、进食和饮水。工作后，淋浴更衣。实行就业前和定期的体检。保持良好的卫生习惯。

6.3　急救措施

（1）皮肤接触　脱去被污染的衣物，用肥皂水和清水彻底冲洗皮肤。

（2）眼睛接触　提起眼睑，用流动清水或生理盐水冲洗。就医。

（3）吸入　迅速脱离现场至空气新鲜处。保持呼吸道通畅。如呼吸困难，给输氧。如呼吸停止立即进行人工呼吸。就医。

（4）食入　经口误服中毒，可于洗胃前先给 0.1％黄血盐（亚铁氰化钾）溶液 20mL 内服，使生成难溶的亚铁氰化铜；或者用 0.1％黄血盐 600mL 加入洗胃液，以帮助解毒。洗胃后再给蛋清、牛乳等保护胃黏膜，无腹泻的病例可给予盐类泻剂导泻。

（5）灭火方法　尽可能将容器从火场移至空旷处。灭火剂：干粉、砂土。

6.4　应急医疗

（1）诊断要点

① 经口及接触史。怀疑接触性过敏性皮炎，可用 5％硫酸铜溶液做皮肤斑贴试验。

② 临床上出现急性胃肠炎症状，严重者伴有肝大、黄疸、溶血性贫血和血红蛋白尿，急性肾功能障碍，以上的临床表现可考虑是否有急性铜中毒。

③ 实验室检查。除急性血管内溶血、黄疸和肝肾功能损害的相应改变外，血清铜（正常参考值 0.015～0.035mmol/L）、血清铜蓝蛋白（正常参考值免疫扩散法 150～600mg/L）及尿铜（正常参考值 0～0.8mmol/L）均明显升高。还可检测发铜和指甲铜的浓度作为诊断参考。

（2）处理原则

① 经口中毒应立即用清水、硫代硫酸钠或 1％铁氰化钾溶液洗胃，然后用牛奶、豆浆或蛋清灌胃以保护胃黏膜。

② 使用解毒剂治疗，如静滴依地酸钙钠、青霉胺、二巯丁二钠，内服通用金属解毒剂。给予高热量高维生素膳食。

③ 重症有黄疸、血红蛋白尿的患者可用糖皮质激素治疗。

（3）预防措施　对铜作业工人进行上岗前和定期健康检查，及时发现就业禁忌证和早期发现铜中毒病人及时处理。

7　储运注意事项

7.1　储存注意事项

对铜作业工人进行上岗前和定期健康检查，及时发现就业禁忌证和早期发现铜中毒病人及时处理。

7.2 运输信息

包装类别：Z01。

运输注意事项：起运时包装要完整，装载应稳妥。运输过程中要确保容器不泄漏、不倒塌、不坠落、不损坏。严禁与氧化剂、酸类、卤素等混装混运。运输途中应防曝晒、雨淋，防高温。

7.3 废弃

（1）废弃处置方法 若可能，回收使用。若回收有困难，可通过加碱溶液的方法使铜沉淀出来，再填埋。

（2）废弃注意事项 处置前应参阅国家和地方有关法规。或与厂家或制造商联系，确定处置方法。废物储存参见"储存注意事项"。

8 参考文献

[1] 国家环境保护局有毒化学品管理办公室.化学品毒性、法规、环境数据手册 [M].北京：中国环境科学出版社，1992.

[2] 周国泰.危险化学品安全技术全书 [M].北京：化学工业出版社，1997.

[3] 天津市固体废物及有毒化学品管理中心.危险化学品环境数据手册 [M].天津：天津市固体废物及有毒化学品管理中心，2005.

[4] 环境保护部.国家污染物环境健康风险名录（化学第一分册） [M].北京：中国环境科学出版社，2011.

[5] 胡望钧.常见有毒化学品环境事故应急处置技术与监测方法 [M].北京：中国环境科学出版社，1993.

[6] 万本太.突发性环境污染事故应急监测与处理处置技术 [M].北京：中国环境科学出版社，1996.

[7] 国家环境保护总局空气和废气监测分析方法编委会.空气和废气监测分析方法 [M].第 4 版.北京：中国环境科学出版社，2003.

[8] 江苏省环境监测中心.突发性污染事故中危险品档案库 [DB].

[9] 储玲，刘登义，王友保，等.铜污染对三叶草幼苗生长及活性氧代谢影响的研究 [J].应用生态学报，2004，15（1）：119-122.

[10] 王秀玲.铜化合物的卫生毒理学研究资料 [J].工业卫生与职业病，1995，（1）：60-62.

[11] 易秀.铜对生物有机体的毒性及抗性机理 [J].农业环境科学学报，1997，（4）：187-189.

[12] 北京化工研究院环境保护所/计算中心.国际化学品安全卡（中文版）查询系统 [DB].2016.

五 氯 酚

1 名称、编号、分子式

五氯酚是毒性物质，通常作为除草杀虫用剂，当发生紧急事件时，毒性将为救灾的主要考量因素。工业上由苯酚在催化剂存在下直接氯化或用六六六无效体（α,β-异构体）制得。五氯酚基本信息见表 33-1。

表 33-1　五氯酚基本信息

中文名称	五氯酚
中文别名	五氯苯酚
英文名称	pentachlorophenol
英文别名	1-(1-phenylcyclohexyl)-piperidin；1-hydroxy-2,3,4,5,6-pentachlorobenzene；1-hydroxypenta-chlorobenzene；2,3,4,5,6-pentachlorophenol；acutox；angeldust；angelhair；angelmist；PCP
UN 号	3155
CAS 号	87-86-5
ICSC 号	0069
RTECS 号	SM6300000
EC 编号	604-002-00-8
分子式	C_6Cl_5OH
分子量	266.4

2 理化性质

五氯酚外观为白色薄片或结晶状固体，常含一分子结晶水，稍热有极强辛辣臭味。溶于水时生成有腐蚀性的盐酸气；工业品为灰黑色粉末或片状固体，难溶于水。呈酸性，在无湿气存在时，对多数金属无腐蚀作用，与氢氧化钠反应生成能溶于水的白色钠盐晶体。与强氧化剂不相容。稳定性好，在550℃空气中不着火。五氯酚理化性质一览表见表 33-2。

表 33-2　五氯酚理化性质一览表

外观与性状	薄片或结晶状,有特臭,溶于水时生成有腐蚀性的盐酸气;工业品为灰黑色粉末或片状固体
熔点/℃	191
沸点/℃	309

相对密度(水＝1)	1.98
相对蒸气密度(空气＝1)	9.20
饱和蒸气压(211.2℃)/kPa	5.32
辛醇/水分配系数的对数值	5.01
溶解性	微溶于水,溶于稀碱液、乙醇、苯等多数有机溶剂
化学性质	和强氧化剂(如氯、铬酸盐、过氯酸盐)接触可能引起爆炸或火灾。可与酸、碱、氧化性物质和其他有机物起反应。分解可能产生氯化氢、一氧化碳和其他刺激、毒性气体
稳定性	在光照下迅速分解,脱出氯化氢,颜色变深。常温下不易挥发

3　毒理学参数

（1）急性毒性　LD_{50}：50mg/kg（大鼠经口）；105mg/kg（大鼠经皮）；78mg/kg（1％橄榄油液,大鼠经口）；70mg/kg（5％橄榄油液，兔经口）；人经口 29mg/kg，最低致死剂量。

（2）亚急性和慢性毒性　大鼠经口 30mg/kg，2 年，体重减轻，尿比重增高，肝、肾色素沉着；人经皮 10％，皮肤刺激。

（3）代谢　五氯酚在通常条件下，不被氧化，也难以水解，但容易光解和被生物降解。在土壤悬浮溶液中，五氯酚在 47d 内 100％发生了环的分裂，放出二氧化碳。

（4）中毒机理　属高毒类。五氯酚（钠）主要激活细胞的氧化磷酸化过程，同时抑制其磷酰化过程，从而引起机体能量代谢紊乱，导致代谢亢进，出现高热、肌无力，并造成中枢神经系统和心、肝、肾损害。可引起急性接触性皮炎，有时可有色素沉着和黑头粉刺等。

（5）刺激性　皮肤接触有明显的刺激作用。

（6）致癌性　小鼠皮下肝癌。

（7）致畸性　五氯酚和其钠盐都有明显的致畸作用。

（8）危险特性　一般不会燃烧，但长时间暴露在明火及高温下仍能燃烧。受高热分解产生有毒的腐蚀性气体。燃烧（分解）产物：一氧化碳、二氧化碳、氯化氢。

4　对环境的影响

4.1　主要用途

五氯酚作为一种高效、价廉的广谱杀虫剂、防腐剂、除草剂，曾长期在世界范围内使用。我国从 20 世纪 60 年代早期开始，曾在血吸虫病流行区大量使用，用于杀灭血吸虫的中间宿主钉螺。目前，五氯酚主要用作木材防腐剂。尽管欧洲的一些发达国家已停止或限制使用五氯酚，但在一些发展中国家五氯酚仍被作为重要的农药而使用。

4.2　环境行为

（1）代谢和降解　五氯酚在通常条件下，不被氧化，也难以水解，但容易光解和被生物降解。在土壤悬浮溶液中，五氯酚在 47d 内 100％发生了环的分裂，放出二氧化碳。长时间暴露在明火及高温下仍能燃烧。受高热分解产生含二噁英有毒和腐蚀性烟雾。和强氧化剂（如氯、铬酸盐、过氯酸盐）接触可能引起爆炸或火灾。也可与酸、碱、氧化性物质和其他有机物起反应。

(2) 残留与蓄积　五氯酚有蓄积作用，它在生物中富集后，浓度远远超过水中的浓度。在高有机质含量的酸性土壤或沉积物上具有很高的吸附性。能通过生物富集而进入食物链，能强烈地吸附在土壤中，同时被植物吸收。五氯酚挥发性很低，难以通过空气迁移。

(3) 迁移转化　五氯酚很容易从处理的木材表面蒸发进入大气，但目前缺乏有关大气中五氯酚浓度的数据。一般水中五氯酚的质量浓度在 $10\mu g/L$ 以下，但有些河流中可检测到高达 $10500\mu g/L$ 的五氯酚。一些国家停止生产五氯酚后，其地表水中的五氯酚浓度有所下降。在一些特殊情况下，五氯酚可在地下水中蓄积到很高浓度。与地表水中相比，底泥中往往含有较高浓度的五氯酚。加拿大的一项调查显示，地表水中的五氯酚质量浓度为 $0\sim7.3\mu g/L$，而相应底泥中则高达 $590\mu g/kg$。芬兰、新西兰也有类似的报道。饮用水中的五氯酚质量浓度一般为 $0.01\sim0.1\mu g/L$。我国 1991—1992 年的调查显示，某些五氯酚施用地区地表水中五氯酚的中位数范围为 $0.025\sim0.091\mu g/L$，底泥中为 $0.60\sim3.42\mu g/g$（干重质量分数）。一项在洞庭湖的调查显示，湖水中五氯酚的含量为 $0.005\sim103.7\mu g/L$，底泥中为 $0.18\sim48.3\mu g/g$（以干重计）。

4.3　人体健康危害

(1) 暴露/侵入途径　该物质可通过吸入、经皮肤和食入吸收到体内。

(2) 健康危害　本品可引起机体基础代谢异常亢进及高热。一般由于大量皮肤吸收或误服所致，多发生在夏季。常先有乏力、多汗、烦渴、头昏、头痛、心悸，发热 38℃ 左右，可伴有恶心、呕吐、腹痛等。数小时内病情突然加剧，出现高热（40℃ 以上）、全身大汗淋漓、极度疲乏、烦躁、昏迷、肌肉强直性痉挛、循环衰竭，可出现心、肝、肾损害。可致死。对眼和上呼吸道有刺激性。可致皮炎。

(3) 人体效应

① 造成的危害。

a. 吸入性。吸入五氯酚导致人员严重伤害或死亡。不论是动物或人类其共同中毒症状是支气管炎。

b. 皮肤接触性。皮肤接触五氯酚导致人员严重伤害或死亡，皮肤应避免接触。接触溶解的五氯酚可能会导致严重烧伤。浓度超过 10% 的五氯酚钠通常会产生过敏反应和皮肤炎。

c. 食入性。误食导致人员严重伤害或死亡。

d. 眼睛接触性。眼睛接触五氯酚导致人员严重伤害或死亡，接触溶解的五氯酚可能会导致严重烧伤。

② 中毒的症状。

短期接触该物质刺激眼睛、皮肤和呼吸道。该物质可能对心血管系统有影响，导致心脏病和心脏衰竭。长期或反复接触该物质可能对中枢神经系统、肾、肺、免疫系统和甲状腺有影响。该物质可能是人类致癌物。动物试验表明，该物质可能造成人类生殖或发育毒性。吸入或经皮肤吸收可引起头痛、疲倦、眼睛、黏膜及皮肤的刺激症状、神经痛、多汗、呼吸困难、发绀、肝、肾损害等。有因发生严重血小板减少性紫癜而致死亡的病理报告。

全身中毒的机制为直接作用于机体的能量代谢，使氧化磷酸化偶联中断，机体因缺乏生理活动所需的能量而致肌肉收缩无力，对刺激反应迟钝，直至完全抑制呈僵直麻痹状态。患者出现体温调节中枢失调，新陈代谢亢进伴高热，并由此造成中枢神经系统和心、肝、肾等脏器的损害。

主要危害症状如下。

a. 吸入。咳嗽，头晕，倦睡，头痛，发热或体温升高，呼吸困难，咽喉痛。

b. 皮肤。发红，水疱（另见吸入）。

c. 眼睛。发红，疼痛。

d. 食入。胃痉挛，腹泻，恶心，神志不清，呕吐，虚弱（另见吸入）。

4.4　接触控制标准

中国 MAC（mg/m^3）：0.3。

前苏联 MAC（mg/m^3）：0.1。

TLVTN：OSHA 0.5mg/m^3；ACGIH 0.5mg/m^3 ［皮］。

五氯酚生产及应用相关环境标准见表 33-3。

表 33-3　五氯酚生产及应用相关环境标准

标准编号	限制要求	标准值
中国(GB 11607—1989)	渔业水质标准	0.01mg/L
中国(GB 8978—1996)	污水综合排放标准	一级：5.0mg/L 二级：8.0mg/L 三级：10mg/L
前苏联(1976)	环境空气中基本安全浓度	0.02mg/m^3
前苏联(1982)	环境空气标准	日均值：1μg/m^3 每日一次最高值：5μg/m^3
中国(GB 3838—2002)	地表水环境质量标准	0.00028mg/L
前苏联(1975)	水体中有害物质最高允许浓度	0.3mg/L
前苏联(1976)	土壤标准	0.5mg/kg
中国(BG 22—2002)	工作场所有害因素职业接触限值	时间加权平均容许浓度(TWAL)：0.3mg/m^3 短时间接触允许浓度(STEL)：0.9μg/m^3

5　环境监测方法

5.1　现场应急监测方法

直接进水样气相色谱法。

5.2　实验室监测方法

五氯酚的实验室监测方法见表 33-4。

表 33-4　五氯酚的实验室监测方法

监测方法	来源	类别
液液萃取/气相色谱法	《水质　酚类化合物的测定　液液萃取/气相色谱法》(HJ 676—2013)	水质
气相色谱法	《水质　五氯酚的测定　气相色谱法》(HJ 591—2010)	水质
藏红 T 分光光度法	《水质　五氯酚的测定　藏红 T 分光光度法》(GB 9803—88)	水质
4-氨基安替比林比色法	《空气中有害物质的测定方法》(第二版),杭士平主编	空气
气相色谱法	《固体废弃物试验分析评价手册》,中国环境监测总站等译	固体废物
气相色谱法	《土壤和沉积物　酚类化合物的测定　气相色谱法》(HJ 703—2014)	土壤和沉积物

6　应急处理处置方法

6.1　泄漏应急处理

(1) 应急行为　隔离泄漏污染区,限制出入。建议应急处理人员戴防尘面具(全面罩),穿全套防毒服。用洁净的铲子收集于干燥、洁净、有盖的容器中,转移至安全场所。若大量泄漏,收集回收或运至废物处理场所处置。

(2) 应急人员防护　适用于有毒颗粒物的 P3 过滤呼吸器。

(3) 环保措施　用砂土吸收倒至空旷处掩埋。被污染地面撒石灰用大量水冲洗,洗液稀释后放热废水系统。

(4) 消除方法

① 切断所有引火源,危险区域内禁止有燃烧物品、火焰、抽烟等情形出现。

② 不要触碰受损容器或被泼溅物质,除非已经穿戴适当防护衣。

③ 对泄漏区进行通风排气。

④ 若能在无风险下处理泄漏,即刻止漏。

⑤ 防止泄漏物进入水道、下水道、地下室或密闭空间。

⑥ 盛装废弃物的容器内不要有水。

⑦ 以干砂、泥土或其他惰性物质覆盖泄漏物。

6.2　个体保护措施

(1) 呼吸系统防护　可能接触其粉尘时,必须佩戴防尘面具(全面罩)。紧急事态抢救或撤离时,应该佩戴空气呼吸器。

(2) 眼睛防护　呼吸系统防护中已做防护。

(3) 身体防护　穿胶布防毒衣。

(4) 手防护　戴橡胶手套。

(5) 其他防护　工作现场禁止吸烟、进食和饮水。工作完毕,彻底清洗。单独存放被毒物污染的衣服,洗后备用。注意个人清洁卫生。

6.3　急救措施

(1) 皮肤接触　立即脱去被污染的衣着,用肥皂水及流动清水彻底冲洗污染的皮肤、头发、指甲等。就医。

（2）**眼睛接触** 提起眼睑，用流动清水或生理盐水冲洗。就医。

（3）**吸入** 迅速脱离现场至空气新鲜处。保持呼吸道通畅。如呼吸困难，给予输氧。如呼吸停止，立即进行人工呼吸。就医。

（4）**食入** 饮足量温水，催吐。用清水或 2%～5% 碳酸氢钠溶液洗胃。就医。

（5）**灭火方法** 消防人员必须穿全身防火防毒服，在上风向灭火。灭火时尽可能将容器从火场移至空旷处。

6.4 应急医疗

（1）**诊断要点** 根据接触史及以发热、肢体无力和多汗为突出的临床表现，急性中毒诊断一般并不困难。我国颁布的《职业性急性五氯酚中毒诊断标准及处理原则》规定，凡有密切接触史，除头晕、头痛、多汗、疲乏无力等症状外，当出现发热、烦渴、心悸、气急，并可伴有恶心、呕吐、腹痛等症状时，可诊断为轻度中毒；出现高热、全身大汗淋漓、极度疲乏无力、烦躁不安甚至昏迷、抽搐者，或出现明显的心、肝、肾损害者，或出现急性呼吸窘迫综合征者，可诊断为重度中毒。急性中毒发病早期有乏力、发热、头痛、头晕时，需与上呼吸道感染相鉴别。在夏季易中毒季节，应与中暑、急性胃肠炎等相鉴别。此外，急性二硝基苯酚化合物中毒的临床表现与五氯酚中毒类同，应注意加以区别。鉴别的关键是仔细询问职业接触史，尿和血浆五氯酚测定对诊断和鉴别诊断有参考价值。轻度中毒时尿五氯酚含量常在 $37.5\mu mol/L$ 以上，重度中毒时一般在 $75.0\mu mol/L$ 以上。

（2）**处理原则**

① 急救原则。检查项目有眼睛、呼吸、心跳。

a. 将患者移到空气新鲜处，通知紧急救护人员。

b. 假如患者没有呼吸时，使用人工呼吸，假如患者曾食入或吸入五氯酚，不可使用口对口人工呼吸，应使用辅助人工呼吸的单向阀面罩设备或其他适当的呼吸医疗设备。

c. 当患者呼吸困难时，供应 100% 氧气。

d. 移除或隔离受污染的衣服、鞋袜。

e. 万一接触到五氯酚，应立即用水冲皮肤或眼睛至少 20min，若皮肤接触到微量时，应避免扩散影响到未被污染的皮肤。

f. 保持患者温暖及安静，当患者意识不清时，切勿催吐。

g. 确定救护人员知道五氯酚并已采取防护措施。

② 救治原则。无特效解毒剂，主要采用对症和支持治疗，维持重要脏器的功能。发病早期的及时急救处理为抢救成功的关键。

a. 中毒者应立即脱离现场，脱去受污染的衣物，迅速用肥皂和大量清水彻底冲洗污染的皮肤。眼睛沾污后，用流动清水冲洗 15min 以上。误服者可给予催吐，用清水或 2% 碳酸氢钠溶液洗胃，并用盐类泻药导泻。

b. 采取一切措施阻止体温骤升，尤其在发热早期即应积极降温，如物理降温、冬眠疗法等。可用氯丙嗪 25～50mg 加入 5% 葡萄糖盐水 500mL 中静脉滴注，也可再加入异丙嗪 25mg 以加强疗效。

c. 维持水和电解质平衡，及时纠正酸中毒。在采用利尿剂和甘露醇等措施以加速五氯酚排出时，更应注意补充液体和电解质。

d. 重度中毒病例早期、适量、短程给予糖皮质激素、能量合剂等，必要时吸氧或使用降低机体代谢率的药物，如他巴唑等。

e. 积极防治并发症，如脑水肿、抽搐和焦虑可分别用甘露醇、苯妥英钠和安定等药物治疗。

（3）预防措施　对接触本品的作业工人进行定期健康检查，及时发现就业禁忌证和早期发现中毒病人并给予及时处理。

7　储运注意事项

7.1　储存注意事项

储存于阴凉、通风的库房。远离火种、热源。应与氧化剂、碱类、食用化学品分开存放，切忌混储。储区应备有合适的材料收容泄漏物。应严格执行极毒物品"五双"管理制度。

7.2　运输信息

危险货物编号：61876。

UN 编号：2761。

包装类别：Ⅱ。

包装方法：塑料袋或两层牛皮纸袋外全开口或中开口钢桶；两层塑料袋或一层塑料袋外麻袋、塑料编织袋、乳胶布袋；塑料袋外复合塑料编织袋（聚丙烯三合一袋、聚乙烯三合一袋、聚丙烯二合一袋、聚乙烯二合一袋）；塑料袋或两层牛皮纸袋外普通木箱；螺纹口玻璃瓶、塑料瓶、复合塑料瓶或铝瓶外普通木箱；塑料瓶、两层塑料袋或两层牛皮纸袋（内或外套以塑料袋）外瓦楞纸箱。

运输注意事项：铁路运输时应严格按照铁道部《危险货物运输规则》中的危险货物配装表进行配装。运输前应先检查包装容器是否完整、密封，运输过程中要确保容器不泄漏、不倒塌、不坠落、不损坏。严禁与酸类、氧化剂、食品及食品添加剂混运。运输时运输车辆应配备泄漏应急处理设备。运输途中应防曝晒、雨淋，防高温。

7.3　废弃

（1）废弃处置方法　用焚烧法处置。

（2）废弃注意事项　处置前应参阅国家和地方有关法规。或与厂商或制造商联系，确定处置方法。废物储存参见"储存注意事项"。

8　参考文献

［1］　董华模.化学物的毒性及其环境保护参数手册［M］.北京：人民卫生出版社，1988.

［2］　国家环境保护局有毒化学品管理办公室.化学品毒性、法规、环境数据手册［M］.北京：中国环境科学出版社，1992.

［3］　周国泰.危险化学品安全技术全书［M］.北京：化学工业出版社，1997.

［4］　胡望钧.常见有毒化学品环境事故应急处置技术与监测方法［M］.北京：中国环境科学出版社，1993.

〔5〕 张冀强，李崖.有毒化学品的健康与安全指南〔M〕.北京：中国科学技术出版社，1991.

〔6〕 杭士平.空气中有害物质的测定方法〔M〕.北京：人民卫生出版社，1986.

〔7〕 中国环境监测总站.固体废弃物试验分析评价手册〔M〕.北京：中国环境科学出版社，1992.

〔8〕 卢伟.工作场所有害因素危害特性实用手册〔M〕.北京：化学工业出版社，2008.

〔9〕 环境保护部.国家污染物环境健康风险名录（化学第一分册）〔M〕.北京：中国环境科学出版社，2011.

〔10〕 天津市固体废物及有毒化学品管理中心.危险化学品环境数据手册〔M〕.天津：天津市固体废物及有毒化学品管理中心，2005.

〔11〕 江苏省环境监测中心.突发性污染事故中危险品档案库〔DB〕.

〔12〕 杨淑贞，韩晓冬，陈伟.五氯酚对生物体的毒性研究进展〔J〕.环境与健康杂志，2005，22（5）：396-398.

〔13〕 王旭刚，孙丽蓉.五氯酚的污染现状及其转化研究进展〔J〕.环境科学与技术，2009，32（8）：93-100.

〔14〕 范苓，夏豪刚.气相色谱/质谱法测定水中五氯酚〔J〕.环境监测管理与技术，2001，13（1）：33-34.

〔15〕 北京化工研究院环境保护所/计算中心.国际化学品安全卡（中文版）查询系统〔DB〕.2016.

2-硝基丙烷

1 名称、编号、分子式

2-硝基丙烷为无色液体，微溶于水。主要用作乙烯及环氧树脂涂料的特殊溶剂、火箭燃料、汽油的添加剂等，也用于有机合成。对眼及呼吸道黏膜有刺激作用，吸入高浓度引起麻醉作用。主要由丙烷与硝酸在压力下反应而得。也可由氧化氮硝化法制得。2-硝基丙烷基本信息见表34-1。

表34-1　2-硝基丙烷基本信息

中文名称	2-硝基丙烷
中文别名	2-硝基丙烷,97%;硝酸丙烷
英文名称	2-nitropropane
英文别名	2-nitro-propan;2-nitropropane,97%;2-NP
UN 号	2608
CAS 号	79-46-9
ICSC 号	0187
RTECS 号	TZ5250000
EC 编号	609-002-00-1
分子式	$C_3H_7NO_2$
分子量	89.09

2 理化性质

2-硝基丙烷为无色液体，微溶于水，溶于醇、醚。对眼及呼吸道黏膜有刺激作用，吸入高浓度引起麻醉作用。易燃，其蒸气与空气可形成爆炸性混合物。强烈震动及受热或遇无机碱类、氧化剂、烃类、胺类及二氯化铝、六甲基苯等均能引起燃烧爆炸。燃烧分解时，放出有毒的氮氧化物。燃烧（分解）产物为一氧化碳、二氧化碳、氧化氮。2-硝基丙烷理化性质一览表见表34-2。

表34-2　2-硝基丙烷理化性质一览表

外观与性状	无色液体
熔点/℃	−91.3
沸点/℃	120.3

相对密度(水＝1)	0.99
相对蒸气密度(空气＝1)	3.06
饱和蒸气压(15.8℃)/kPa	1.33
临界温度/℃	344.7
辛醇/水分配系数的对数值	0.93
燃烧热/(kJ/mol)	1788.6
闪点(闭杯)/℃	24
自燃温度/℃	425
爆炸上限(体积分数)/%	11.0
爆炸下限(体积分数)/%	2.2
溶解性	微溶于水,溶于醇、醚
化学性质	易燃,其蒸气与空气可形成爆炸性混合物。强烈震动及受热或遇无机碱类、氧化剂、烃类、胺类及二氯化铝、六甲基苯等均能引起燃烧爆炸。燃烧分解时,放出有毒的氮氧化物。燃烧(分解)产物有一氧化碳、二氧化碳、氧化氮
稳定性	稳定

3　毒理学参数

(1) 急性毒性　LD_{50}：720mg/kg（大鼠经口）；LC_{50}：1456mg/m³，6h（大鼠吸入）。

(2) 亚急性和慢性毒性　人吸入 10～30ppm，4h/d，3d/周，无症状。

(3) 中毒机理　会造成肝损坏。

(4) 致癌性　G2B（可疑人类致癌物）。IARC 致癌性评论：动物为阳性反应。在一项生物鉴定中，将老鼠暴露于 2-NP，浓度是 207ppm，时间为 7h/d，5d/周，为期 6 个月，结果发现大鼠患了肝癌。在另一项生物鉴定中，将老鼠暴露于 2-NP，浓度为 200ppm，时间为6 个月，然后脱离接触 2-NP 6 个月以上，其结果发现大鼠患了转移性肝癌。

(5) 致突变性　微生物致突变：鼠伤寒沙门菌 25μL/皿。微粒体致突变：鼠伤寒沙门菌 3μL/皿。

(6) 生殖毒性　大鼠腹腔最低中毒剂量（TDL_0）：2250mg/kg（孕 1～15d 用药），对胎鼠心血管系统有影响。

(7) 危险特性　易燃，其蒸气与空气可形成爆炸性混合物。强烈震动及受热或遇无机碱类、氧化剂、烃类、胺类及二氯化铝、六甲基苯等均能引起燃烧爆炸。燃烧分解时，放出有毒的氮氧化物。

4　对环境的影响

4.1　主要用途

2-硝基丙烷用作萃取用溶剂。

也用作多种树脂、蜡、脂肪、染料和涂料的溶剂，合成医药、杀虫剂等的中间体。

还用作火箭燃料、汽油的添加剂等，也用于有机合成。

4.2　环境行为

在环境中稳定存在，在环境水体中是高度持久性的化合物，不会被生物降解。特别在饮用水中会长期停留，从而对人体造成危害。

4.3　人体健康危害

(1) 暴露/侵入途径　吸入、食入和经皮吸收。

(2) 健康危害　本品对眼及呼吸道黏膜有刺激作用，吸入高浓度引起麻醉作用。轻度中毒者引起化学性支气管炎；中度中毒者为化学性肺炎；重度中毒者可发生化学性肺水肿。同时都伴有不同程度的眼结膜充血、水肿等。本品有麻醉作用。可引起轻度高铁血红蛋白血症。对肝、肾有损害。

4.4　接触控制标准

前苏联 MAC（mg/m^3）：30。

TLVTN：OSHA 25ppm；ACGIH 10ppm，$36mg/m^3$。

2-硝基丙烷生产及应用相关环境标准见表34-3。

表 34-3　2-硝基丙烷生产及应用相关环境标准

标准编号	限制要求	标准值
前苏联	车间空气中有害物质的最高容许浓度	$30mg/m^3$
前苏联	地面水容许浓度	$0.005mg/L$
前苏联	污水中有害物质最高允许浓度	$5mg/L$
—	嗅觉阈浓度	$<110mg/m^3$

5　环境监测方法

5.1　现场应急监测方法

无。

5.2　实验室监测方法

2-硝基丙烷的实验室监测方法见表34-4。

表 34-4　2-硝基丙烷的实验室监测方法

监测方法	来源	类别
气相色谱法	参照《分析化学手册》(第四分册，色谱分析)，化学工业出版社	气体
气相色谱法	样品用红色硅藻土色谱载体106吸附，用乙酸乙酯洗脱后，再用气相色谱法测定（NIOSH法）	空气

6 应急处理处置方法

6.1 泄漏应急处理

（1）应急行为　迅速撤离泄漏污染区人员至安全处，并进行隔离，严格限制出入。切断火源。

（2）应急人员防护　戴自给正压式呼吸器，穿消防防护服。

（3）环保措施　尽可能切断泄漏源，防止进入下水道、排洪沟等限制性空间。小量泄漏：用砂土、干燥石灰或苏打灰混合。也可用大量水冲洗，洗水稀释后放入废水系统。大量泄漏：构筑围堤或挖坑收容；用泡沫覆盖，降低蒸气灾害。

（4）消除方法　用防爆泵转移至槽车或专用收集器内，回收或运至废物处理所处置。

6.2 个体保护措施

（1）工程控制　生产过程密闭，加强通风。提供安全淋浴和洗眼设备。

（2）呼吸系统防护　空气中浓度超标时，佩戴过滤式防毒面具（半面罩）。紧急事态抢救或撤离时，建议佩戴自给式呼吸器。

（3）眼睛防护　戴化学安全防护眼镜。

（4）身体防护　穿胶布防毒衣。

（5）手防护　戴橡胶手套。

（6）其他　工作现场严禁吸烟。注意个人清洁卫生。

6.3 急救措施

（1）皮肤接触　脱去被污染的衣着，用肥皂水和清水彻底冲洗皮肤。

（2）眼睛接触　提起眼睑，用流动清水或生理盐水冲洗。就医。

（3）吸入　迅速脱离现场至空气新鲜处。保持呼吸道通畅。如呼吸困难，给输氧。如呼吸停止，立即进行人工呼吸。就医。

（4）食入　饮足量水，催吐。就医。

（5）灭火方法　尽可能将容器从火场移至空旷处。喷水保持火场容器冷却，直至灭火结束。灭火剂：雾状水、泡沫、二氧化碳、干粉、砂土。

6.4 应急医疗

（1）诊断要点　人接触其蒸气后，可出现头痛、恶心、呕吐、腹泻等症状，停止接触后很快消失，若再次接触，症状又可出现。曾有报道几名工人在二甲苯和本品（约20%）混合溶剂的浸渍过程中（溶剂温度为 43.3～48.9℃，有时高于 65.6℃），出现食欲不振、恶心、呕吐、腹泻。这些症状次日即可缓解或消失。

（2）处理原则　及时对患者进行输氧，必要时输新鲜血。适当休息，加强营养。

（3）预防措施　对接触本品的作业工人进行定期健康检查，及时发现就业禁忌证和早期发现中毒病人并给予及时处理。

7 储运注意事项

7.1 储存注意事项

储存于阴凉、通风的库房。远离火种、热源。保持容器密封。应与氧化剂、酸类、碱类等分开存放,切忌混储。采用防爆型照明、通风设施。禁止使用易产生火花的机械设备和工具。储区应备有泄漏应急处理设备和合适的收容材料。

7.2 运输信息

危险货物编号:33522。

UN 编号:2608。

包装类别:Ⅲ。

包装方法:小开口钢桶;安瓿瓶外普通木箱;螺纹口玻璃瓶、铁盖压口玻璃瓶、塑料瓶或金属桶(罐)外普通木箱;螺纹口玻璃瓶、塑料瓶或镀锡薄钢板桶(罐)外满底板花格箱、纤维板箱或胶合板箱。

运输注意事项:运输时运输车辆应配备相应品种和数量的消防器材及泄漏应急处理设备。夏季最好早晚运输。运输时所用的槽(罐)车应有接地链,槽内可设孔隔板以减少振荡产生静电。严禁与氧化剂、酸类、碱类、食用化学品等混装混运。运输途中应防曝晒、雨淋,防高温。中途停留时应远离火种、热源、高温区。装运该物品的车辆排气管必须配备阻火装置,禁止使用易产生火花的机械设备和工具装卸。公路运输时要按规定路线行驶,勿在居民区和人口稠密区停留。铁路运输时要禁止溜放。严禁用木船、水泥船散装运输。

7.3 废弃

(1)废弃处置方法 用控制焚烧法处置。焚烧炉排出的氮氧化物通过洗涤器除去。

(2)废弃注意事项 处置前应参阅国家和地方有关法规。废物储存参见"储存注意事项"。

8 参考文献

[1] 周国泰.危险化学品安全技术全书 [M].北京:化学工业出版社,1997.

[2] 张维凡.常用化学危险物品安全手册 [M].北京:中国医药技术出版社,1992-1998.

[3] 董华模.化学物的毒性及其环境保护参数手册 [M].北京:人民卫生出版社,1988.

[4] 国家环境保护局有毒化学品管理办公室.化学品毒性、法规、环境数据手册 [M].北京:中国环境科学出版社,1992.

[5] 卢伟.工作场所有害因素危害特性实用手册 [M].北京:化学工业出版社,2008.

[6] 王林宏.危险化学品速查手册 [M].北京:中国纺织出版社,2007.

[7] 彭国治,王国顺.分析化学手册(第四分册)[M].北京:化学工业出版社,2000.

[8] 俊英.2-硝基丙烷(2-NP)[J].环境保护,1983,(12):30.

[9] 何华先.暴露于二硝基丙烷后的急性肝损害 [J].职业与健康,1991,(2):40.

[10] 胡宗连.2-硝基丙烷对人的毒性 [J].国外医学(卫生学分册),1982,(4):242-243.

　［11］　詹铭，奚晔，徐竞良，等.工作场所空气中 4 种硝基烷烃类化合物的气相色谱测定法 ［J］.环境与健康杂志，2008，25（5）：435-437.

　［12］　詹铭，奚晔，徐竞良.气相色谱法测定工作场所空气中硝基甲烷等的方法 ［M］.上海：上海市浦东新区疾病预防控制中心，2007.

　［13］　甘永平，张文魁，黄辉，等.2-硝基丙烷在硫酸介质中的电化学还原 ［J］.应用化学，2006，23（7）：808-811.

　［14］　北京化工研究院环境保护所/计算中心.国际化学品安全卡（中文版）查询系统 ［DB］.2016.

对硝基氯苯

1 名称、编号、分子式

4-硝基氯苯为浅黄色单斜棱形晶体，易受热分解，有腐蚀性，有毒。将硝酸、硫酸配成混酸后，与氯苯进行硝化反应，生成硝基氯苯（对位 65%、邻位 34%、间位 1%），然后分离硝基氯苯和废酸。分离后硝基氯苯经水洗、中和，得中性硝基氯苯，再经干燥、结晶，分离出成品对硝基氯苯，共熔油经精馏、脱焦、结晶，得联产品邻硝基氯苯。对硝基氯苯基本信息见表 35-1。

表 35-1　对硝基氯苯基本信息

中文名称	对硝基氯苯
中文别名	p-硝基氯苯；4-硝基氯苯
英文名称	p-chloronitrobenzene
英文别名	p-nitrochlorobenzene；4-chloronitrobenzene；1-nitro-4-chlorobenzne；p-nitrophenyl chloride；4-chloro-1-nitrobenzene；4-nitro-1-chlorobenzene；4-nitrochlorobenzene；para-nitrochlorobenzene；PNCB
UN 号	1578
CAS 号	100-00-5
ICSC 号	0846
RTECS 号	CZ1050000
EC 编号	610-005-00-5
分子式	$C_6H_4ClNO_2$
分子量	157.56

2 理化性质

对硝基氯苯纯品为浅黄色单斜棱形晶体，水溶性低（243mg/L，20℃），溶于醚、二硫化碳，极易溶于热酒精。与强氧化剂、强碱、强还原剂易反应。遇明火、高热可燃烧，与强氧化剂发生反应。对硝基氯苯理化性质一览表见表 35-2。

表 35-2　对硝基氯苯理化性质一览表

外观与性状	纯品为浅黄色单斜棱形晶体
熔点/℃	82～84
沸点/℃	242

相对密度(水＝1)	1.52
相对蒸气密度(空气＝1)	5.44
饱和蒸气压/kPa	8.5
辛醇/水分配系数的对数值	2.39
闪点/℃	53
溶解性	水溶性低(243mg/L,20℃),溶于醚、二硫化碳,极易溶于热酒精
化学性质	与强氧化剂、强碱、强还原剂易反应。遇明火、高热可燃烧,与强氧化剂发生反应

3 毒理学参数

(1) 急性毒性 LD_{50}：3550mg/kg（兔经皮，雄性）；2510mg/kg（兔经皮，雌性）；750mg/kg（大鼠经皮，雄性，聚乙二醇溶解）；1722mg/kg（大鼠经皮，雌性，芝麻油溶解）；294mg/kg 或 694mg/kg（大鼠经口，雄性）；565mg/kg 或 664mg/kg（大鼠经口，雌性）。

鱼的半致死浓度 LC_{50}：22.13mg/L（*Brocarded carp*，96h）；14.36mg/L（*Brachydanio rerio*，96h）；2mg/L（*Leuciscus idus*，48h）。

鼻饲喂饱和的对硝基氯苯蒸气（浓度高达 $77mg/m^3$）7h 没有引起大鼠可检测的病理改变。头部置于 $16.1g/m^3$ 的浓度下 4h 没有出现致死现象，但有明显的中毒症状。

皮肤涂抹高浓度对硝基氯苯的水溶液、聚乙二醇溶液或芝麻油溶液可导致兔子和大鼠死亡。未死亡者也出现紫绀等典型症状。对硝基氯苯有轻微的皮肤刺激性，可在脱离接触后迅速恢复。

经口高浓度对硝基氯苯可导致大鼠死亡。未死亡者出现紫绀等典型症状。

对硝基氯苯固体或溶液对眼睛有轻微刺激，兔子试验表明依处理方式不同在 4h 或 8d 可以恢复。

(2) 亚急性和慢性毒性 EC_{50}：15mg/L（水蚤 *Daphnia magna*，24h），2.7mg/L（48h）；4.9mg/L（藻类 *Chlorella pyrenoidosa*，96h）。

以高铁血红蛋白血症为主要标志，发现小鼠 4 周内反复呼吸接触的 LOAEC 为 $5mg/m^3$，另一个 13 周的研究则是 $9.81mg/m^3$，组织病理损伤的 NOAEC 为 $39.29mg/m^3$。肝脏、肾脏、脾脏和血液是主要的靶器官。大鼠长期经口的损伤剂量（以单位体重计）为 $0.7mg/(kg \cdot d)$，LOAEC（以单位体重计）为 $3mg/(kg \cdot d)$。

(3) 代谢

① 吸收。对硝基氯苯可通过皮肤、消化道和肺部迅速吸收。大鼠经口后至少 78%、皮肤涂抹后 62% 可被吸收。

② 分布。经口 24h 后，对硝基氯苯在脂肪组织中浓度最高，其次是血液细胞、骨骼肌、肝脏和肾脏。可分布到全身各处。72h 后最高浓度出现在血液细胞，其次为脂肪组织、骨骼肌和肝脏。

③ 排泄。经口吸收后的对硝基氯苯 72h 后有 74% 通过尿液、12% 通过粪便排出。皮肤接触吸收后有 45% 通过尿液、12% 通过粪便排出。

哺乳动物体内对硝基氯苯有三种主要的代谢途径：硝基还原、谷胱甘肽共轭作用中氯的取代和环羟基化。大鼠腹腔注射后在尿液中检出的代谢物有 4-氯苯胺、2,4-二氯苯胺、4-硝基硫酚、2-氯-5-硝基酚、4-氨基-5-氯酚、4-氯-甲酰苯胺、4-氯-2-乙酰氨基酚、4-氯乙酰苯胺。兔吸收的对硝基氯苯有 63% 以代谢物的形式通过尿液排出，其中 40% 是硫酸或葡萄糖苷酸共轭的酚类，10% 是游离的 4-氯苯胺。急性暴露的工人体内检出的代谢物主要有 2-氯-5-硝基酚、N-乙酰-S-(4-硝基苯基)-L-半胱氨酸、4-氯苯胺、4-氯-甲酰苯胺（1-氯-4-硝基苯代谢生成的 4-氯-苯胺羰酸分解的产物），此外还有少量的 2,4-二氯苯胺、2-氨基-5-氯酚、4-氯乙酰苯胺和 4-氯-2-乙酰氨基酚。

（4）中毒机理 经皮肤吸收或吸入其蒸气均可引起中毒，尤其与乙醇共同使用时，因生成高铁血红蛋白，会引起急性中毒致死。饮酒会加速中枢神经和血液中毒，形成过敏症。

（5）致癌性 向大鼠饲喂溶于玉米油中的对硝基氯苯 24 个月，发现间质细胞瘤发病增加。

（6）致突变性 鼠伤寒沙门菌 10g/皿。微粒体诱变：鼠伤寒沙门菌 $10\mu g$/皿。

① 离体研究发现对硝基氯苯可导致鼠伤寒沙门杆菌 DNA 的碱基对替换，引起突变。小鼠淋巴瘤分析证明对硝基氯苯可诱导细胞突变，但是中国仓鼠卵细胞 HPRT 检测没有发现致突变作用。中国仓鼠肺细胞试验看到高浓度对硝基氯苯在代谢活化时可诱导染色体断裂，也可诱导卵细胞姊妹染色单体互换，有细胞毒性。

② 果蝇活体试验没有显示遗传突变作用（成虫饲喂或腹腔注射，幼虫饲喂，检验减数分裂后期细胞）。在大鼠的骨髓中也没有诱导产生微核，但可诱导小鼠的骨髓中出现微核。腹腔注射导致小鼠肝脏、肾脏和脑细胞 DNA 损伤，中国仓鼠骨髓细胞细胞姊妹染色单体互换与对硝基氯苯暴露呈弱的正相关，表明对硝基氯苯在活体中致突变的能力较低。

（7）生殖毒性 对两代大鼠和小鼠研究发现经口剂量 5mg/(kg·d) 没有损伤繁殖力，但是该剂量导致雄性鼠的生殖器官出现了组织病理特征。根据脾脏的组织病理损伤确定成年鼠的 LOAEL 为 0.1mg/(kg·d)。另一个研究得到小鼠生殖力的 NOAEL 为 125mg/(kg·d)，幼鼠和成年鼠一般毒性的 LOAEL 分别为 62.5mg/(kg·d) 和 125mg/(kg·d)。呼吸暴露也导致小鼠精子产生降低、发情周期延长。

（8）发育毒性 经口对硝基氯苯对大鼠发育毒性的 LOAEL 为 15mg/(kg·d)，母体毒性的 LOAEL 为 5mg/(kg·d)。兔的母体毒性和发育毒性的 LOAEL 都为 5mg/(kg·d)。

（9）免疫毒性 经口对硝基氯苯降低了 BDF1 小鼠 T 和 NK 细胞的数量和比例，巨噬细胞、巨核红细胞和死细胞增加，受激 B-淋巴细胞增殖被抑制，表明对硝基氯苯有免疫毒性。

（10）危险特性 避免与强氧化剂、强碱、强还原剂接触。遇明火、高热可燃烧，与强氧化剂发生反应。

4 对环境的影响

4.1 主要用途

对硝基氯苯可经过氨解、水解、氯化、还原等反应，得到一系列衍生产品，进而合成许多农药品种，也可直接用作合成除草剂如除草醚、草枯醚等的原料。对硝基氯苯还大量用于偶氮染料和硫化染料的中间体及制药、香精香料制造，如制造对硝基酚、甲基或乙基巴拉、止痛退热药（acetaminophen）等抗菌药。它也是橡胶加工的中间产品，用于橡胶助剂的制造。

4.2 环境行为

（1）代谢和降解　在开放的污水处理厂，如果进料量以单位质量 MLSS 中的 BOD 含量计为 0.15kg/(kg·d)，生物降解速度为 0，那么进入处理厂的对硝基氯苯中有 1% 挥发进入大气，96.1% 保留在水中，2.9% 存在于污泥中。

大气中的对硝基氯苯可经直接和非直接的光化学氧化反应降解。羟基自由基作用下的非直接光化学降解的半衰期为 62d（羟基自由基 24h 平均 500000 个/cm³）。对硝基氯苯吸收紫外辐射的能力强，被紫外线作用直接光降解的速度较快。

对硝基氯苯在水中的溶解度很低，而且不易水解（pH 值为 8，25℃ 的水中 8d 几乎没有损失）。水中溶解的对硝基氯苯也可以被光降解作用清除，羟基自由基在水中的反应常数是 2.6×10^9 L/(mol·s)。臭氧可氧化清除水中的对硝基氯苯，反应常数是 1.6L/(mol·s)。对硝基氯苯在模型标准河流中的半衰期为 6d，在标准模型湖泊中为 73d。

硝基氯苯不易被生物降解，在密闭瓶中以对硝基氯苯为唯一的碳源时，发现未驯化的微生物在试验期内没有降解对硝基氯苯。驯化后的微生物具有降解能力，如驯化 2 周后 62% 的对硝基氯苯（浓度为 2.4mg/L）在第 20d 被降解了。高浓度（≥8mg/L）抑制微生物的降解作用，浓度为 30mg/L 时 2 周内未见降解发生。

真菌 *Rhodosporidium* sp. 可将对硝基氯苯分解为 4-氯苯胺和其他芳香族物质，10d 降解 90% 以上，但是单独培养时不能彻底降解。可从活性污泥中分离驯化的微生物，当碳源和营养供应适宜时降解对硝基氯苯的速率很快，1.8d 可清除 80% 以上。将自然界的森林土壤、腐烂的木头、木屑、河道底泥、污泥及其他材料中分离的微生物与对硝基氯苯一起驯化 1 年后，7d 内可降解 60% 以上。一个污水处理厂采用活性污泥法，对硝基氯苯的去除率达 98%。

（2）残留与蓄积　在试验浓度为 0.015mg/L 和 0.15mg/L 时鲤鱼（*Cyprinus carpio*）对于对硝基氯苯的生物富集因子为 5.8～20.9。

有研究看到莱茵河的悬浮颗粒物、斑马的肌肉、鳗鱼体内的对硝基氯苯含量分别为 31g/kg（以干重计）、0.12g/kg（以湿重计）和 1.5g/kg（以湿重计），表明生物富集作用很弱。

（3）迁移转化　根据 Mackay 模型推算对硝基氯苯在环境中主要存在于大气和水体中（分别为 65% 和 33%），土壤和底泥中各占 0.65%。它的亨利常数为 $0.5Pa·m^3/mol$，表明从水体向大气中的挥发能力中等。对硝基氯苯在水-土壤有机质的分配系数 K_{oc} 是 309，它被污泥、悬浮颗粒物、底泥吸附的能力较弱。黄河干流的悬浮泥沙含量对 K_{ow} 值及对硝基氯苯吸附量没有明显影响，吸附量随 pH 值升高而降低，随离子强度提高而增加。

4.3 人体健康危害

（1）暴露/侵入途径　对硝基氯苯可通过皮肤、消化道和肺部迅速吸收。

职业人群可由于未通风或未防护而造成的大剂量吸入，导致急性中毒；由于低浓度长期吸入也可导致亚急性和慢性中毒。没有发现使用由对硝基氯苯为中间体生产的产品引起暴露提高的案例。

（2）健康危害 对黏膜和皮肤有刺激作用，引起高铁血红蛋白血症。急性中毒病人可有头痛、头昏、乏力、皮肤黏膜紫绀、手指麻木等症状。重者可出现胸闷、呼吸困难、心悸，甚至发生心律紊乱、昏迷、抽搐、呼吸麻痹。有时可引起溶血性贫血，肝损害。慢性中毒时出现头痛、乏力、失眠、记忆力减退等神经衰弱症候群；慢性溶血时可出现黄疸、贫血；还可引起中毒性肝炎。

（3）急性中毒 皮肤、黏膜重度发绀，高铁血红蛋白高于50％，并可出现意识障碍，或高铁血红蛋白低于50％且伴有以下任何一项者：赫恩兹小体可明显升高，并继发溶血性贫血；严重中毒性肝病；严重中毒性肾病。

（4）慢性中毒 轻度：口唇、耳郭、舌及指（趾）甲发绀，可伴有头晕、头痛、乏力、胸闷，高铁血红蛋白为10％～30％，一般在24h内恢复正常。

中度：皮肤、黏膜明显发绀，可出现心悸、气短，食欲不振，恶心、呕吐等症状，高铁血红蛋白为30％～50％，或高铁血红蛋白低于30％且伴有以下任何一项者：轻度溶血性贫血，赫恩兹小体可轻度升高；化学性膀胱炎；轻度肝脏损伤；轻度肾脏损伤。

4.4 接触控制标准

对硝基氯苯生产及应用相关环境标准见表35-3。

表35-3 对硝基氯苯生产及应用相关环境标准

标准编号	限制要求	标准值
GBZ 2—2002	工作场所有害因素职业接触限值（皮肤）	时间加权平均容许浓度 TWA：0.6mg/m³ 短时间接触容许浓度 STEL：1.8mg/m³
GB 8978—1996	污水综合排放标准	一级：0.5mg/L 二级：1.0mg/L 三级：5.0mg/L
GB 3838—2002	地表水环境质量标准（硝基氯苯：对硝基氯苯、间硝基氯苯、邻硝基氯苯）	0.05mg/L

5 环境监测方法

5.1 现场应急监测方法

直接进样-气相色谱法。

5.2 实验室监测方法

对硝基氯苯的实验室监测方法见表35-4。

表35-4 对硝基氯苯的实验室监测方法

监测方法	来源	类别
盐酸萘乙二胺分光光度法	《车间空气中一硝基氯苯的盐酸萘乙二胺分光光度测定方法》（GB/T 16114—1995）	车间空气
气相色谱法	《水质 硝基苯、硝基甲苯、硝基氯苯、二硝基甲苯的测定 气相色谱法》（GB 13194—1991）	水质

6 应急处理处置方法

6.1 泄漏应急处理

（1）应急行为 隔离泄漏污染区，周围设警告标志。合理通风，不要直接接触泄漏物，用清洁的铲子收集于干燥、洁净、有盖的容器中，运至废物处理场所。如大量泄漏，收集回收或无害处理后废弃。

（2）应急人员防护 应急处理人员戴自给式呼吸器，穿化学防护服。

（3）环保措施 不要直接接触泄漏物，用清洁的铲子收集于干燥、洁净、有盖的容器中，运至废物处理场所。

（4）消除方法 如大量泄漏，收集回收或无害处理后废弃。

6.2 个体防护措施

（1）工程控制 生产车间要有良好的通风设备，要密闭，严防跑、冒、滴、漏。

（2）呼吸系统防护 空气中浓度超标时，佩戴防毒面具。紧急事态抢救或撤离时，应该佩戴自给式呼吸器。

（3）眼睛防护 戴安全防护眼镜。

（4）身体防护 穿紧袖工作服、长筒胶鞋。

（5）手防护 戴橡胶手套。

（6）饮食 工作现场禁止吸烟、进食和饮水。

（7）其他 及时换洗工作服。工作前后不饮酒，用温水洗澡。

对对硝基氯苯作业工人进行上岗前和定期健康检查，及时发现就业禁忌证和早期发现对硝基氯苯中毒病人及时处理。

6.3 急救措施

（1）皮肤接触 脱去污染的衣服，用肥皂水及清水彻底冲洗。

（2）眼睛接触 立即提起眼睑，用大量流动清水或生理盐水冲洗。

（3）吸入 迅速脱离现场至空气新鲜处。呼吸困难时给输氧；呼吸停止时，立即进行人工呼吸，并就医。

（4）食入 误服者给漱口，饮水，洗胃后，口服活性炭，再给以导泻，立即就医。

（5）灭火方法 消防人员须佩戴防毒面具、穿全身消防服，在上风向灭火。灭火剂：雾状水、泡沫、二氧化碳、干粉、砂土。

6.4 应急医疗

（1）诊断要点 根据短期内接触高浓度苯的氨基、硝基化合物的职业史，出现以高铁血红蛋白血症为主的临床表现，结合现场卫生学调查结果，综合分析，排除其他原因所引起的类似疾病，方可诊断。

（2）处理原则 接触苯的氨基、硝基化合物后有轻度头晕、头痛、乏力、胸闷，高铁血红蛋白低于 10%，短期内可完全恢复。

① 迅速脱离现场，清除皮肤污染，立即吸氧，密切观察。

② 高铁血红蛋白血症用高渗葡萄糖、维生素C、小剂量美蓝（亚甲基蓝）治疗。

③ 高铁血红蛋白血症的治疗。接触反应仅需休息，服用含糖饮料、维生素C，必要时用50％葡萄糖溶液40～60mL加入0.5～1.0g维生素C静脉注射。轻度高铁血红蛋白血症，可给1％美蓝5mL或1mg/kg加入25％葡萄糖溶液20～40mL中，缓慢静脉注射，一次即可。必要时可再给维生素C。中度和重度高铁血红蛋白血症，可给予1％美蓝5～10mL或1～2mg/kg加入25％葡萄糖液20～40mL中，缓慢静脉注射。必要时可隔2～4h重复使用一次。根据高铁血红蛋白动态测定的结果可酌情用2～4次。同时可给予维生素C并用辅酶A及维生素B_{12}。当第二次剂量美蓝疗效不明显时，应积极寻找原因，如毒物未清除干净，灼伤处理不当，而不应盲目反复应用。

④ 溶血性贫血，主要为对症和支持治疗，重点在于保护肾脏功能、碱化尿液，应用适量肾上腺糖皮质激素。严重者应输血治疗，必要时采用换血疗法或血液净化疗法。当含赫恩兹小体红细胞的比例大于50％时，可及早进行换血。参照GBZ 75。

⑤ 化学性膀胱炎，主要为碱化尿液，应用适量肾上腺糖皮质激素，防治继发感染。并可给予解痉剂及支持治疗。

⑥ 肝、肾功能损害，处理原则见GBZ 59和GBZ 79。

（3）预防措施　定期对职业接触的人员进行体格检查，早期发现症状，并对患者进行脱离接触或必要的解毒处理。但定期体检，以期及早发现与确诊是十分重要的。加强环境监测及一般防护措施，其原则与预防办法与防护其他职业病相同。对可疑的致癌因素，要进行周密的调查研究与人群调查，以便确定需要采取怎样的防护措施。

7　储运注意事项

7.1　储存注意事项

储存于阴凉、通风的库房。远离火种、热源。应与氧化剂、还原剂、碱类、食用化学品分开存放，切忌混储。配备相应品种和数量的消防器材。储区应备有合适的材料收容泄漏物。

7.2　运输信息

危险货物编号：61678。

UN编号：1578。

包装类别：Ⅱ。

包装方法：钢瓶。

运输注意事项：运输过程中要确保包装容器完整、密封，不泄漏、不倒塌、不坠落、不损坏。运输车辆应配备相应品种的消防器材及泄漏应急处理设备。运输途中应防曝晒、雨淋，防高温。公路运输时要按规定路线行驶，勿在居民区和人口稠密区停留。铁路运输时应严格按照铁道部《危险货物运输规则》中的危险货物配备表进行装配。起运时包装要完整，装运要稳妥。

7.3 废弃

（1）废弃处置方法 用焚烧法。燃烧过程中要喷入蒸汽或甲烷，以免生成氯气，焚烧炉排出的氮氧化物通过催化氧化装置或高温装置除去。

（2）废弃注意事项 处置前应参阅国家和地方有关法规。或与厂家或制造商联系，确定处置方法。废物储存参见"储存注意事项"。

8 参考文献

［1］ 万本太.突发性环境污染事故应急监测与处理处置技术［M］.北京：中国环境科学出版社，2006.

［2］ 环境保护部.国家污染物环境健康风险名录（化学第一分册）［M］.北京：中国环境科学出版社，2009.

［3］ 冯坚.对硝基氯苯（*p*-Nitrochlorobenzene）［J］.江苏农药，1998，（1）：27-28.

［4］ 梁诚.邻、对硝基氯苯及其衍生物生产与进展［J］.氯碱工业，1999，（5）：30-35.

［5］ 张献增.邻、对硝基氯苯及其衍生物生产技术概况和发展趋势［J］.染料与染色，1994，（3）：21-22.

［6］ 张婕.硝基氯苯及其衍生物产需现状与发展建议［J］.医药化工，2005，（9）：13-17.

［7］ 梁诚.2,4-二硝基氯苯生产现状与发展趋势［J］.中国氯碱，2003，（7）：18-20.

［8］ 北京化工研究院环境保护所/计算中心.国际化学品安全卡（中文版）查询系统［DB］.2016.

荧 蒽

1 名称、编号、分子式

荧蒽，英文名称为 fluoranthene，从煤焦油中回收。提取荧蒽的最好原料是Ⅱ蒽油和沥青氧化过程中的馏出物，将这些原料放入间歇式蒸馏锅中，在真空度 0.09MPa 下进行蒸馏。同时往锅内通入少量过热蒸汽。馏出的蒸气经过精馏塔、分凝器和冷却器，冷却至高于熔点的温度，流入受槽，取 375～385℃馏出物进行结晶，离心脱油后得到粗荧蒽，粗荧蒽用混合溶剂重结晶即得成品。荧蒽基本信息见表 36-1。

表 36-1　荧蒽基本信息

中文名称	荧蒽
中文别名	1,2-苯并苊
英文名称	fluoranthene
英文别名	1,2-benzacenaphthene
UN 号	83510
CAS 号	206-44-0
ICSC 号	0932
RTECS 号	LL4025000
分子式	$C_{16}H_{10}$
分子量	202.26

2 理化性质

荧蒽遇明火、高热可燃；与氧化剂能发生强烈反应；有腐蚀性。荧蒽理化性质一览表见表 36-2。

表 36-2　荧蒽理化性质一览表

外观与性状	黄绿色结晶或无色固体,常温下无臭无味
熔点/℃	109～110
沸点/℃	367
相对密度(20℃/4℃)(水＝1)	1.252

燃烧热(固体,20℃)/(kJ/mol)	3270
辛醇/水分配系数的对数值	4.09
闪点/℃	168.4±12.8
溶解性	不溶于水,溶于苯、乙醚、乙醇、乙酸
稳定性	稳定

3 毒理学参数

(1) 急性毒性 LD_{50}：2000mg/kg（大鼠经口）；3180mg/kg（兔经皮）。

(2) 代谢 荧蒽主要经皮肤和呼吸道吸收。荧蒽具有高度的脂溶性，易于经哺乳动物的内脏和肺吸收，能迅速地从血液和肝脏中被清除，并广泛分布于各种组织中，特别倾向于分布在体脂中。虽然荧蒽有高度的脂溶性，但是在动物或人的脂肪中几乎无生物蓄积作用的倾向，主要因为荧蒽能迅速和广泛地被代谢，代谢产物主要以水溶性化合物，经胆汁和尿中排出。

(3) 中毒机理 荧蒽在细胞微粒中的混合功能氧化酶作用下，经过氧化和羟化反应，产生的环氧化物或酚类生成葡萄糖苷、硫酸盐或谷胱甘肽结合物，但某些环氧化物可能代谢成二氢二醇，它依次通过结合而生成可溶性的解毒产物或氧化成二醇-环氧化物，后一类化合物被认为是引起癌症的终致癌物。

(4) 致癌性 荧蒽属于低毒类，无致癌作用。

(5) 危险特性 遇明火、高热可燃。与氧化剂能发生强烈反应。有腐蚀性。

4 对环境的影响

4.1 主要用途

荧蒽用于制造染料、合成树脂和工程塑料，也用作非磁性金属表面擦伤荧光剂、染料中间体、医药中间体等。

4.2 环境行为

(1) 代谢和降解 在阳光中紫外线的照射下，环境大气和水体中的荧蒽可发生光解作用。大气中的荧蒽在 NO_x 存在的条件下，与羟基自由基及 N_2O_5 反应生成硝基衍生物，其致突变毒性比荧蒽更强。沉积物和海水中的微生物可使荧蒽降解，其反应机理是通过一个含有二氢醇的中间体把羟基结合到芳环上，经过酶解作用使发生转化，产生顺式的二氢醇中间体。但高分子量荧蒽的光解、水解和生物降解是很微弱的，有研究得出荧蒽在土壤中几乎没有非生物降解作用，其生物降解的半衰期在268～377d。

(2) 残留与蓄积 荧蒽与其他多环芳烃类的环境迁移和扩散一样，大多吸附在大气和水中的微小颗粒物上，大气中荧蒽主要通过沉降和降水而污染土壤和地面水。研究表明，除了工业排污外，大气和降水是径流排水中荧蒽的主要来源。由于荧蒽在水中的溶解度低和亲脂性较强，因此，该类化合物易于从水中分配到沉积物、有机质及生物体内，使水中荧蒽的浓度较低，沉积物中残留浓度较高。

4.3 人体健康危害

(1) 暴露/侵入途径 吸入、食入、经皮吸收。

(2) 健康危害 吸入、摄入或以皮肤吸收后会中毒。具腐蚀性。资料报道有致突变作用。

4.4 接触控制标准

荧蒽生产及应用相关环境标准见表36-3。

表 36-3 荧蒽生产及应用相关环境标准

标准编号	限制要求	标准值
欧洲共同体(1975)	饮用水	0.0001mg/L

5 环境监测方法

5.1 现场应急监测方法

便携式气相色谱法（《突发性环境污染事故应急监测与处理处置技术》，万本太主编）。

5.2 实验室监测方法

荧蒽的实验室监测方法见表36-4。

表 36-4 荧蒽的实验室监测方法

监测方法	来源	类别
高效液相色谱法	《水质 六种特定多环芳烃的测定 高效液相色谱法》(GB 13198—91)	水质
气相色谱法	《空气中有害物质的测定方法》(第二版)，杭士平主编	大气
气相色谱法	《固体废弃物试验分析评价手册》，中国环境监测总站等	固体废物

6 应急处理处置方法

6.1 泄漏应急处理

(1) 应急行为 迅速撤离泄漏污染区人员至安全区，并进行隔离，严格限制出入。周围设警告标志。

(2) 应急人员防护 建议应急处理人员戴好防毒面具，穿化学防护服。不要直接接触泄漏物。

(3) 环保措施 尽可能切断泄漏源，防止进入下水道、排洪沟等限制性空间。

(4) 消除方法 用砂土或其他不燃性吸附剂混合吸收，收集于一个密闭的容器中，运至废物处理场所。用水刷洗泄漏污染区，经稀释的污水放入废水系统。如大量泄漏，收集回收或无害处理后废弃。

6.2 个体防护措施

（1）工程控制 严加密闭，提供充分的局部排风。提供安全淋浴和洗眼设备。

（2）呼吸系统防护 作业工人应该佩戴防尘口罩。空气中浓度较高时，佩戴防毒面具。

（3）眼睛防护 戴化学安全防护眼镜。

（4）身体防护 穿防腐工作服。

（5）手防护 戴橡胶手套。

（6）其他 工作现场禁止吸烟、进食和饮水。工作后，淋浴更衣。工作服不要带到非作业场所，单独存放被毒物污染的衣服，洗后再用。注意个人清洁卫生。

6.3 急救措施

（1）皮肤接触 立即脱去被污染的衣着，用肥皂水和清水彻底冲洗皮肤。就医。

（2）眼睛接触 提起眼睑，用流动清水或生理盐水冲洗。就医。

（3）吸入 迅速脱离现场至空气新鲜处。保持呼吸道通畅。如呼吸困难，给输氧。如呼吸停止，立即进行人工呼吸。就医。

（4）食入 误服者，口服牛奶、豆浆或蛋清，就医。

（5）灭火方法 二氧化碳泡沫、砂土。由于荧蒽与悬浮固体紧密结合，所以可以通过采用水处理措施降低浊度来保证环境荧蒽的含量降至最低水平。

6.4 应急医疗

（1）诊断要点

① 诊断标准。目前国家尚无统一的荧蒽中毒诊断标准。

② 诊断原则。眼和呼吸道黏膜的刺激表现及头痛、恶心、呕吐、多汗、食欲减退、腰痛、尿频等症状。

（2）处理原则 对症治疗。

（3）预防措施 对荧蒽作业工人进行上岗前和定期健康检查，及时发现就业禁忌证和早期发现荧蒽中毒病人及时处理。

7 储运注意事项

7.1 储存注意事项

储存于阴凉、通风的库房。远离火种、热源。库温不超过 32℃，相对湿度不超过 80%。包装密封。应与氧化剂分开存放，切忌混储。配备相应品种和数量的消防器材。储区应备有合适的材料收容泄漏物。

7.2 运输信息

危险货物编号：83510。

包装类别：Ⅲ。

包装方法：液态：小开口钢桶；螺纹口玻璃瓶、铁盖压口玻璃瓶、塑料瓶或金属桶（罐）外普通木箱；螺纹口玻璃瓶、塑料瓶或镀锡薄钢板桶（罐）外满底板花格箱、纤维板箱或胶合板箱。固态：螺纹口玻璃瓶、铁盖压口玻璃瓶、塑料瓶或金属桶（罐）外普通木箱；螺纹口玻璃瓶、塑料瓶或镀锡薄钢板桶（罐）外满底板花格箱、纤维板箱或胶合板箱。

运输注意事项：运输前应先检查包装容器是否完整、密封，运输过程中要确保容器不泄漏、不倒塌、不坠落、不损坏。严禁与酸类、氧化剂、食品及食品添加剂混运。运输途中应防曝晒、雨淋，防高温。

7.3　废弃

(1) 废弃处置方法　建议用控制焚烧法处置。
(2) 废弃注意事项　处置前应参阅国家和地方有关法规。

8　参考文献

［1］　环境保护部.国家污染物环境健康风险名录（化学第一分册）.北京：中国环境科学出版社，2009.
［2］　万本太.突发性环境污染事故应急监测与处理处置技术［M］.北京：中国环境科学出版社，2006.
［3］　北京化工研究院环境保护所/计算中心.国际化学品安全卡（中文版）查询系统［DB］.2016.
［4］　Lim H，Mattsson A，Jarvis I W，et al．Detection of benz［j］aceanthrylene in urban air and evaluation of its genotoxic potential［J］.Environ Sci Technol，2015，49（5）：3101-3110.
［5］　Blessing M，Jochmann M A，Haderlein S B，et al. Optimization of a large-volume injection method for compound-specific isotope analysis of polycyclic aromatic compounds at trace concentrations［J］.Rapid Commun Mass Spectrom，2015，29：2349-2360.
［6］　Toropov A A，Toropova A P，Raska I. QSPR modeling of octanol/water partition coefficient for vitamins by optimal descriptors calculated with SMILES［J］.Eur J Med Chem，2008，43：714-740.
［7］　许超，夏北成.土壤多环芳烃污染根际修复研究进展［J］.生态环境，2007，16（1）：216-222.
［8］　杭世平.空气中有害物质的测定方法［M］.北京：人民卫生出版社，1986.
［9］　中国环境监测总站.固体废弃物试验分析评价手册［M］.北京：中国环境科学出版社，1992.

异己酮

1 名称、编号、分子式

异己酮（hexone）属低毒类，吸入对黏膜有刺激和麻醉作用，是一种优良的中沸点溶剂及分离剂。可用作涂料、硝化纤维、乙基纤维、录音录像磁带、石蜡及多种天然合成树脂溶剂；润滑油精制中的脱蜡剂；稀土金属、钽铌盐的萃取剂；防老剂的原料；农药萃取剂等。可以由异亚丙基丙酮经催化选择加氢得到，也可以采用丙酮一步法合成。异己酮基本信息见表 37-1。

表 37-1　异己酮基本信息

中文名称	异己酮
中文别名	甲基异丁基甲酮;4-甲基-2-戊酮;2-异己酮;甲基异戊酮
英文名称	methyl isobutyl ketone
英文别名	4-methyl-2-pentanone;MIBK
UN 号	1245
CAS 号	108-10-1
ICSC 号	0511
RTECS 号	SA9275000
EC 编号	606-004-00-4
分子式	$C_6H_{12}O$
分子量	100.16

2 理化性质

异己酮是一种无色透明液体，能与醇、苯、乙醚等多数有机溶剂混溶，微溶于水，有芳香酮气味。易燃，其蒸气与空气可形成爆炸性混合物。遇明火、高热、氧化剂有引起燃烧的危险。其蒸气比空气密度大，能在较低处扩散到相当远的地方，遇明火会引着回燃。燃烧（分解）产物为一氧化碳、二氧化碳。异己酮理化性质一览表见表 37-2。

表 37-2　异己酮理化性质一览表

外观与性状	水样透明液体,有令人愉快的酮样香味
熔点/℃	−83.5
沸点/℃	115.8

相对密度(25℃)(水＝1)	0.80
相对蒸气密度(空气＝1)	3.45
饱和蒸气压(20℃)/kPa	2.13
临界温度/℃	298.2
临界压力/MPa	3.27
辛醇/水分配系数的对数值	1.31
燃烧热/(kJ/mol)	3740
闪点/℃	15.6
自燃温度/℃	459
爆炸上限(体积分数)/%	7.5
爆炸下限(体积分数)/%	1.35
溶解性	微溶于水,易溶于多数有机溶剂
化学性质	分子中羰基及相邻碳原子上的氢原子富有化学反应性,化学性质与丁酮相似。例如用铬酸等强氧化剂氧化时,生成乙酸、异丁酸、异戊酸、二氧化碳和水。催化加氢得到 4-甲基-2-戊醇。与亚硫酸氢钠生成加成产物。在碱性催化剂存在下,与其他羰基化合物发生缩合反应。与肼缩合变成腙,与乙酸乙酯发生 Claisen 缩合反应
稳定性	稳定

3 毒理学参数

(1) **急性毒性** LD_{50}：2080mg/kg（大鼠经口）；LC_{50}：32720mg/kg（大鼠吸入）；人吸入 410mg/m³，头痛、恶心和呼吸道刺激；人吸入 0.82～1.64g/m³，一半人有眼鼻刺激感。

(2) **亚急性和慢性毒性** 小鼠吸入 82g/m³，20min/d，15d，4/9 死亡；大鼠吸入 4000ppm，15 个月，致死。半数致死浓度 LC_{50}：460mg/L，96h（鱼）；半数抑制浓度 IC_{50}：136～725mg/L，72h（藻类）。

(3) **代谢** 从呼吸道吸收后,半数以上剂量很快以原形排出。毒性低。吸入高浓度蒸气出现麻醉作用。脱离后移至新鲜空气出迅速恢复。

(4) **中毒机理** 接触高浓度时,该物质可能对中枢神经系统有影响,导致麻醉。中毒后主要表现为麻醉作用和刺激作用。中毒死亡动物病理检查无特殊变化。

(5) **刺激性** 家兔经眼：40mg,重度刺激。家兔经皮：500mg,24h,中度刺激。

(6) **致癌性** 2017 年 10 月 27 日,世界卫生组织国际癌症研究机构公布的致癌物清单初步整理参考,异己酮在 2B 类致癌物清单中。

(7) **危险特性** 易燃,其蒸气与空气可形成爆炸性混合物。遇明火、高热、氧化剂有引起燃烧的危险。其蒸气比空气密度大,能在较低处扩散到相当远的地方,遇明火会引着回燃。

4 对环境的影响

4.1 主要用途

异己酮（MIBK）是硝化纤维、聚氯乙烯、聚乙酸乙烯酯、聚苯乙烯、环氧树脂、天然及合成橡胶、DDT、2,4-D以及许多有机物的优良溶剂。能配制成低黏度溶液，防止凝胶化。

4.2 环境行为

(1) 生物降解性 在土壤中半衰期：最长168024h；最短45.5h。在空气中半衰期：最长468h；最短4.6h。在地表水中半衰期：最长336h；最短24h。在地下水中半衰期：最长168h；最短48h。水相好氧生物降解：最长672h；最短24h。水相厌氧生物降解：最长96h；最短22h。

(2) 非生物降解性 光解最大光吸收波长：最长283nm；最短232nm。空气中光氧化半衰期：最长45.5h；最短4.6h。

4.3 人体健康危害

(1) 暴露/侵入途径 吸入、食入、经皮吸收。

(2) 健康危害 本品具有麻醉和刺激作用。人吸入$4.1g/m^3$时引起中枢神经系统的抑制和麻醉；吸入$0.41 \sim 2.05g/m^3$时，可引起胃肠道反应，如恶心、呕吐、食欲不振、腹泻，以及呼吸道刺激症状；低于$84mg/m^3$时没有不适感。眼部接触0.1mL，可在10min内出现刺激反应；连续8h则有明显肿胀红肿；至24h结膜囊有渗出物。纯品涂抹皮肤即时出现红斑，反复接触后皮肤烦躁。

4.4 接触控制标准

前苏联MAC（mg/m^3）：5。
美国TLV-TWA：ACGIH 50ppm，$205mg/m^3$。
美国TLV-STEL：ACGIH 75ppm，$307mg/m^3$。
美国MSHA STANDARD-air：TWA 100ppm，$410mg/m^3$。
美国OSHA PEL（所有行业）：8H TWA 100ppm，$410mg/m^3$。
异己酮生产及应用相关环境标准见表37-3。

表 37-3 异己酮生产及应用相关环境标准

标准编号	限制要求	标准值
前苏联	车间空气中有害物质的最高容许浓度	$1mg/m^3$
前苏联	嗅觉阈浓度	8ppm

5 环境监测方法

5.1 现场应急监测方法

便携式气相色谱法。

5.2 实验室监测方法

异己酮的实验室监测方法见表37-4。

表 37-4　异己酮的实验室监测方法

监测方法	来源	类别
热解吸气相色谱法	《作业场所空气中甲基异丁基甲酮的热解吸气相色谱测定方法》（WS/T 140—1999）	空气
气相色谱法	《固体废弃物试验与分析评价手册》,中国环境监测总站等译	固体废物
色谱/质谱法	《固体废弃物试验与分析评价手册》,中国环境监测总站等译	固体废物

6　应急处理处置方法

6.1　泄漏应急处理

(1) 应急行为　迅速撤离泄漏污染区人员至安全处,并进行隔离,严格限制出入。切断火源。

(2) 应急人员防护　戴自给正压式呼吸器,穿消防防护服。

(3) 环保措施　尽可能切断泄漏源,防止进入下水道、排洪沟等限制性空间。小量泄漏:用大量水冲洗,洗水稀释后放入废水系统。大量泄漏:构筑围堤或挖坑收容;用泡沫覆盖,降低蒸气灾害。

(4) 消除方法　用防爆泵转移至槽车或专用收集器内,回收或运至废物处理所处置。

6.2　个体保护措施

(1) 工程控制　密闭操作,局部排风。

(2) 呼吸系统防护　空气中浓度超标时,佩戴自吸过滤式防毒面具(半面罩)。

(3) 眼睛防护　可能接触其蒸气时,戴化学安全防护眼镜。

(4) 身体防护　穿防静电工作服。

(5) 手防护　戴橡胶手套。

(6) 其他　工作现场严禁吸烟。避免长期反复接触。

6.3　急救措施

(1) 皮肤接触　脱去被污染的衣着,用肥皂水和清水彻底冲洗皮肤。

(2) 眼睛接触　提起眼睑,用流动清水或生理盐水冲洗。就医。

(3) 吸入　迅速脱离现场至空气新鲜处。保持呼吸道通畅。如呼吸困难,给输氧。如呼吸停止,立即进行人工呼吸。就医。

(4) 食入　饮足量温水,催吐,就医。

(5) 灭火方法　尽可能将容器从火场移至空旷处。喷水保持火场容器冷却,直至灭火结束。处在火场中的容器若已变色或从安全泄压装置中产生声音,必须马上撤离。灭火剂:抗溶性泡沫、干粉、二氧化碳、砂土。

6.4　应急医疗

(1) 诊断要点　有人报告接触100ppm以下浓度虽可闻到气味,但不致产生症状。吸入浓度增加到200～400ppm,仅5min多数人感到眼部刺激。浓度超过400ppm时半数人有鼻部不适。另有报道吸入100～500ppm时可引起胃肠道反应及呼吸道刺激症状。1000ppm时引起中枢神经系统抑制症状。

（2）处理原则 对症处理。若为短时低浓度皮肤接触，则及时脱去被污染的衣着，用肥皂水和清水彻底冲洗皮肤，对红肿皮肤涂抹相应药物以消肿；眼睛接触则用流动清水或生理盐水冲洗眼睑；若为长时间接触，已导致结膜囊出现渗出物，则需使用生理盐水或中药方剂进行冲洗，以使渗出物及时排除；若已出现麻醉作用，则需保持呼吸道通畅。如呼吸困难，给输氧。如呼吸停止，立即进行人工呼吸。若为食入，则需饮足量温水，催吐。

（3）预防措施 密闭操作，局部排风。操作人员必须经过专门培训，严格遵守操作规程。建议操作人员佩戴自吸过滤式防毒面具（半面罩），戴化学安全防护眼镜，穿防静电工作服，戴橡胶耐油手套。远离火种、热源，工作场所严禁吸烟。使用防爆型的通风系统和设备。防止蒸气泄漏到工作场所空气中。避免与氧化剂、还原剂、碱类接触。搬运时要轻装轻卸，防止包装及容器损坏。配备相应品种和数量的消防器材及泄漏应急处理设备。倒空的容器可能残留有害物。

7 储运注意事项

7.1 储存注意事项

储存于阴凉、通风的库房。远离火种、热源。库温不宜超过30℃。保持容器密封。应与氧化剂、还原剂、碱类分开存放，切忌混储。采用防爆型照明、通风设施。禁止使用易产生火花的机械设备和工具。储区应备有泄漏应急处理设备和合适的收容材料。

7.2 运输信息

危险货物编号：32075。

UN编号：1245。

包装类别：Ⅱ。

包装方法：小开口钢桶；安瓿瓶外普通木箱；螺纹口玻璃瓶、铁盖压口玻璃瓶、塑料瓶或金属桶（罐）外普通木箱。

运输注意事项：运输时运输车辆应配备相应品种和数量的消防器材及泄漏应急处理设备。夏季最好早晚运输。运输时所用的槽（罐）车应有接地链，槽内可设孔隔板以减少振荡产生静电。严禁与氧化剂、还原剂、碱类、食用化学品等混装混运。运输途中应防曝晒、雨淋，防高温。中途停留时应远离火种、热源、高温区。装运该物品的车辆排气管必须配备阻火装置，禁止使用易产生火花的机械设备和工具装卸。公路运输时要按规定路线行驶，勿在居民区和人口稠密区停留。铁路运输时要禁止溜放。严禁用木船、水泥船散装运输。

7.3 废弃

（1）废弃处置方法 用焚烧法处置。

（2）废弃注意事项 处置前应参阅国家和地方有关法规。

8 参考文献

[1] 潘华藻.甲基异丁基甲酮的生产方法 [J].天然气化工：C1 化学与化工，1981，（4）：18-23.

　　[2]　万大明.浅议甲基异丁基甲酮的生产工艺及发展前景 [C].张家界：全国橡胶助剂生产及应用技术交流会，2001.

　　[3]　秦伟程.甲基异丁基酮生产技术与发展趋势 [J].化工科技市场，2001，24（7）：15-17.

　　[4]　汪锡灿，盛娟芬.空气中甲基异丁基甲酮的气相色谱法测定 [J].卫生研究，1996，(2)：87-88.

　　[5]　梁诚.国内外甲基异丁基酮生产与市场分析 [J].化工科技市场，2007，30（4）：42-47.

　　[6]　张琍琳，李德昌，赵琪，等.急性甲基异丁基酮中毒 43 例分析 [J].工业卫生与职业病，1980，(1)：23-24.

　　[7]　万本太.突发性环境污染事故应急监测与处理处置技术 [M].北京：中国环境科学出版社，2006.

　　[8]　王林宏.危险化学品速查手册 [M].北京：中国纺织出版社，2007.

乙　烯

1　名称、编号、分子式

乙烯是由两个碳原子和四个氢原子组成的化合物，是最简单的烯烃，乙烯是重要的化工原料，工业上采用的乙烯生产方法有石油烃裂解、乙醇催化脱水、焦炉煤气分离等。大量乙烯主要用石油裂解法生产。乙醇催化脱水法只限于为精细化学品提供数量不大的乙烯的场合。乙烯基本信息见表 38-1。

表 38-1　乙烯基本信息

中文名称	乙烯
中文别名	液化乙烯;高纯乙烯;硫酸亚乙烯酯;乙烯(99.5%)
英文名称	ethylene
英文别名	ethene(cylinder)
UN 号	1962
CAS 号	74-85-1
ICSC 号	0475
RTECS 号	KV5340000
EC 编号	601-010-00-3
分子式	$C_2H_4/CH_2\!=\!CH_2$
分子量	28.5

2　理化性质

通常情况下，乙烯是一种无色稍有气味的气体，极易被氧化，易燃，与空气混合能形成爆炸性混合物。遇明火、高热或与氧化剂接触，有引起燃烧爆炸的危险。与氟、氯等接触会发生剧烈的化学反应。乙烯理化性质一览表见表 38-2。

表 38-2　乙烯理化性质一览表

外观与性状	无色气体,略具烃类特有的臭味
官能团	C=C
熔点/℃	−169.4
沸点/℃	−103.9

相对密度（水＝1）	0.61
相对蒸气密度（空气＝1）	0.98
饱和蒸气压（0℃）/kPa	4083.4
临界温度/℃	9.2
临界压力/MPa	5.04
燃烧热/（kJ/mol）	1411.0
辛醇/水分配系数的对数值	1.13
自燃温度/℃	425
爆炸上限（体积分数）/%	36.95
爆炸下限（体积分数）/%	2.74
溶解性	不溶于水，微溶于乙醇、酮、苯，溶于醚
化学性质	常温下极易被氧化剂氧化。如将乙烯通入酸性 $KMnO_4$ 溶液，溶液的紫色褪去，乙烯被氧化为二氧化碳，由此可鉴别乙烯。易燃烧，并放出热量，燃烧时火焰明亮，并产生黑烟。烯烃臭氧化

3 毒理学参数

(1) 急性毒性 小鼠吸入 LC_{50}：5000ppm。人吸入含 37.5%乙烯的空气，15min 可引起明显记忆障碍；含 50%乙烯的空气，使含氧量降至 10%，引起人意识丧失；若吸入 75%～90%乙烯与氧的混合气体，可引起麻醉，但无明显的兴奋期，并迅速苏醒。吸入上述混合气体 25%～45%可引起痛觉消失，意识不受影响。乙烯气体对皮肤无刺激性，但皮肤接触液态乙烯能发生冻伤。对眼和呼吸道黏膜可引起轻微的刺激症状，脱离接触后数小时可消失。

(2) 亚急性和慢性毒性 大鼠吸入 $11.5g/m^3$，1 年，生长发育与对照组有差别。

(3) 代谢 吸收后乙烯的绝大部分以原形通过肺迅速随呼气排出，如停止麻醉 2min后，即在血液内消失。

(4) 中毒机理 麻醉作用较强，但对呼吸影响较小。本品主要经呼吸道吸入，经肺泡扩散，小部分溶解于血液中。绝大部分迅速通过呼吸排出。只有在极高浓度（80%～90%）时，乙烯在血液内消失后，还能在组织中存留数小时。故乙烯麻醉迅速，苏醒也快。

(5) 生态毒性 对环境有危害，对鱼类应给予特别注意，还应特别注意对地表水、土壤、大气和饮用水的污染。

(6) 危险特性 易燃，与空气混合能形成爆炸性混合物。遇明火、高热或与氧化剂接触，有引起燃烧爆炸的危险。与氟、氯等接触会发生剧烈的化学反应。燃烧（分解）产物：一氧化碳、二氧化碳。

4 对环境的影响

4.1 主要用途

乙烯主要用作石化企业分析仪器的标准气。

乙烯是石油化工最基本原料之一。在合成材料方面，大量用于生产氯乙烯、乙苯、苯乙烯，主要用于生产聚乙烯、聚氯乙烯、聚苯乙烯以及乙丙橡胶等；在有机合成方面，广泛用于合成乙醇、环氧乙烷及乙二醇、乙醛、乙酸、丙醛、丙酸及其衍生物等多种基本有机合成原料；经卤化，可制氯代乙烯、氯代乙烷、溴代乙烷；经低聚可制 α-烯烃，进而生产高级醇、烷基苯等。

4.2 环境行为

(1) 代谢和降解 乙烯广泛存在于植物的各种组织、器官中，是由蛋氨酸在供氧充足的条件下转化而成的。它的产生具有"自促作用"，即乙烯的积累可以刺激更多的乙烯的产生。乙烯可以促进 RNA 和蛋白质的合成，在高等植物体内，并使细胞膜的透性增加，生长素在低等和高等植物中普遍存在。加速呼吸作用。因而果实中乙烯含量增加时，已合成的生长素又可被植物体内的酶和外界的光所分解，可促进其中有机物质的转化，加速成熟。乙烯也有促进器官脱落和衰老的作用。用乙烯处理黄化幼苗茎可使茎加粗和叶柄偏上生长。乙烯还可使瓜类植物雌花增多，在植物中，促进橡胶树、漆树等排出乳汁。好氧生物降解性为 24～672h；厌氧生物降解性为 96～2688h；空气中光氧化半衰期为 6.2～56h。

(2) 残留与蓄积 几乎所有高等植物的组织都能产生微量乙烯，萌发的种子和生长迅速的分生组织中乙烯生成量很高。许多真菌也能生成乙烯。果实等器官成熟、衰老和脱落时组织中乙烯生成量剧增，浓度增高可达几个数量级。兰花开始凋萎时乙烯生成高达 3400nL/(g·h)，生长素促进乙烯生成。干旱、水涝、极端温度、化学伤害和机械损伤都能刺激植物体内乙烯增加，称为"逆境乙烯"，会加速器官的衰老、脱落。

4.3 人体健康危害

(1) 暴露/侵入途径 吸入。

(2) 健康危害 具有较强的麻醉作用。

① 急性中毒。吸入高浓度乙烯可立即引起意识丧失，无明显的兴奋期，但吸入新鲜空气后很快苏醒。对眼及呼吸道黏膜有轻微刺激性。液体乙烯可致皮肤冻伤。

② 慢性影响。长期接触，可引起头昏、全身不适、乏力、思维不集中。个别人有胃肠道功能紊乱。

4.4 接触控制标准

前苏联 MAC（mg/m³）：100。

美国 TVL-TWA：ACGIH 窒息性气体。

乙烯生产及应用相关环境标准见表 38-3。

表 38-3 乙烯生产及应用相关环境标准

标准编号	限制要求	标准值
前苏联（1977）	大气质量标准	3.0mg/m³
前苏联（1975）	水体中有害物质最高允许浓度	0.5mg/L
前苏联	污水中有害物质最高允许浓度	10mg/L

5 环境监测方法

5.1 现场应急监测方法

便携式气相色谱法；气体检测管法；气体速测管（德国德尔格公司产品）。

5.2 实验室监测方法

乙烯的实验室监测方法见表 38-4。

表 38-4　乙烯的实验室监测方法

监测方法	来源	类别
气相色谱法	《空气中有害物质的测定方法》(第二版)，杭士平主编	气体

6 应急处理处置方法

6.1 泄漏应急处理

(1) 应急行为　迅速撤离泄漏污染区人员至上风处，并立即进行隔离，严格限制出入。切断火源。

(2) 应急人员防护　戴自给正压式呼吸器，穿消防防护服。

(3) 环保措施　尽可能切断泄漏源。合理通风，加速扩散。喷雾状水稀释。

(4) 消除方法　若有可能，将漏出气用排风机送至空旷地方或装设适当喷头烧掉。漏气容器要妥善处理，修复、检查后再用。

6.2 个体防护措施

(1) 工程控制　生产过程密闭，全面通风。

(2) 呼吸系统防护　一般不需要特殊防护，高浓度接触时可佩戴自吸过滤式防毒面具（半面罩）。

(3) 眼睛防护　一般不需特殊防护。必要时，戴化学安全防护眼镜。

(4) 身体防护　穿防静电工作服。

(5) 手防护　戴一般作业防护手套。

(6) 其他　工作现场严禁吸烟。避免长期反复接触。进入罐、限制性空间或其他高浓度区作业，须有人监护。

6.3 急救措施

(1) 皮肤接触　若有冻伤，就医治疗。

(2) 眼睛接触　无意义。

(3) 吸入　迅速脱离现场至空气新鲜处。保持呼吸道通畅。如呼吸困难，给输氧。如呼吸停止，立即进行人工呼吸。就医。

(4) 食入　无意义。

（5）灭火方法 切断气源。若不能切断气源，则不允许熄灭泄漏处的火焰。喷水冷却容器，可能的话将容器从火场移至空旷处。灭火剂：雾状水、泡沫、二氧化碳、干粉。

6.4 应急医疗

（1）诊断要点

① 急性中毒。吸入高浓度乙烯可立即引起意识丧失，无明显的兴奋期，但吸入新鲜空气后，可很快苏醒。对眼及呼吸道黏膜有轻微刺激性。液态乙烯可致皮肤冻伤。

② 慢性影响。长期接触，可引起头昏、全身不适、乏力、思维不集中。个别人有胃肠道功能紊乱。

③ 重度中毒。肝硬化。

（2）处理原则

① 皮肤接触。若有冻伤，就医治疗。

② 吸入。迅速脱离现场至空气新鲜处。保持呼吸道通畅。如呼吸困难，给输氧。如呼吸停止，立即进行人工呼吸。就医。

（3）预防措施 密闭操作，全面通风。操作人员必须经过专门培训，严格遵守操作规程。建议操作人员穿防静电工作服。远离火种、热源，工作场所严禁吸烟。使用防爆型的通风系统和设备。防止气体泄漏到工作场所空气中。避免与氧化剂、卤素接触。在传送过程中，钢瓶和容器必须接地和跨接，防止产生静电。搬运时轻装轻卸，防止钢瓶及附件破损。配备相应品种和数量的消防器材及泄漏应急处理设备。

7 储运注意事项

7.1 储存注意事项

储存于阴凉、通风的库房。远离火种、热源。库温不宜超过30℃。应与氧化剂、卤素分开存放，切忌混储。采用防爆型照明、通风设施。禁止使用易产生火花的机械设备和工具。储区应备有泄漏应急处理设备。

7.2 运输信息

危险货物编号：21016。

UN 编号：1962。

包装类别：Ⅱ。

包装方法：钢制气瓶。

运输注意事项：采用钢瓶运输时必须戴好钢瓶上的安全帽。钢瓶一般平放，并应将瓶口朝同一方向，不可交叉；高度不得超过车辆的防护栏板，并用三角木垫卡牢，防止滚动。运输时运输车辆应配备相应品种和数量的消防器材。装运该物品的车辆排气管必须配备阻火装置，禁止使用易产生火花的机械设备和工具装卸。严禁与氧化剂、卤素等混装混运。夏季应早晚运输，防止日光曝晒。中途停留时应远离火种、热源。公路运输时要按规定路线行驶，勿在居民区和人口稠密区停留。铁路运输时要禁止溜放。

7.3 废弃

(1) 废弃处置方法　建议用焚烧法处置。允许气体安全地扩散到大气中或当作燃料使用。

(2) 废弃注意事项　处置前应参阅国家和地方有关法规。废物储存参见"储存注意事项"。

8　参考文献

[1]　王松汉.乙烯工艺与技术［M］.北京：中国石化出版社，2012.

[2]　辛晓牧.乙烯项目环境风险评价实例分析［J］.气象与环境学报，2007，23（6）：26-31.

[3]　林宗伟，何旭霞，于彦杰，等.石化企业乙烯厂环境空气中低浓度苯乙烯和三苯对男性生殖健康的影响［J］.实用预防医学，2014，21（6）：661-664.

[4]　Yang C，Lu X，Ma B，et al. Ethylene signaling in rice and Arabidopsis：Conserved and diverged aspects［J］. Molecular Plant，2015，8（4），495-505.

[5]　卢伟.工作场所有害因素危害特性实用手册［M］.北京：化学工业出版社，2008.

[6]　Bleecker A B，Estelle M A，Somerville C，et al. Insensitivity to ethylene conferred by a dominant mutation in Arabidopsisthaliana［J］. Science，1988，241：1086-1089

[7]　李朝周，梁恕坤，焦健，等.逆境胁迫下多胺与乙烯代谢的相关性及其对细胞膜保护系统影响的研究进展［J］.甘肃农业大学学报，2002，37（3）：265-271.

[8]　万本太.突发性环境污染事故应急监测与处理处置技术［M］.北京：中国环境科学出版社，2006.

乙烯基乙炔

1 名称、编号、分子式

乙烯基乙炔又称 1-烯-3-丁炔，由乙炔在氯化亚铜体系络合催化剂（$Cu_2Cl_2 + NH_4Cl + HCl + H_2O$）存在下反应而得的二聚物。乙炔转化为二聚物的过程是一个复杂的过程，乙炔在催化剂作用下活化，活化后的乙炔与常态乙炔反应生成乙烯基乙炔。制取乙烯基乙炔的过程是在 70～80℃时进行的。在乙炔二聚的反应中，除主要产物乙烯基乙炔外，还会发生许多副反应，如生成乙烯基乙炔的二聚体、三聚体、四聚体等化合物。因此，正确的选择和控制反应的工艺条件，对提高乙烯基乙炔的收率是极为重要的。乙烯基乙炔基本信息见表 39-1。

表 39-1 乙烯基乙炔基本信息

中文名称	乙烯基乙炔
中文别名	1-烯-3-丁炔
英文名称	butenyne
英文别名	1-butenyne；vinyl-acetylene；3-butene-1-yne；3-buten-1-yne；monovinyl acetylene
UN 号	1954
CAS 号	689-97-4
分子式	C_4H_4
分子量	52.04

2 理化性质

乙烯基乙炔常温下为气态，是具有类似乙炔气味的气体。在空气中非常容易氧化而成爆炸性的过氧化物，易发生加成反应和聚合反应。乙烯基乙炔理化性质一览表见表 39-2。

表 39-2 乙烯基乙炔理化性质一览表

外观与性状	常温下为气态,具有类似乙炔气味的气体
熔点/℃	−118
沸点/℃	5
相对密度(水=1)	0.7095
相对蒸气密度(空气=1)	1.8

饱和蒸气压(25℃)/kPa	202.67
临界温度/℃	16.8
临界压力/MPa	5.035
闪点/℃	−20.6
爆炸上限(体积分数)/%	100
爆炸下限(体积分数)/%	2
化学性质	在空气中非常容易氧化而成爆炸性的过氧化物,易发生加成反应和聚合反应。燃烧产物为一氧化碳、二氧化碳

3 毒理学参数

(1) 急性毒性 LC$_{50}$:97.2mg/L,2h(小鼠吸入)。

(2) 危险特性 其蒸气与空气形成爆炸性混合物。遇明火、高热极易燃烧爆炸。在空气中非常容易氧化生成过氧化物,受热或撞击,甚至轻微摩擦即发生爆炸。能与浓硫酸、发烟硝酸猛烈反应,甚至发生爆炸。在精馏操作过程中,易发生自聚,引起事故,应加阻聚剂。热分解排出辛辣刺激烟雾。

4 对环境的影响

4.1 主要用途

乙烯基乙炔在工业上是很需要的烯炔烃化合物,用于制备合成橡胶的单体 2-氯-1,3-丁二烯等。

4.2 环境行为

乙烯基乙炔泄漏会污染土壤、地表水、地下水环境,在土壤、地表水、地下水环境不易被降解。水体中硫酸二甲酯的自净过程还要受水温、水的曝气程度（搅动）、pH 值、水面大小及深度等因素影响。

4.3 人体健康危害

(1) 暴露/侵入途径 吸入。空气中最高容许浓度为 0.01mg/L。

(2) 健康危害 头痛、眩晕、腿无力、合关节痛、出汗、咽喉干燥、有时有恶心、呕吐及腹泻,神经衰弱综合征,低血压等。

① 急性中毒。头痛、眩晕、腿无力、合关节痛、出汗、咽喉干燥,有时有恶心、呕吐及腹泻。

② 慢性中毒。可发生神经衰弱综合征,低血压等。

4.4 接触控制标准

前苏联 MAC（mg/m^3）:20。

乙烯基乙炔生产及应用相关环境标准见表 39-3。

表 39-3　乙烯基乙炔生产及应用相关环境标准

标准编号	限制要求	标准值
GB 20426—2006	大气污染物综合排放标准	最高允许排放浓度:20mg/m³ [①];25mg/m³ [②] 最高允许排放速率: 二级 0.52～11kg/h [①];0.61～13kg/h [②] 三级 0.78～17kg/h [①];0.92～20kg/h [②] 无组织排放监控浓度限值:0.40mg/m³ [①];0.50mg/m³ [②]

① 为 1997 年 1 月 1 日起设立的污染源的限值。
② 为 1997 年 1 月 1 日前设立的污染源的限值。

5　环境监测方法

5.1　现场应急监测方法

便携式气相色谱。

5.2　实验室监测方法

乙烯基乙炔的实验室监测方法见表 39-4。

表 39-4　乙烯基乙炔的实验室监测方法

监测方法	来源	类别
气相色谱法	《分析化学手册》(第四分册,色谱分析),化学工业出版社	气体

6　应急处理处置方法

6.1　泄漏应急处理

(1) 应急行为　切断火源。切断气源。通风对流,稀释扩散。或用管路导至炉中、凹地焚之。如无危险,就地燃烧,同时喷雾状水使周围冷却,以防其他可燃物着火。漏气容器不能再用,且要经过技术处理以清除可能剩下的气体。

(2) 应急人员防护　戴自给式呼吸器,穿一般消防防护服。

(3) 环保措施　漏气容器不能再用,且要经过技术处理以清除可能剩下的气体。

(4) 消除方法　经过技术处理以清除可能剩下的气体。

6.2　个体防护措施

(1) 工程控制　空气中最高容许浓度为 0.01mg/L。设备管道应密闭,防止泄漏。操作人员应穿戴防护用品。采用钢瓶包装,加入 0.1%的木焦油作阻聚剂,低温下储存。

(2) 呼吸系统防护　高浓度环境中,佩戴供气式呼吸器。

(3) 眼睛防护　一般不需要特殊防护,高浓度接触时可戴化学安全防护眼镜。

(4) 身体防护　穿防静电工作服。

（5）**手防护**　必要时戴防护手套。

（6）**饮食**　工作现场严禁吸烟。

（7）**其他**　工作现场严禁吸烟。避免高浓度吸入。进入罐或其他高浓度区作业，须有人监护。

6.3　急救措施

（1）**皮肤接触**　皮肤接触立即用流动清水冲洗。

（2）**眼睛接触**　立即翻开上下眼睑，用流动清水冲洗，至少15min。就医。

（3）**吸入**　脱离现场至空气新鲜处。就医。对症治疗。

（4）**食入**　本品为气体，一般无法食入。

（5）**灭火方法**　切断气源。若不能立即切断气源，则不允许熄灭正在燃烧的气体，喷水冷却容器，可能的话将容器从火场移至空旷处。灭火剂：雾状水、泡沫、二氧化碳。

6.4　应急医疗

（1）**诊断要点**　急性中毒主要是引起头痛、眩晕、腿无力、合关节痛、出汗、咽喉干燥，有时有恶心、呕吐及腹泻。慢性中毒易引起可发生神经衰弱综合征，低血压等。

（2）**处理原则**　送至新鲜空气，进行吸氧。

（3）**预防措施**　注意个人防护，避免皮肤、眼睛直接接触，避免在乙烯基乙炔环境中工作。加强职业健康监护工作。

7　储运注意事项

7.1　储存注意事项

库房通风、低温、干燥；库温不宜超过30℃；密闭存放；与氧化剂、酸类分开存放；不易久储，以防生成过氧化物。采用钢瓶包装，加入0.1%的木焦油作阻聚剂，低温下储存。

密闭操作，提供良好的自然通风条件。操作人员必须经过专门培训，严格遵守操作规程。建议操作人员佩戴过滤式防毒面具（半面罩），戴化学安全防护眼镜，穿防静电工作服，戴防化学品手套。远离火种、热源，工作场所严禁吸烟，采用防爆型照明、通风设施，禁止使用易产生火花的机械设备和工具。使用防爆型的通风系统和设备。防止气体泄漏到工作场所空气中。避免与氧化剂、酸类、氧接触，切忌混储。在传送过程中，钢瓶和容器必须接地和跨接，防止产生静电。搬运时轻装轻卸，防止钢瓶及附件破损。配备相应品种和数量的消防器材及泄漏应急处理设备。

7.2　运输信息

UN编号：1954。

包装类别：Ⅱ。

包装方法：钢瓶。

运输注意事项：化学活性很高，储存于阴凉、干燥、通风良好的不燃库房。仓温不宜超过30℃。远离火种、热源。防止阳光直射。应与氧气、压缩空气、卤素（氟、氯、溴）等分开存放。储存间内的照明、通风等设施应采用防爆型。禁止撞击和振荡。搬运时轻装轻卸，防止钢瓶及附件破损。

采用钢瓶运输时必须戴好钢瓶上的安全帽。钢瓶一般平放，并应将瓶口朝同一方向，不可交叉；高度不得超过车辆的防护栏板，并用三角木垫卡牢，防止滚动。运输时运输车辆应配备相应品种和数量的消防器材。装运该物品的车辆排气管必须配备阻火装置，禁止使用易产生火花的机械设备和工具装卸。严禁与氧化剂、酸类、氧等混装混运。夏季应早晚运输，防止日光曝晒。中途停留时应远离火种、热源。公路运输时要按规定路线行驶，勿在居民区和人口稠密区停留。铁路运输时要禁止溜放。

7.3 废弃

（1）废弃处置方法　处置前应参阅国家和地方有关法规，一般建议采用焚烧法。

（2）废弃注意事项　处置前应参阅国家和地方有关法规。或与厂家或制造商联系，确定处置方法。废物储存参见"储存注意事项"。

8 参考文献

［1］彭国治，王国顺.分析化学手册（第四分册）［M］.北京：化学工业出版社，2000.

［2］詹锋，黄伟传.合成乙烯基乙炔的乙炔二聚宏观动力学［J］.合成橡胶工业，1993，（1）：16-18.

［3］余亚玲.乙炔二聚制备乙烯基乙炔的优化研究［D］.重庆：重庆大学，2013.

［4］刘建国，韩明汉，左宜赞，等.乙炔二聚反应制备乙烯基乙炔研究进展［J］.化工进展，2011，30（5）：942-947.

［5］尹利娟.乙炔二聚反应中催化剂优化研究［D］.重庆：重庆大学，2014.

［6］刘博.乙炔二聚合成乙烯基乙炔研究及应用［D］.长春：吉林大学，2016.

［7］马纪翔.乙炔二聚合成乙烯基乙炔反应过程的研究［D］.重庆：重庆大学，2012.

［8］北京化工研究院环境保护所/计算中心.国际化学品安全卡（中文版）查询系统［DB］.2016.

一氧化氮

1 名称、编号、分子式

一氧化氮是氮的化合物，化学式 NO，氮的化合价为＋2。是一种无色无味气体难溶于水的有毒气体。主要用作制硝酸、人造丝漂白剂、丙烯及二甲醚的安定剂。工业制备它是在铂网催化剂上用空气将氨氧化的方法；实验室中则用金属铜与稀硝酸反应。一氧化氮基本信息见表 40-1。

表 40-1　一氧化氮基本信息

中文名称	一氧化氮
中文别名	氧化氮；氮氧化物
英文名称	nitrogen monoxide
英文别名	nitric oxide；amidogen
UN 号	1660
CAS 号	10102-43-9
ICSC 号	1311
RTECS 号	QX0525000
EINECS 号	233-271-0
分子式	NO
分子量	30.01

2 理化性质

一氧化氮是无色、无臭气体。其液体为蓝色。在水中溶解度甚微，但在硝酸水溶液中溶解度比在水中溶解度大很多倍，且随硝酸浓度增大而增加。可溶于硫酸、乙醇、硫酸亚铁和二硫化碳等。一氧化氮理化性质一览表见表 40-2。

表 40-2　一氧化氮理化性质一览表

外观与性状	无色气体
熔点/℃	－163.6
沸点/℃	－151

相对密度（−151℃）（水＝1）	1.27
相对蒸气密度（空气＝1）	1.04
饱和蒸气压（−94.8℃）/kPa	6079.2
辛醇/水分配系数的对数值	0.10
临界温度/℃	−93
临界压力/MPa	6.48
爆炸极限（体积分数）/%	空气中 15.5～25
溶解性	微溶于水
化学性质	常温下易跟氧化合生成二氧化氮。能跟氟、氯、溴等化合生成卤化亚硝酰。在高温时会分解成氮气和氢气，有还原作用。有催化剂存在时可被氧化成一氧化氮
稳定性	稳定

3 毒理学参数

（1）急性毒性 大鼠吸入 LC_{50}：1068mg/m，4h；小鼠吸入 LCL_0：320ppm。

（2）亚急性和慢性毒性 大鼠吸入 TCL_0：50mg/m³，6h，7 周（间歇）；大鼠吸入 TCL_0：3mg/m³，24h，16d（持续）；小鼠吸入 TCL_0：10ppm，2h，30 周（间歇）。

（3）代谢 氧化氮在呼吸道几乎不被氧化，在模型气管及灌流肺的兔中，一氧化氮氧化为二氧化氮的量不到 10%，进入体内的一氧化氮大部分与血红蛋白反应，进入呼吸道深处时，对肺组织产生刺激和腐蚀作用，可引起肺水肿，潜伏期 48h 以上。此外，一氧化氮是迄今为止在体内发现的第一个气体性信息分子。是哺乳动物中最小、最轻的具有独特理化性质和生物学活性的信息和效应分子，是传递神经信息、调节血压以及机体防御等一系列生命活动必不可少的生物信使。它是通过与含铁酶类结合而发挥其生物学功能的。

（4）中毒机理 一氧化氮是血液毒物，转变氧合血红蛋白为变性血红蛋白而发绀，使大脑受损伤产生麻痹和痉挛。在试管里，一氧化氮与血红蛋白结合力很强，比 CO 与 Hb 结合力约强 1500 倍。暴露在高浓度的狗，可因肺水肿而死亡。暴露在 12ppm 一氧化氮中 5h 与暴露在 10ppm 的一氧化氮（混入 1～15ppm 二氧化氮）6 个月的小鼠，都出现支气管黏膜变性、坏死及肺泡中隔充血。暴露在 15ppm 以下的一氧化氮 15min 的健康人，氧分压没有什么变化，而暴露在 15～19.9ppm，氧分压平均减少 933Pa，在 20～29.9ppm，减少 1067Pa，气管阻力也增加。这些都表示一氧化氮是呼吸道刺激性物质。人吸收一氧化氮会迅速氧化成有毒的二氧化氮。

（5）生殖毒性 妊娠风险等级：D（德国，2009）。以往有研究发现 NO 对胚胎发育有一定促进作用，而 NOS 抑制剂则对胚胎发育有抑制作用。Gouge 等研究 NO 在胚胎发育中的作用时发现，小鼠胚胎与 NOS 抑制剂 L-硝基精氨酸一起培养时发现，第一天的鼠胚从单细胞发育至 2 细胞不受影响，绝大多数的 2 细胞胚胎发育停滞；桑葚胚培养 36h 仍不能发育至囊胚；所有囊胚均无孵出，并很快死亡。这一研究说明，一氧化氮（NO）对于细胞胚胎至囊胚的发育都是至关重要的。

（6）致突变性 轻微。微生物致突变：鼠伤寒沙门菌 30ppm。哺乳动物体细胞突变：大鼠吸入 27ppm（连续，3h）；啮齿动物-仓鼠成纤维细胞 10ppm。

（7）致畸性 轻微。已有报道 NO 对人培养细胞脱氧核糖核酸（DNA）的影响。

（8）危险特性 具有强氧化性。与易燃物、有机物接触易着火燃烧。遇到氢气爆炸性化合。接触空气会散发出棕色有氧化性的烟雾。一氧化氮较不活泼，但在空气中易被氧化成二氧化氮，而后者有强烈毒性。

4 对环境的影响

4.1 主要用途

一氧化氮用于半导体生产中的氧化、化学气相沉积工艺，并用作大气监测标准混合气。也用于制造硝酸和聚硅氧烷氧化膜及羰基亚硝酰。也可用作人造丝的漂白剂及丙烯和二甲醚的安定剂。超临界溶剂。用于制造硝酸、亚硝基羧基化合物，人造丝的漂白。用于医学临床试验辅助诊断及治疗，有机反应的稳定剂。

4.2 环境行为

一氧化氮可破坏臭氧层，形成酸雨及光化学污染等，是对环境有害的物质。以一氧化氮和二氧化氮为主的氮氧化物是形成光化学烟雾和酸雨的一个重要原因。汽车尾气中的氮氧化物与碳氢化合物经紫外线照射发生反应形成的有毒烟雾，称为光化学烟雾。光化学烟雾具有特殊气味，刺激眼睛，伤害植物，并能使大气能见度降低。另外，氮氧化物与空气中的水反应生成的硝酸和亚硝酸是酸雨的成分。大气中的氮氧化物主要源于化石燃料的燃烧和植物体的焚烧，以及农田土壤和动物排泄物中含氮化合物的转化。生物富集或生物积累性：不明显。对环境有危害，对水体、土壤和大气可造成污染。

4.3 人体健康危害

（1）暴露/侵入途径 吸入、皮肤、眼睛。

（2）健康危害

① 吸入。本品不稳定，在空气中很快转变为二氧化氮产生刺激作用。氮氧化物主要损害呼吸道。一氧化氮的过量产生会使血管扩张，从而导致血压降低，流往头部的血液减少，出现晕厥。吸入初期仅有轻微的眼及呼吸道刺激症状，如咽部不适、干咳等。常经数小时至十几小时或更长时间潜伏期后发生迟发性肺水肿、成人呼吸窘迫综合征，出现胸闷、呼吸窘迫、咳嗽、咯泡沫痰、紫绀等。可并发气胸及纵隔气肿。肺水肿消退后 2 周左右可出现迟发性阻塞性细支气管炎。一氧化氮浓度高可致高铁血红蛋白血症。慢性影响主要表现为神经衰弱综合征及慢性呼吸道炎症。个别病例出现肺纤维化。可引起牙齿酸蚀症。轻度中毒时患者仅有头痛、头晕、心悸、眼花、恶心、乏力等症状。脱离现场呼吸新鲜空气后，迅速好转。中度中毒除以上症状加重外，患者还表现颜面潮红，黏膜呈樱桃红色，多汗，心率快，偶有不整，血压初期升高，以后下降，嗜睡、躁动，表情淡漠，最后昏迷。如将患者迅速移离现场，数小时后患者可清醒过来，多无明显并发症和后遗症。重度中毒者迅速进入昏迷状态，反射消失，大小便失禁，四肢软瘫或有阵发性肌强直或抽搐，瞳孔缩小或

散大。四肢厥冷，出冷汗，体温可增高，呼吸加快，血压下降，最后呼吸麻痹死亡。常有严重后遗症，如癫痫、肢体瘫痪、偏瘫、发作性头痛、记忆力减退、性格改变及痴呆等。

② 皮肤接触。低浓度的一氧化氮对眼和潮湿的皮肤能迅速产生刺激作用。潮湿的皮肤或眼睛接触高浓度的一氧化氮能引起严重的化学烧伤。急性轻度中毒：流泪、畏光、视物模糊、眼结膜充血。皮肤接触可引起严重疼痛和烧伤，并能发生咖啡样着色。被腐蚀部位呈胶状并发软，可发生深度组织破坏。

③ 眼睛。高浓度蒸气对眼睛有强刺激性，可引起疼痛和烧伤，导致明显的炎症并可能发生水肿、上皮组织破坏、角膜浑浊和虹膜发炎。轻度病例一般会缓解，严重病例可能会长期持续，并发生持续性水肿、疤痕、永久性活浑浊、眼睛膨出、白内障、眼睑和眼球粘连及失明等并发症。多次或持续接触一氧化氮会导致结膜炎。

4.4　接触控制标准

中国 MAC（mg/m^3）：5 [NO_2]。

前苏联 MAC（mg/m^3）：5。

TLVTN：ACGIH 25ppm，31mg/m^3。

一氧化氮生产及应用相关环境标准见表 40-3。

表 40-3　一氧化氮生产及应用相关环境标准

标准编号	限制要求	标准值
工业企业设计卫生标准(TJ 36—79)	车间空气中有害物质的最高容许浓度	5mg/m^3（NO_2）
工业企业设计卫生标准(TJ 36—79)	居住区大气中有害物质的最高容许浓度	0.15mg/m^3（一次值，换算成 NO_2）
环境空气质量标准(GB 16297—1996)	大气污染物综合排放标准(氮氧化物)	最高允许排放浓度： 420～1700mg/m^3；240～1400mg/m^3 最高允许排放速率： 二级 0.91～612kg/h；0.77～52kg/h；三级 0.14～92kg/h；1.2～78kg/h 无组织排放监控浓度限值： 0.15mg/m^3；0.12mg/m^3

5　环境监测方法

5.1　现场应急监测方法

（1）联邻甲苯胺检气管比长度法（《空气中有害物质的测定方法》，杭士平主编）。

（2）气管检测法。

5.2　实验室监测方法

一氧化氮的实验室监测方法见表 40-4。

表 40-4　一氧化氮的实验室监测方法

监测方法	来源	类别
紫外分光光度法	《固定污染源排放中氮氧化物的测定》(HJ/T 42—1999)	固定污染源排气
盐酸萘乙二胺分光光度法	《固定污染源排放中氮氧化物的测定》(HJ/T 43—1999)	固定污染源排气
Saltzman 法	《环境空气　氮氧化物的测定 Saltzman 法》(GB/T 15436—95)	空气

6　应急处理处置方法

6.1　泄漏应急处理

(1) 应急行为　迅速撤离泄漏污染区人员至上风处，并立即隔离 150m，严格限制出入。尽可能切断泄漏源。

(2) 应急人员防护　应急处理人员戴自给正压式呼吸器，穿防毒服。

(3) 环保措施　合理通风，加速扩散。喷雾状水稀释、溶解。构筑围堤或挖坑收容产生的大量废水。漏气容器要妥善处理，修复、检验后再用。

(4) 消除方法　少量泄漏：泄漏的容器应转移到安全地带，并且仅在确保安全的情况下才能打开阀门泄压。可用砂土、蛭石等惰性吸收材料收集和吸附泄漏物。收集的泄漏物应放在贴有相应标签的密闭容器中，以便废弃处理。大量泄漏：用喷雾水流对泄漏区域进行稀释。通过水枪的稀释，使现场的一氧化氮渐渐散去，利用无火花工具对泄漏点进行封堵。

6.2　个体保护措施

(1) 工程控制　严加密闭，提供充分的局部排风和全面通风。提供安全淋浴和洗眼设备。

(2) 呼吸系统防护　当空气中浓度超标时，必须佩戴防毒面具，必要时佩戴正压自给式呼吸器。

(3) 眼睛防护　戴化学安全防护眼镜。

(4) 身体防护　穿透气型防毒服。

(5) 手防护　戴防化学品手套。

(6) 环保措施　工作现场禁止吸烟、进食和饮水。保持良好的卫生习惯。生产设备严加密闭，提供充分的局部和全面排风。

6.3　急救措施

(1) 吸入　应迅速移至空气新鲜处，半直立体位，保持呼吸道畅通。必要时给予输氧、人工呼吸、心脏按压术及送医院急救。

(2) 皮肤接触　立即用流水冲洗 15min 以上，然后给予医疗护理。

(3) 眼睛接触　立即用流水冲洗 15min 以上，然后就医。

(4) 灭火方法　消防人员必须穿全身防火防毒服，在上风向灭火。切断气源。喷水冷却容器，可能的话将容器从火场移至空旷处。灭火剂：雾状水，消防用干粉、二氧化碳灭火器扑救。

6.4 应急医疗

（1）诊断要点 轻度中毒时，移至新鲜空气中症状可消失。由于一氧化氮在空气中很快变为二氧化氮，后者对人体也有毒害，对肺组织产生刺激和腐蚀作用，引起肺水肿。吸入会出现腹部疼痛、咳嗽、头痛、倦睡、灼烧感、恶心、头晕、意识模糊、皮肤发青、嘴唇或指甲发青、气促、神志不清。症状可能推迟显现。慢性作用主要表现为神经衰弱综合征及慢性呼吸道炎症。个别出现肺纤维化。此外，还可出现牙齿酸蚀症。

（2）处理原则 一氧化氮中毒无特效解毒药，应采用支持治疗。如果接触浓度≥500ppm，并出现眼刺激、肺水肿的症状，应立即就医。中毒后必须远离事故地，到开阔空气流通地呼吸新鲜空气，有条件的可吸入含5%～7% CO_2 的氧气，对 NO 中毒稍重者应给高压氧治疗，可有效地纠正缺氧。可给50%葡萄糖50mL加入维生素 C 2～4g 静脉注射。维生素 C 为细胞还原剂，能改善新陈代谢，达到解毒效果。有颅压高者可给25%甘露醇0.5～1g/kg，静脉半小时内快速滴注。也可给地塞米松。如呼吸道梗阻或呼吸道分泌物过多，可做气管插管或气管切开。昏迷、高热者可用人工冬眠疗法，呼吸衰竭者用人工呼吸器。如皮肤接触一氧化氮，会引起化学烧伤，可按热烧伤处理：适当补液，给止痛剂，维持体温，用消毒垫或清洁床单覆盖伤面。如果皮肤接触高压液一氧化氮，要注意冻伤。误服者给饮牛奶，有腐蚀症状时忌洗胃。

（3）预防措施 严加密闭，提供充分的局部排风和全面通风。操作人员必须经过专门培训，严格遵守操作规程。建议操作人员佩戴自吸过滤式防毒面具（半面罩），戴化学安全防护眼镜，穿透气型防毒服，戴防化学品手套。远离火种、热源，工作场所严禁吸烟。远离易燃、可燃物。防止气体泄漏到工作场所空气中。避免与卤素接触。搬运时轻装轻卸，防止钢瓶及附件破损。配备相应品种和数量的消防器材及泄漏应急处理设备。

7 储运注意事项

7.1 储存注意事项

储存于阴凉、通风的库房。远离火种、热源。库温不宜超过30℃。应与易（可）燃物、卤素、食用化学品分开存放，切忌混储。储区应备有泄漏应急处理设备。

7.2 运输信息

危险货物编号：23009。

UN 编号：1660。

包装类别：Ⅱ。

包装方法：钢制气瓶。

运输注意事项：铁路运输时须报铁路局进行试运，试运期为两年。试运结束后，写出试运报告，报铁道部正式公布运输条件。采用钢瓶运输时必须戴好钢瓶上的安全帽。钢瓶一般平放，并应将瓶口朝同一方向，不可交叉；高度不得超过车辆的防护栏板，并用三角木垫卡牢，防止滚动。严禁与易燃物或可燃物、卤素、食用化学品等混装混运。夏季应早晚运输，防止日光曝晒。公路运输时要按规定路线行驶，禁止在居民区和人口稠密区停留。铁路运输时要禁止溜放。

7.3 废弃

(1) 废弃处置方法　根据国家和地方有关法规的要求处置。或与厂商或制造商联系，确定处置方法。

(2) 废弃注意事项　把倒空的容器归还厂商或在规定场所掩埋。

8　参考文献

［1］田茂友，金作衡.一氧化氮的性质及其生理学作用［J］.四川生理科学杂志，2006，28（3）：121-122.

［2］李文建，解庆华.一氧化氮（NO）临床研究现状及展望［J］.国际检验医学杂志，1999，（2）：61-63.

［3］熊长明，程显声，何建国，等.正常大鼠吸入一氧化氮毒副作用的实验观察［J］.中国循环杂志，1997，（3）：222-225.

［4］刘建国，王宪，陈明哲.一氧化氮和细胞因子之间的相互调节作用［J］.生理科学进展，2000，31（1）：61-64.

［5］唐朝枢，汤健.一氧化氮与疾病［J］.中华医学杂志，1998，78（1）：3-5.

［6］万本太.突发性环境污染事故应急监测与处理处置技术［M］.北京：中国环境科学出版社，2006.